Armagedón
2012
Las profecías mayas del fin del mundo

ADRIAN GILBERT

ARMAGEDÓN 2012
LAS PROFECÍAS MAYAS DEL FIN DEL MUNDO

DIANA

Obra editada en colaboración con Editorial Planeta – España

Título original: *The end of time. The mayan prophecies revisited*

Avenida Presidente Masarik núm. 111, 2o. piso
Colonia Chapultepec Morales
C.P. 11570 México, D.F.

Primera edición impresa en España: febrero de 2008
ISBN: 978-84-08-06373-5

ISBN 13: 978-607-07-0196-2
ISBN 10: 607-07-0196-8

Editorial Planeta Colombiana S. A.
Calle 73 No. 7-60, Bogotá

ISBN 13: 978-958-42-2301-2
ISBN 10: 958-42-2301-1

Primera reimpresión (Colombia): mayo de 2008
Segunda reimpresión (Colombia): noviembre de 2008
Tercera reimpresión (Colombia): febrero de 2009
Primera reimpresión en este sello: noviembre de 2009
Impresión y encuadernación: Banco de Ideas Publicitarias Ltda.

A mi hija Alice, de la generación que verá
lo que sucede en el mundo durante muchas décadas
después del fin de los tiempos

SUMARIO

AGRADECIMIENTOS

A la primera que quiero dar las gracias es a mi esposa, Dee, por soportar que nuestra casa fuera invadida por los aztecas y los mayas por segunda vez en diez años. Agradezco mucho su paciencia. Gracias al doctor Charles Thomas Cayce, a John van Auken y a Ken Skidmore. Sin ellos, este libro jamás se habría hecho. Gracias también a Greg y Lora Little, que han tenido la gentileza de compartir sus descubrimientos sobre los restos de la Atlántida perdida en las Bahamas. Espero con impaciencia poder seguir conversando con ellos sobre este y otros temas. También agradezco al desaparecido José Díaz Bolio, redescubridor del culto a la serpiente de cascabel. Su perseverancia ante los obstáculos ha sido una inspiración para mí. Como compensación, espero haber contribuido modestamente a atraer la atención del público hacia su obra. Mi enorme agradecimiento a Carlos Barrios y a los ancianos mayas que tanto han hecho y siguen haciendo para mantener viva la luz de la antigua sabiduría en estos años de sombras. Me quedo corto si digo que presenciar una ceremonia del fuego dirigida por Carlos dentro del recinto sagrado de una antigua ciudad maya fue para mí una fuente de inspiración. Esta experiencia hizo que cobrara vida para mí todo el tema de las profecías mayas. Gracias, asimismo, a Mitch Battros que, con su programa de radio en la ECTV, atrajo la atención de expertos y aficionados hacia el concepto de los ciclos de las manchas solares y su efecto sobre el calentamiento global. Agradezco vivamente a mi editora británica, Mainstream, por su permanente apoyo al género de los «misterios de la antigüedad» cuando tantos otros lo han dejado de lado; también a mis editores de EE UU, de la Association for Research and Enlightenment, que han tenido una paciencia enorme esperando a que se materializara este libro.

Quiero agradecer también a la University of Oklahoma Press, a Bear & Co., a Area-Maya, a la Fisk University Press, a Kingsport Press, a Dover Books, a Eagle Wing Books, a Simon & Schuster, a la Academy of Future Science y a todas las editoriales de primera línea que me han permitido reproducir citas de sus libros.

Y por último, mi agradecimiento para todas las personas a las que conocí «en el camino» y que han influido, sin ser conscientes muchas veces, sobre mi forma de pensar. Sin su aportación, no hubiera podido hacer mi trabajo.

PREFACIO

Según los antiguos mayas, nuestra actual Edad del Jaguar, que empezó el 13 de agosto de 3114 a. J.C., se cerrará el 21 de diciembre de 2012. Esta «fecha final» ha intrigado a los eruditos desde que hace cien años se redescubrió el sistema del calendario maya. Cobra un carácter aún más especial cuando uno se da cuenta de que no es una fecha arbitraria sino el reflejo de ciertos hechos astronómicos. Al día siguiente, el 22 de diciembre de 2012, el Sol estará alineado, en el solsticio de invierno, con una «puerta estelar» situada en el centro de nuestra galaxia.[1] Como esto sólo sucede cada 25 800 años, será la primera vez desde que hay registros históricos que se haya presenciado semejante suceso. Esto plantea una pregunta obvia: ¿por qué los antiguos mayas, un pueblo que vivía en la Edad de Piedra, que no usaba la rueda y mucho menos telescopios, inventaría un calendario cuyo clímax preanunciado será un acontecimiento astronómico que, por lo menos en lo concerniente a ellos, iba a tener lugar en un futuro que estaba a miles de años de distancia?

Éste no es el único misterio. Es igualmente extraño que, según muchas inscripciones que dejaron, la fecha de inicio de su calendario, un día determinado equivalente al 13 de agosto de 3114 a. J.C. en nuestro calendario gregoriano, fuese anterior en unos 3 000 años a su propia época. Incluso es anterior en 2 000 años a los olmecas, la civilización más antigua de que se tenga noticia en América Central y de la que se cree fue precursora de los mayas. Teniendo en cuenta todo esto, cabe preguntarse: ¿qué tenía de especial, si es que lo tenía, este 13 de agosto de 3114 a. J.C.? ¿Por qué proclamaron los mayas que había sido precisamente ese día cuando los dioses inauguraron la edad actual? ¿Sabían ellos que trece *baktunes*, o 1 872 000 días, después el Sol estaría situado en una puerta estelar sobre el solsticio de invierno?

Éstas son preguntas para las cuales, actualmente, la arqueología académica no tiene respuestas. Sin embargo, y no deja de ser curioso, la época de alrededor de 3100 que se corresponde con el inicio de la fase presente del calendario maya, es considerada una fecha muy importante en todo el mundo. En Gran Bretaña marca la fase temprana de erección de monumentos astronómicamente alineados, entre los cuales destaca Stonehenge I. En África se corresponde con el comienzo del Egipto dinástico; en Mesopotamia, con la aparición de la escritura cuneiforme; en América, con los primeros cultivos de maíz. Considerados por separado, todos estos acontecimientos, cada uno a su modo, son pasos importantes en el camino de la civilización mundial. En conjunto, constituyen la base de una revolución cultural que, de diferentes formas, parece haber influido sobre todo el planeta.

Sin embargo, esta perspectiva global no basta para responder a otra pregunta: ¿qué movió a diversos pueblos, aproximadamente al mismo tiempo en distintas partes del planeta Tierra, a empezar a hacer cosas de una manera diferente? O para decirlo de otra manera: ¿dónde tiene su origen la idea de civilización? La historia contemporánea nos dice que la civilización se crea a sí misma, que es el resultado de una evolución cultural. Sin embargo, aunque esto sea parte de la verdad, no creo que sea toda la verdad. Porque cuando examinamos los escritos, el arte y la religión de pueblos antiguos, invariablemente nos cuentan la misma historia: hubo civilizaciones anteriores a la nuestra a las que pusieron fin catástrofes de las que apenas tenemos recuerdo.

En este libro me propongo poner al lector al corriente del tema de la sabiduría centroamericana y demostrarle que el comportamiento de esta cultura obsesionada por las estrellas y por el calendario se rigió por un principio: el de que los acontecimientos se repiten. A diferencia de nosotros, que hemos vivido las grandes revoluciones tecnológicas de los siglos XIX y XX, ellos no pensaban en función del progreso. Para ellos el tiempo era cíclico y, por consiguiente, creían que el orden natural de las cosas era que cada era pasara por un ciclo que acabase con la destrucción de todo lo que se había conseguido. Esto, no obstante, no era un fin permanente, sino más bien el comienzo de un nuevo ciclo. Por este motivo, ellos estudiaban los ciclos temporales, largos y cortos, como un método para hacer predicciones. Esencialmente fatalistas en sus creencias, necesitaban saber dónde estaban con respecto al tiempo como un medio para comprender la vida.

Desgraciadamente, el conocimiento de esta circunstancia no nos permite responder a la pregunta sobre el origen de esta obsesión con el tiempo y los ciclos. No obstante, como existe un extraño paralelismo entre ciertos mitos cosmológicos mayas y otros similares de otros lugares, se debe aceptar la posibilidad de contactos precolombinos entre América y el resto del mundo y, por consiguiente, con la antigua sabiduría de Europa y África. Una segunda posibilidad es que las civilizaciones de América Central tengan un origen común con las de Europa y África, tal vez el continente perdido de la Atlántida. Una tercera posibilidad es que haya un banco universal de conocimiento, existente en un plano diferente del de la vida corriente, del que pueden beber los chamanes u «hombres sabios». Como el chamanismo es un fenómeno mundial, esto podría explicar similitudes en las creencias de lugares muy separados por el tiempo y el espacio. Mi intención es investigar todas estas posibilidades de una manera seria y responsable. Sin embargo, el punto culminante de este libro será la idea de que el calendario maya profetiza alguna especie de castigo cósmico en 2012.

En *Las profecías mayas*, escribí sobre las «puertas estelares». Son éstas los dos puntos del cielo donde la eclíptica[2] cruza el plano medio de nuestra galaxia, la Vía Láctea.[3] En el mundo antiguo, en Europa y África, estaba muy difundida la creencia de que estos puntos eran portales por los cuales las almas entraban en nuestro mundo o salían de él. Sin embargo, puesto que *Las profecías ma-*

yas tenían que ver con teorías relativas al calendario maya en relación con los ciclos de las manchas solares, sólo las mencioné de pasada. En este libro, quiero volver sobre ese tema con más profundidad. Revisando las investigaciones más recientes, he descubierto que los mayas conocían las puertas estelares y que en realidad compartían muchas otras ideas cosmológicas con los europeos. En especial, compartían con los romanos y los griegos la idea de la importancia de las puertas estelares como portales hacia «mundos más elevados». Me propongo ahora explorar y trabajar sobre la base de estas ideas. Voy a mostrarles que indican la creencia, tanto en el Nuevo como el Viejo Mundo, de que los «dioses» terminan e inician las edades en momentos en que estos portales están simbólicamente abiertos.

Todo esto enlaza con otro de mis libros, *Señales en el cielo*,[4] en el cual ofrecí pruebas para sostener la creencia de que las profecías bíblicas relativas al fin de los tiempos se están cumpliendo en nuestra propia época, con el posicionamiento actual del Sol en una puerta estelar en el solsticio de verano. Basándome en investigaciones de más profundidad, explicaré ahora por qué creo que la fecha final maya del 22 de diciembre de 2012 tiene que ver con la otra puerta estelar. Estoy convencido de que la «apertura» de la primera puerta estelar en junio de 2000 simbolizó el comienzo de un proceso de cambio que proseguirá hasta 2012, cuando la segunda puerta estelar se abrirá también simbólicamente. Esto significa que actualmente estamos viviendo un período de transición. Lo que sucederá cuando este período se acabe pertenece al campo de la especulación. No obstante, explicaré por qué soy de la opinión de que la iniciación de las edades del mundo está conectada realmente, tal como creían los mayas, con ciclos temporales astronómicos de período largo.

PRÓLOGO

En 1995 fui coautor de un libro titulado *Las profecías mayas.*[1] Fue un gran éxito y desde entonces ha sido traducido a más de doce lenguas. La idea central del libro era una teoría, propuesta primero por mi coautor, Maurice Cotterel, de que el complejo calendario «de cuenta larga» de los indios mayas se basaba en el conocimiento de los ciclos de las manchas solares. Sin embargo, sigue siendo un misterio cómo llegaron a poseer los mayas ese conocimiento. Buscando una respuesta a esa pregunta, pasé a examinar pruebas de contactos entre el Viejo y el Nuevo Mundo en la época clásica. También investigué la posibilidad de que los mayas pudieran haber heredado su conocimiento de la civilización perdida de la Atlántida. Sin embargo, a pesar de que el libro aborda estas cuestiones, fueron tantas las preguntas que planteó como las que respondió. En este sentido, fue una obra inacabada.

Han sucedido muchas cosas en los diez años pasados desde que lo escribimos, entre ellos, y no el menos importante, el lanzamiento del satélite SOHO (Solar and Heliospheric Observatory) en diciembre de 1995. Este satélite, que está en una órbita fija alrededor del Sol, envía constantemente a la Tierra datos relativos a la actividad solar. Ha confirmado que el Sol tiene un comportamiento mucho menos predecible de lo que pensábamos. Ha demostrado que es proclive a enormes tormentas que tienen un efecto espectacular sobre las condiciones meteorológicas de la Tierra. Y no sólo eso, ahora está claro que el ciclo de la actividad de las manchas solares no es tan fácil de predecir como pensábamos, lo cual es importante ya que también esto afecta al clima en la Tierra.

Es indudable que la gente lleva siglos observando las manchas solares, desde que Galileo inventó el telescopio. Aunque ello es opinable, es reconocido desde hace tiempo que hay un ciclo de aproximadamente 11,1 años entre los máximos y mínimos sucesivos de las manchas solares. Sin embargo, ahora sabemos que este ciclo, en el mejor de los casos, es sólo parte de la cuestión. Aunque puede ser cierto que durante la mayor parte de los últimos cuatrocientos años el Sol ha seguido un ciclo de actividad de 11,1 años, parece ser que ya no es así. El SOHO reveló que en el año 2003, cuando el Sol debería estar pasando a una fase más tranquila, hubo en cambio un enorme incremento de actividad de las manchas solares. No sólo había muchas más manchas solares de las esperadas, sino que además eran mucho más activas en la producción de erupciones solares. Esta actividad llegó a su punto culminante en octubre, cuando una eyección de masa coronal (EMC) inesperadamente potente partió de una mancha solar y unas nueve horas más tarde impactó sobre la magnetosfera terrestre. Esa erupción produjo auroras boreales que pudieron verse incluso en Texas. Hechos como éste, que parece que son cada vez más comunes, indican que el campo magnético del Sol está pasando por cambios importantes.

Cualquier cambio en el campo magnético del Sol afecta a la totalidad del sistema solar y, por supuesto, a la Tierra. En sí mismo, esto no es demasiado sorprendente. Lo que sí lo es, sin embargo, es que los mayas, un pueblo nativo americano cuya civilización correspondía básicamente a la Edad de Piedra, parece haber conocido ciclos de actividad solar «de período largo». Su calendario predijo que la actual Edad del Jaguar llegaría a su fin en 2012. Entramos en el último *katun* de esta edad el 15 de abril de 1993.[2] Por lo tanto, desde el punto de vista del calendario maya, estamos viviendo los «tiempos finales».

Los nuevos descubrimientos sobre los ciclos de las manchas solares no son la única novedad que afecta a este libro: los estudios sobre los mayas también se han acelerado. Aunque ya en 1952

Yuri Knorosov, un erudito ruso sumamente brillante, publicó un artículo sobre cómo descifrar los jeroglíficos mayas, la intransigencia académica hizo que este trabajo se retrasase durante dos décadas o incluso más. En 1973 se celebró en Palenque, México, la primera Mesa Redonda. Esta conferencia reunió a muchos expertos mundiales sobre el arte, la epigrafía y la arqueología de ésta, la más exquisita de las ciudades mayas, con el objetivo de conseguir mediante el esfuerzo común lo que otros no habían conseguido: descodificar los numerosos textos de Palenque. Desde entonces, el mundo de la mayalogía está en ebullición, y cada vez es mayor el número de textos jeroglíficos –en estelas (piedras conmemorativas o funerarias), dinteles de puertas, paneles de estuco, cubiertas de libros, cerámica o incluso joyas– que se ha conseguido descifrar. Como resultado de ello, las viejas ideas sobre la antigua élite maya como un cuerpo de sacerdotes pacifistas, muy espirituales, han quedado desvirtuadas. Se sabe ahora que durante gran parte, si no casi todo, el período de la civilización maya, los miniestados de que se componía su mundo estuvieron en guerra los unos con los otros. En este sentido, no eran muy diferentes de las ciudades-estado de la Grecia clásica, cuyos interminables desacuerdos desembocaron finalmente en la conquista de todos ellos por los semibárbaros macedonios. No obstante, y también en este caso al igual que los griegos, los mayas de la Edad Clásica (250-1000 d. J.C.) dejaron un legado de majestuosos edificios, una escritura y el misterio de cómo se habían conseguido estas cosas.

Aunque el trabajo de traducir e interpretar los textos jeroglíficos mayas ya estaba bien encaminado cuando escribimos *Las profecías mayas*, por tratarse todavía de un campo esotérico monopolizado por un reducido número de expertos, pensé que era mejor concentrar nuestra atención en los jeroglíficos numéricos que, desde nuestro punto de vista, tenían una importancia más directa. En aquel momento esto no nos pareció una gran dificultad, ya que nuestro principal interés, en lo que respecta a los textos jeroglíficos, era el calendario. Puesto que el sistema de descodificación de las fechas mayas se conoce desde hace casi un siglo, no necesitábamos consultar investigación más moderna sobre los jeroglíficos. En cualquier caso, tenía la sensación de que con ello sólo se conseguiría complicar innecesariamente las cosas, ya que nuestra intención era demostrar –y lo hicimos de manera muy convincente– las coincidencias del calendario maya de cuenta larga con las ideas de Cotterell sobre los ciclos de las manchas solares.

Por desgracia, es indudable que nuestro enfoque adolecía de puntos débiles. Una mirada retrospectiva nos confirma que el trabajo de los eruditos de la Mesa Redonda, especialmente la desaparecida Linda Schele, hubiera sido de gran ayuda para interpretar el verdadero significado de la «Tapa de Palenque», la mundialmente famosa cubierta del sarcófago de Pacal el Grande. A decir verdad, nosotros presentamos la interpretación personal de Maurice Cotterell de los dibujos de esa extraordinaria obra de arte, una interpretación que actualmente considero equivocada en casi todos los aspectos. En esta nueva obra expongo la que considero una mejor interpretación del significado implícito en los dibujos de la Tapa y que considero más en consonancia con la opinión de los expertos.

Dicho esto, hay una gran cantidad de información valiosa en aquel libro que a los lectores les resultaría difícil, por no decir imposible, encontrar en otras fuentes. Una razón para ello es que el estudio de la cultura maya, tal vez más que otras ramas de la arqueología, tropieza con obstáculos de naturaleza política. La que tal vez sea la consideración política más insidiosa es un tabú académico, que se extiende por toda la América hispana y, hasta hace poco, incluso Estados Unidos, que impide hablar de la posibilidad de que, antes de la llegada de Colón en 1492, el Nuevo Mundo pudiera haber sido colonizado (o incluso visitado) por cualquiera que no fueran los «nativos americanos». Por supuesto, los nativos americanos (por razones de corrección política ya no se nos permite usar el término «indios americanos») tuvieron que llegar de alguna parte. Lo que se supone es que todos ellos, a pesar de la diversidad de tribus, lenguas y culturas, eran descendientes de un pequeño grupo de pueblos asiáticos que habían llegado a Alaska por el estrecho de Bering durante la última era glacial. Es bien sabido en los círculos académicos (aunque no se admita públicamente) que cualquier arqueólogo que publique un trabajo donde se afirme que

México fue visitado por los europeos antes de la llegada de los conquistadores, corre el riesgo de que se le deniegue cualquier permiso para excavar. Hasta la posibilidad de que antiguos navegantes hayan cruzado el Atlántico se considera una mancha sobre la dignidad y la reputación de Colón. Peor aún, implica que la antigua civilización centroamericana no fue un fenómeno totalmente autóctono, sino que debió mucho a la importación de ideas provenientes de otras partes. El tabú contra estas afirmaciones se mantiene a pesar del descubrimiento en las Américas de artefactos romanos, runas escandinavas, jeroglíficos egipcios y otras escrituras epigráficas que se parecen mucho a la de los cartagineses de los últimos tiempos. En puridad, la teoría de «primero Alaska» –en términos auténticamente científicos es sólo una teoría– ni siquiera está sustentada por pruebas arqueológicas de asentamientos humanos.

El tabú contra la posibilidad de contactos transatlánticos se extendía antes a la totalidad de América del Norte. Sin embargo, en EE UU y en Canadá, aunque se sigue negando cualquier posibilidad de vinculaciones con Roma o con Cartago, se acepta ahora que exploradores vikingos probablemente hayan hecho el viaje a América –como de hecho se dice en sus sagas– tal vez quinientos años antes de la llegada de Colón. Además, trabajos recientes llevados a cabo en muchos yacimientos del norte y del sur de América están socavando la suposición de que todos los americanos nativos anteriores a la llegada de Colón son descendientes de inmigrantes de Alaska que cruzaron el estrecho de Bering. La evidencia arqueobiológica indica actualmente que los asentamientos en América del Sur fueron anteriores a los de América del Norte. Los recientes trabajos realizados en Pedra Furada, Brasil, han revelado que ya había allí ocupación humana hace por lo menos 56 000 años. Éste es el ejemplo más antiguo que se conoce de ocupación humana en las Américas y es anterior en decenas de miles de años a la época en la que se supone que los nativos americanos llegaron a Alaska provenientes de Siberia. Como no hubo un puente de tierra a América del Sur, ni siquiera en la Era Glacial, estos primeros habitantes del continente debían de haber llegado por mar. Si esto es así, no hay razón alguna para creer que América del Norte no haya sido, al menos en general, colonizada de la misma manera: el contacto transoceánico entre el Viejo y el Nuevo Mundo tiene que ser una posibilidad real.

La cuestión de los contactos transatlánticos ya la abordamos en *Las profecías mayas*. En este nuevo libro la examinaré de forma más pormenorizada. Porque, independientemente de cualquier tabú académico y de la evidencia del ADN, hay buenas razones para creer que, a lo largo de milenios, los americanos han sido visitados repetidamente por gentes no sólo de Europa, sino también de África e incluso de China. Además de la evidencia que proporcionan artefactos reales, hay una coincidencia de ideas tecnológicas y conceptos religiosos. El hecho de que los eruditos nieguen la existencia de contactos transatlánticos es todavía más extraña si se tiene en cuenta que muchas tribus nativas cuentan que la civilización les fue traída por un hombre blanco con barba al que los diversos pueblos llaman por nombres diferentes: *Quetzalcóatl* (aztecas), *Kukulcán* (mayas) o *Viracocha* (América del Sur).

Otra cuestión tabú tanto para los arqueólogos como para los historiadores es la Atlántida. Al igual que el concepto del contacto transatlántico, por algún motivo, la idea de un continente perdido provoca apoplejías en la comunidad académica.

La referencia más antigua a esta isla legendaria la encontramos en el diálogo *Critias* del filósofo griego Platón. En él se afirma categóricamente que la Atlántida estaba más allá de las Columnas de Hércules (Gibraltar) y de ningún modo debía ser confundida con el continente «real» que quedaba más allá, al otro lado del océano Atlántico. Desgraciadamente, las palabras de Platón no sólo fueron dejadas de lado por los académicos, sino que además han sido interpretadas equivocadamente por muchos escritores alternativos. En lugar de aceptar sus referencias geográficas –que la Atlántida quedaba al otro lado del océano Atlántico– se ha situado el continente perdido en cualquier punto desde las islas Británicas hasta el Mediterráneo oriental y la Antártida. Sin embargo, Edgar Cayce, probablemente el mayor psíquico del siglo XX, fue rotundo al afirmar que no sólo existió la Atlántida, sino que estaba situada

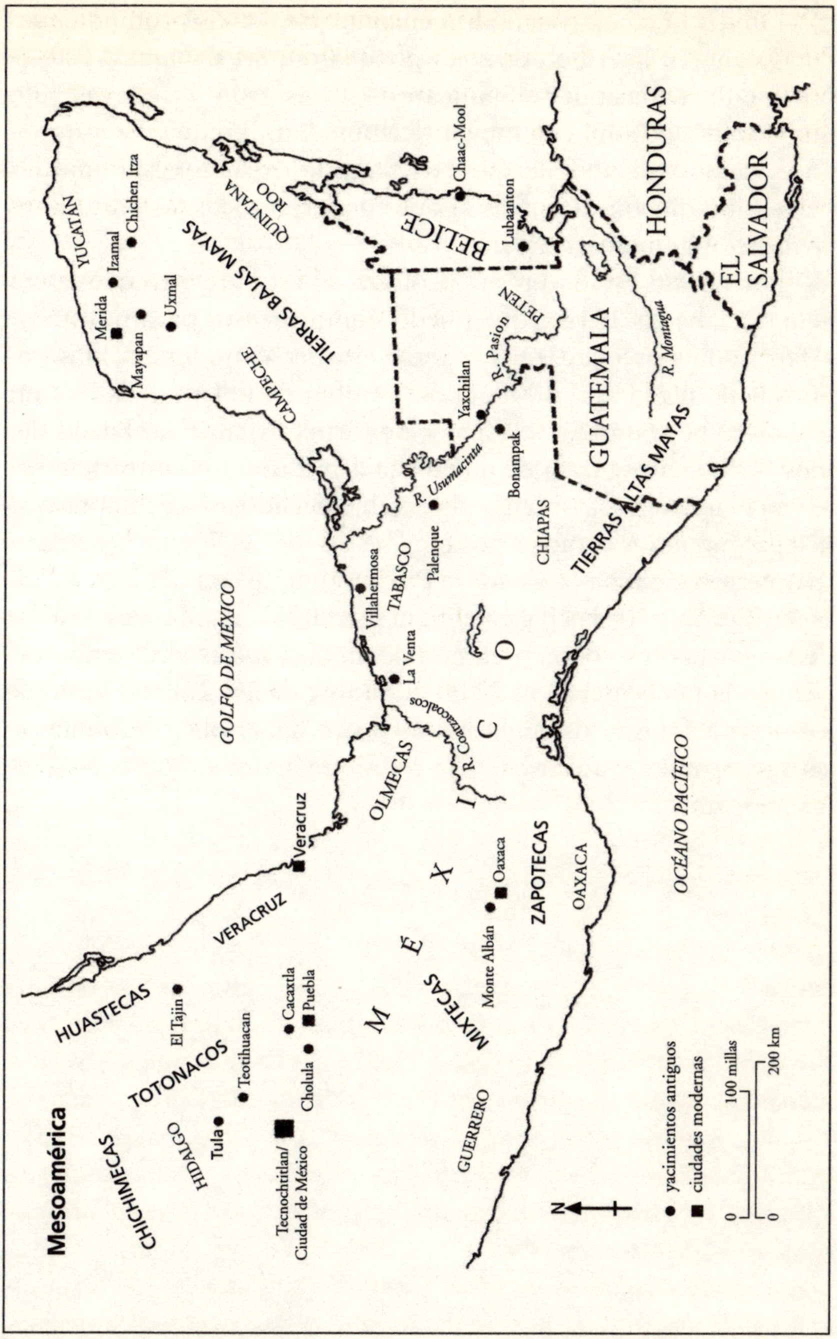

Mapa de América Central

en el único lugar en que podría encontrarse, en las profundidades del océano en la región descrita por Platón: las Bahamas. Éste es otro de los temas que se plantearon en *Las profecías mayas* pero que trataremos aquí con mayor detenimiento. Lo que me propongo es demostrar no sólo que la Atlántida existe –y está bajo las olas–, sino que fue la raíz de la que surgieron todas las posteriores civilizaciones mesoamericanas.

Por último está la propia profecía. Si está previsto que la era actual acabe en 2012, ¿qué puede significar esto para nosotros? ¿Deberíamos preocuparnos o acaso esta fecha no tendrá más importancia que el año 2000, el del cambio de milenio? Es éste un tema que he tratado, eso espero, de forma exhaustiva. Puedo demostrar que no se trata de una fecha arbitraria, sino estrechamente vinculada a la astronomía observable. Siendo así, se impone que nos preguntemos cómo es posible que los mayas, un pueblo primitivo perteneciente a la Edad de Piedra aunque con algunos aditamentos propios de la civilización, pudieran saber con miles de años de anticipación y con la precisión de un día, qué aspecto tendría el cielo en la noche del 21 al 22 de diciembre de 2012. Éste es uno de los mayores misterios del mundo. Espero haber planteado una tesis que permita avanzar hacia la respuesta a esta y a otras preguntas importantes.

I
REGRESO A MÉXICO

El avión volaba lentamente en círculos, aprestándose a aterrizar. A lo lejos se veía el «Cerro que humea», Popocatepetl en lengua azteca, conocido popularmente como Popo. Aunque relativamente inactivo mientras nos acercábamos, de él se elevaba un penacho de humo, como el aliento que brota de las fauces de un dragón dormido. Incluso pasando por alto esa elocuente señal, se veía con claridad que ésta no era una montaña corriente. Su perfil puntiagudo y los regueros de roca con aspecto de melaza de sus laderas revelan a las claras su naturaleza, dando testimonio de una larga historia de aterradoras erupciones, algunas de las cuales sabemos que fueron presenciadas por los aztecas. Ese día todo estaba tranquilo. El pico del volcán, el segundo de México por su altura,[1] relucía por encima de una masa de nubes bajo el sol matutino. Su cima estaba ribeteada de nieve, cosa que resultaba extraña teniendo en cuenta su emplazamiento tropical y su proximidad con desiertos y selvas. Sin embargo, la nieve llegaba hasta la base de la colosal altura del Popo. Con sus 4 920 metros de altura, duplica la del monte Santa Helena del estado de Washington y representa dos veces y media la altura del Etna, el volcán más grande y más activo de Europa. Nada tiene de extraño, pues, que los aztecas tuvieran un miedo reverencial al poder del Popo.

Promediaba el mes de marzo de 1998 y volvía a México casi tres años después de la publicación de *Las profecías mayas*. A diferencia de mi último viaje, cuando había podido viajar de incógnito, esta vez no estaba solo sino que encabezaba un grupo turístico. Sentía un cierto desasosiego mientras nuestro avión tocaba tierra, no porque temiera que se estrellase o que el Popo pudiera entrar en erupción antes de que me alejara de él lo suficiente para estar tranquilo. No, lo que temía era que el viaje, organizado por la ahora desaparecida revista *Quest*, resultase un fracaso. Al desembarcar y sentir el cálido abrazo de la Ciudad de México, esos temores se desvanecieron. Tuve la certeza de que a nuestros invitados, la mayoría de los cuales nunca había visitado antes México, les resultaría difícil no divertirse en un país tan animado.

A pesar de todo, todavía me quedaban algunos resquemores personales. Desde que había escrito *Profecías*, había realizado algunos descubrimientos sobre los mayas y su extraordinario conocimiento del calendario. También había hecho algunos intentos de aprender los rudimentos de su escritura jeroglífica que, ahora estaba claro, era equiparable a la de los antiguos egipcios. Especialmente, ansiaba volver a posar la vista sobre algunos templos mayas, no porque tuviese la expectativa de leer los jeroglíficos inscritos en muchos de ellos –mis conocimientos no daban para tanto–, sino más bien para «sentirlos» nuevamente. De acuerdo con mi experiencia, cada lugar tiene su propio *spiritus loci* o atmósfera que, aunque intangible, es tan real como el olor o el aspecto. Estaba ansioso por ver si, al volver a lugares en los que había estado antes, me evocaban el mismo sentimiento de que la civilización precolombina de América Central se remontaba mucho más atrás en el tiempo de lo que suele creerse. También quería «sintonizar» con los lugares que pensaba visitar para permitir que me hablara mi subconsciente. Se trata de una técnica que he usado muchas veces y en lugares tan diversos como las pirámides de Egipto, los monumentos de la Edad de Piedra de Gran Bretaña y los territorios salvajes de Australia. He comprobado por experiencia que si doy rienda suelta a mi subconsciente, es capaz de darme las respuestas que mi mente consciente no puede encontrar. De forma bastante inexplicable en condiciones normales, las respuestas me llegan en forma de encuentros inesperados, de hallazgos accidentales de una página determinada que me había pasado inadvertida en un libro

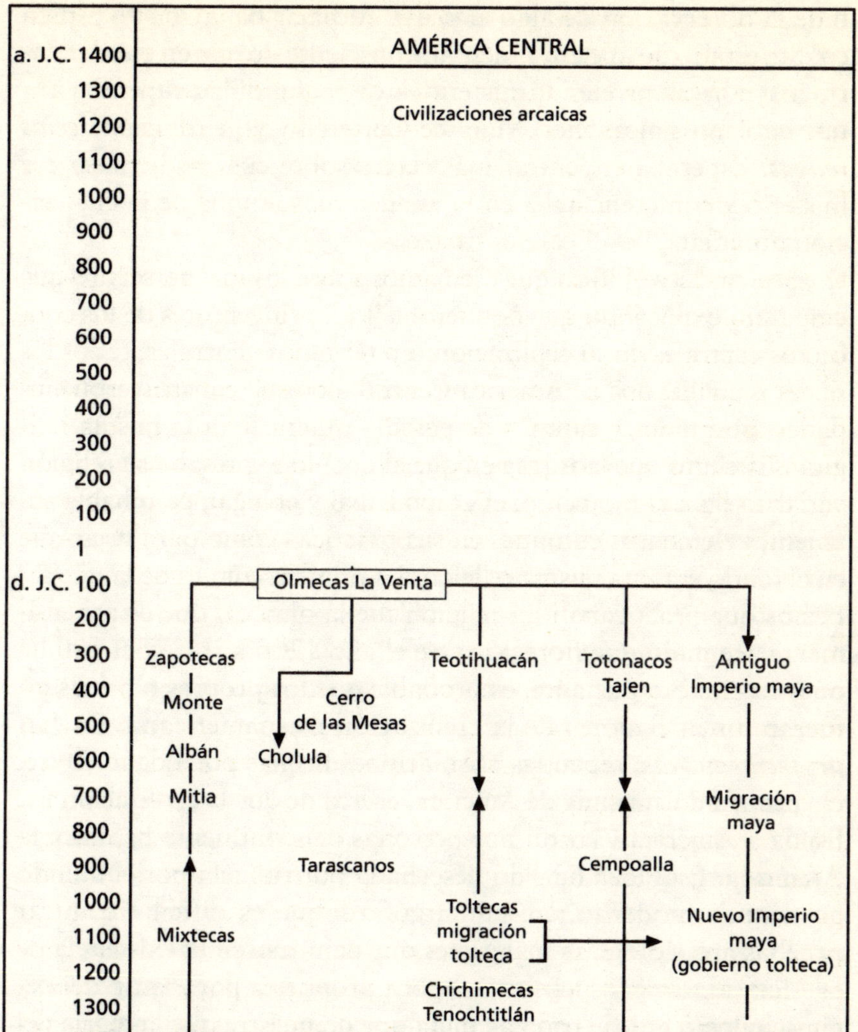

Figura 1: Cronología de América Central.

o de la observación de algo al pasar. Al bajar del avión yo estaba en este estado de apertura mental, consciente de que en el calendario maya había niveles de misterio cuya profundidad superaba a la que habíamos alcanzado Maurice Cotterell y yo en *Las profecías mayas*. Esperaba encontrar más claves sobre cuál pudiera ser ese misterio y cómo encajaba en la imagen más amplia de la civilización mundial.

Sea cual sea el libro que escojamos sobre los mayas, seguro que empezará explicando que no fueron ellos los inventores de los conceptos centrales de su civilización. En términos generales, todos los pueblos civilizados de América Central –los que construyeron ciudades, pirámides y campos de pelota– practicaban la misma religión. Es cierto que la forma en que el pueblo expresaba su religión variaba según el momento, el grupo tribal y el lugar, pero había suficientes elementos comunes en sus prácticas como para decir que en el fondo era una misma religión. La primera cultura de la que sabemos que practicaba esta religión fue la olmeca, que es generalmente aceptado que floreció entre el año 1200 a. J.C. y el 100 de nuestra era. No obstante, es probable que los propios olmecas no fueran los iniciadores de la civilización mesoamericana. En *Las profecías mayas*, repetí las afirmaciones hechas por Edgar Cayce, el «profeta durmiente» de América, acerca de que la civilización fue traída a América Central por personas del continente perdido: la Atlántida. Esta idea ha sido desechada por ridícula por el mundo académico moderno, sin embargo, aunque es difícil encontrar pruebas arqueológicas materiales que demuestren la existencia de la Atlántida –menos aún en la época propuesta por Platón del décimo milenio a. J.C.– no hay nada que demuestre que la teoría del continente perdido deba desecharse sin más. El cuidadoso estudio de los *Diálogos* de Platón, especialmente el *Timeo* y el *Critias*, me convence de que la historia de la Atlántida tiene una base real. Tengo la sensación de que sus diálogos contienen el recuerdo de acontecimientos que ocurrieron en un momento tan remoto de la historia que todo lo que se conocía de ellos, incluso en su tiempo (unos dos mil cien años antes del nuestro) era un eco distante. Como he encontrado rastros de esos recuerdos en la literatura de los mayas, confiaba en encontrar más entre las ruinas de las antiguas ciudades que visitaríamos en el curso de nuestro recorrido.

Un escollo que los investigadores de la civilización mesoamericana deben salvar es la repulsión natural que despierta la crueldad que parece haber sido parte esencial de las religiones indígenas. Esa crueldad se refleja en la naturaleza grotesca de gran parte del arte mesoamericano y aún más en la literatura que ha llegado hasta nosotros. No hay duda de que –y de ello fueron testigos los conquistadores– la religión precristiana de América Central era aterradora. Los aztecas en particular practicaban sacrificios humanos a gran escala. Supersticiosos en un grado increíble, solían arrancar los corazones que aún latían a las víctimas de los sacrificios y ofrecerlos como alimento al Sol. Y como si esto fuera poco, en otras ocasiones desollaban vivas a las víctimas y se ponían su piel para llevar a cabo rituales que podían durar semanas.

Por desgracia, las imágenes de prácticas religiosas que implican sacrificios humanos y que a nuestros ojos son de una crueldad indecible son lo primero con lo que debe enfrentarse cualquiera que pretenda investigar tanto a los mayas como a los aztecas. Un viaje de un día a la más extensa de todas sus ciudades, Chichén Itzá, basta para confirmar que no todos los mayas eran los sabios amantes de la paz que pretende presentar el mito romántico. Como los griegos de Solón, se enzarzaban en luchas entre ciudades como cosa rutinaria y con frecuencia torturaban o decapitaban a los prisioneros. Si en esto se resumiera todo lo relacionado con la civilización maya, me resistiría visceralmente a tener nada que ver con ella. Pero esto no era todo: evidentemente, había algo más. Sus ciudades emanan una sensación o una atmósfera particular. Ese sentimiento sugiere que hay un gran misterio enmascarado por los macabros detalles de sus matanzas rituales. Uno sale con la impresión indeleble de que lo que se encontraron los primeros españoles (y lo que está retratado en miles de murales y esculturas) no es más que un resto decadente de algo mucho más elevado. Fue ese «algo» lo que me resultó interesante en mi primer viaje a México y lo que me hace volver una y otra vez. Sin embargo, la razón principal por la que encuentro interesante la civilización maya es que creo que tiene un mensaje para nuestro tiempo. Encontrar ese mensaje e interpretarlo en función de lo que hoy podemos entender es razón suficiente para que venza mi sensación inicial de repugnancia hacia una parte importante de su arte. Ése era el motivo por el que volvía una vez más a México para examinar in situ el arte y los testimonios de esta civilización del pasado.

Al llegar a Ciudad de México me sorprendió una sensación de calma. Allí, desafiando todas las expectativas, unos veintiséis millones de personas todavía conseguían vivir más o menos en armonía los unos con los otros. Veintiséis millones, más que la población total combinada de Londres y Nueva York, es para mí un número de seres humanos inimaginable. Que tantas almas se las ingenien para ganarse la vida a duras penas en un área tan reducida parece poco menos que un milagro. Aun así, no cabe duda de que Ciudad de México está bajo presión. A pesar de la riqueza considerable generada por el auge de la industria del petróleo, la inmigración incesante del resto de lo que es en su mayor parte un país paupérrimo la condena a condiciones tercermundistas. La verdadera situación se hace evidente por el gran número de poblados de chabolas que, como setas venenosas alrededor de un gran roble, forma un «anillo fantástico» que rodea la periferia de la propia ciudad. A pesar de esas cargas añadidas, Ciudad de México mantiene su dignidad. A pesar de toda la presión a que la somete el exceso de población, el centro estaba relativamente limpio. Lo cierto es que, incluso la famosa contaminación atmosférica, evocadora del esmog de mi infancia antes de que la Clean Air Act de 1956 lo transformase en cosa del pasado, había desaparecido. Recorriendo en coche la avenida Paseo de la Reforma, la arteria principal en la que tienen sus oficinas muchos bancos extranjeros y empresas internacionales, el aire parecía incluso más puro que la última vez que estuve en Los Ángeles. Lejos de quedar tapada por el esmog, la luz de la mañana era intensa y hacía que los edificios acristalados de ambos lados de la calle relucieran como un bosque de cristales gigantescos montados en un parque. Al menos en esta parte de la ciudad se tenía la sensación de un país preparado y ansioso de ocupar su lugar junto a las principales naciones capitalistas.

El Zócalo, principal plaza de la ciudad, se encuentra en el corazón mismo de la ciudad vieja. Está dominado, del lado occidental, por el enorme volumen de la catedral barroca de Ciudad de México, mientras que por el lado septentrional se cierne sobre él el Palacio Nacional. Este majestuoso edificio, menos ornamentado pero considerablemente más hermoso que la catedral, fue construido con restos de pirámides aztecas. Es la residencia oficial del presidente y también una gran atracción turística. Sin embargo, su principal atractivo no es el edificio en sí, sino la serie de murales pintados por el artista más afamado de México: Diego Rivera. Con gran riqueza gráfica, cuentan la historia del país, desde el esplendor de las civilizaciones precolombinas, pasando por los días de la colonización española, los días tenebrosos del caos que siguió a la ejecución del emperador Maximiliano, hasta llegar a la revolución que desembocó en la república actual.

Políticamente correctos desde la perspectiva de un comunista con carné como Rivera, los murales representan con vívidos detalles las atrocidades cometidas por los conquistadores españoles y restan importancia a la bárbara crueldad del Imperio azteca que los precedió. Sin embargo, no podemos culpar a Rivera por su memoria selectiva. México, ciudad y país, ha tratado siglo tras siglo de reconciliarse con su historia, una historia en la cual la vida humana valía tan poco como la de los pollos. El culto a los dioses requería sacrificios humanos en una escala que ahora nos resulta casi inimaginable. El camino de México hacia la edad moderna empezó, para bien o para mal, de una manera que ni siquiera gente tan supersticiosa como los aztecas podrían haber imaginado: una invasión lanzada desde el otro lado del Atlántico. Su derrocamiento fue uno de los puntos de inflexión de la historia y sus repercusiones todavía se hacen sentir en el presente.

La conquista de México

La primera de varias expediciones españolas al continente americano tuvo lugar en 1511. Dejando atrás la seguridad relativa de

Cuba, un pequeño barco zarpó de La Habana y naufragó frente a la costa de la península de Yucatán, en la isla de Cozumel. Los españoles llegaron a la costa buscando oro, pero en lugar de eso encontraron una tierra poblada por tribus salvajes, la mayoría de las cuales no les dio una cordial bienvenida. Casi todos los españoles murieron: combatiendo algunos, otros a causa de enfermedades y otros más como ofrendas involuntarias a los dioses. En aquel momento se debió de haber considerado un comienzo nada auspicioso. Otras misiones de reconocimiento a la propia península de Yucatán no corrieron mucha mejor suerte. Los españoles no tardaron en comprender que aunque había habido otrora grandes ciudades en la zona, todas ellas estaban prácticamente en ruinas y los nativos habían vuelto casi a una vida de subsistencia. En cuanto al oro, no había casi nada que encontrar, e incluso la tierra parecía pobre comparada con Cuba y las otras islas del Caribe. Nada tiene de raro que inicialmente hubieran dado la espalda al Yucatán y empezado a explorar en otras partes.

En 1519, Hernán Cortés encabezó una expedición mucho más numerosa y mejor armada, con una flota de once barcos, a Cozumel. La suya también fue una estancia corta, pero lo suficientemente larga como para dejar en los nativos la impresión de que esta vez los españoles iban en serio. Un recorrido por la costa de Yucatán pronto le dejó claro que no iba a hacer fortuna en esa tierra golpeada por la miseria. Fue así que puso sus miras en un territorio más al noroeste, un lugar que reconoció como una propuesta mucho mejor: el Imperio azteca. El destino habría de demostrarle que no se había equivocado.

Una consecuencia afortunada de su breve estancia en Cozumel fue el rescate de un cautivo español llamado Jerónimo de Aguilar. Era uno de los dos únicos supervivientes de la expedición de 1511 y durante su convivencia con los nativos había aprendido la lengua del lugar. Como se hablaban dialectos de esta misma lengua maya en todo el Yucatán e incluso a lo largo de la costa del golfo de Tabasco, Aguilar habría de resultar inestimable como intérprete. El Viernes Santo de ese mismo año, Cortés llegó a la costa de México en tierra firme, hacia la desembocadura del río Grijalva. Llevaba consigo quinientos ochenta soldados, unos cien marineros y dieciséis caballos. Entre sus hombres había treinta y dos ballesteros, trece mosqueteros y una dotación de hombres encargados del mantenimiento y manejo de varios cañones de bronce de campaña. Así armados, y con abundancia de pólvora y munición, emprendieron una de las más extraordinarias expediciones de la historia: la conquista de México.

Como había sucedido antes en Yucatán, los españoles se encontraron al principio con una férrea resistencia. Sin embargo, no tardaron mucho en convencer a los nativos locales no sólo de que luchar era inútil sino de que además una alianza podía resultar fructífera. Habiendo tenido noticias de la enorme riqueza de los aztecas y del gran temor que inspiraban a las tribus costeras, Cortés les prometió a éstas que, si hacían la paz con él, pondría fin a su sometimiento. Se establecieron los términos de un tratado y se entregaron a Cortés varias esclavas como prueba de amistad. Entre ellas se contaba una dama notable a quien los españoles llamaron doña Marina. Siendo como era joven, inteligente y hermosa, Cortés la convirtió en su amante. Pero lo más importante era su don de lenguas. Ya hablaba el maya del Yucatán y la lengua azteca, el náhuatl y no tardó en aprender el español. Los servicios que prestó a Cortés como intérprete habrían de resultar incluso más útiles que los de Aguilar.

Después de haber demostrado su superioridad militar a la población local, Cortés amplió el cometido de su misión pasando del comercio a la colonización. Venciendo la resistencia de algunos de sus capitanes, fundó la ciudad de Veracruz y convenció a sus soldados para que lo eligieran para el puesto de capitán general. Tras esto, quemó todas sus naves menos una que despachó al rey de España con un tesoro considerable en el que incluyó valiosos regalos del emperador azteca Moctezuma. Una vez establecidas relaciones amistosas en la costa, estuvo en condiciones de marchar tierra adentro dejando sólo una reducida guarnición de veteranos para defender Veracruz.

Los aztecas eran una nación de guerreros que habían llegado al valle de México alrededor de 1325. O sea que todavía eran relativamente unos recién llegados cuando Cortés entró en escena en 1520. Según la tradición, eran oriundos de un lugar llamado Aztlan, que, debido a la similitud de lenguas entre las tribus que hablaban náhuatl de la zona de Ciudad de México y otras, como los yaqui, que viven en las tierras fronterizas entre México y Arizona, se supone que estaba al norte de dicha ciudad. Sin embargo, las tradiciones aztecas también dicen que Aztlan era una ciudad insular, lo cual es a todas luces imposible si hubiera estado en el norte de México, una región desértica. Tampoco está de más señalar que los aztecas no se daban a sí mismos este nombre. Fuera cual fuera su verdadero origen, ellos se llamaban, igual que a sus vecinos, Culhua-Mexica.

Según leyendas que contaron a los primeros cronistas españoles, fueron conducidos al valle del lago Texcoco, donde ahora se asienta Ciudad de México, por un vidente llamado Tenoch. Éste había visto en un sueño que su pueblo debía seguir deambulando hasta llegar a un lugar donde viera a un águila luchando con una serpiente. En el momento de su llegada, el valle que rodeaba al lago Texcoco estaba ocupado por otras cinco tribus. Como es natural, no estaban muy dispuestas a compartir la tierra con los recién llegados, pero les ofrecieron una isla en medio del lago. La isla estaba deshabitada ya que en ella había numerosas serpientes venenosas. Sin duda, las tribus indígenas esperaban que, en caso de que los mexica decidieran aceptar su oferta y permanecer en los alrededores, las serpientes acabaran con ellos. Si eran éstas sus expectativas, debieron de haberse sentido sumamente decepcionados. Al partir hacia la isla, Tenoch y sus seguidores vieron la señal a la que les habían dicho que estuvieran atentos: un águila luchando con una serpiente. Encantados con el cumplimiento de la profecía, aceptaron la isla como su nuevo hogar y se pusieron a construir la ciudad de Tenochtitlán, llamada así por su fundador. Para ellos, la carne de serpiente era un manjar, y en lugar de sentirse incómodos por su presencia en la isla, las consideraron como un regalo adicional de los dioses.

Al cabo de muy poco tiempo, los mexica se convirtieron en la tribu dominante de la región y se unieron con las tribus vecinas para formar una poderosa nación. El sistema de creencias de esta nación, aunque parcialmente importado con los mexica, era en gran medida autóctono. En lo fundamental, su religión estaba basada en la de un pueblo anterior, los toltecas, que antiguamente habían gobernado la mayor parte de México desde una ciudad legendaria llamada Tula. La verdadera ubicación de Tula ha sido objeto de controversias entre los académicos a lo largo de los siglos, pero hasta hace poco se dio por sentado que era la ciudad de Tula, unos setenta y cinco kilómetros al noroeste de Ciudad de México, en el estado de Hidalgo. A primera vista esto parece una suposición razonable, aunque sólo sea por el nombre. Sin embargo, esa ciudad no es especialmente antigua ya que su final se produjo en el 1156 d. J.C. Más recientemente se cayó en la cuenta de que *tollan* significa «lugar de totoras» y se usaba de forma genérica como denominación de cualquier ciudad sagrada construida como imitación de una Tollan original, arquetípica. Así pues, la Tula de Hidalgo parece ser sólo una imitación. La ciudad en ruinas de Teotihuacán parece un emplazamiento mucho más antiguo y más auténtico para la Tula original de los toltecas. Volveremos sobre esto más adelante.

El de los aztecas fue el más sangriento y aterrador de todos los imperios que encontraron los conquistadores en toda América. Practicaban el sacrificio humano con una profusión alarmante, y la extracción del corazón que todavía latía a las víctimas que aún no habían muerto era el misterio central de su religión. Se calcula que para la consagración de un solo templo fueron sacrificados unos 20 000 cautivos. Por desgracia, esto no fue una manifestación aislada de lo que consideraríamos un comportamiento profundamente psicopático. Solían matar a unas 50 000 víctimas todos los años, o bien para ofrecer sus corazones a sus ídolos o, lo que resulta todavía más macabro, para desollarlas vivas y cubrirse con su piel hasta que se descomponía y empezaba a caerse a pedazos.

El motivo por el que practicaban el sacrificio humano era que creían que había que alimentar a sus dioses. Es evidente que su alimento favorito era la fuerza vital de los seres humanos que se ve claramente en los corazones palpitantes que se les ofrecían en las mesas de banquete de los templos. Para satisfacer su voraz apetito había toda una casta guerrera organizada en regimientos. Su trabajo consistía en combatir a las tribus vecinas, no tanto para apoderarse de riquezas materiales como para capturar víctimas vivas. Para ello, los aztecas alentaban la insurrección entre sus pueblos vasallos, lo cual les daba un pretexto para enviar a su ejército a tomar prisioneros. Como es natural, este comportamiento no les ganaba muchos amigos y conseguía que todos los temieran. La única esperanza que tenían sus muchos enemigos era una profecía según la cual un día regresara Quetzalcóatl, un hombre blanco con barba, cuyo reino tolteca le había sido usurpado hacía siglos. Lo que se esperaba era que un día hiciera que los usurpadores le devolvieran su reino. Espada en mano, acabaría de una vez y para siempre con el dominio de los aztecas. Su gobierno justo inauguraría una nueva era de paz, prosperidad y justicia. Según esta profecía, su regreso se produciría en un año llamado 1 Caña en el calendario azteca. Es fácil imaginar, pues, con qué inquietud recibió el gobernador azteca Moctezuma II la noticia de que ese mismo año, hombres blancos y barbudos habían desembarcado en la costa de México. Cuando el gobernador azteca conoció a Cortés, supuso que realmente era Quetzalcóatl que había regresado. Cuando se dio cuenta de su error, era demasiado tarde. En una campaña que duró poco más de dos años, los españoles llegaron a controlar México y se dispusieron a convertir a la población al cristianismo. Lo que había sido el imperio más rico y poderoso de las Américas se convirtió en una provincia colonial de la lejana España.

La capital azteca de Tenochtitlán suscitó en Cortés sentimientos encontrados. Quedó impresionado por su extensión, su opulencia y su avanzada arquitectura y por el inteligente uso que hacían los aztecas de islas lacustres artificiales para sus cultivos. Sin embargo, lo espantó el hedor a muerte que se cernía sobre esta comunidad civilizada en todos los demás aspectos. No tardó en descubrir que provenía de los templos situados en lo alto de las pirámides, donde se acumulaba la sangre seca de las víctimas de los sacrificios. La cruel indiferencia de los aztecas ante el sufrimiento y sus rituales idólatras llenaron a los españoles de repugnancia. Cortés, horrorizado tanto por el olor como por lo que vio, trató de expulsar a los malos espíritus con el signo de la cruz. En lo que fue una ruptura flagrante del protocolo, insultó a los dioses aztecas al decir:

> «Señor Moctezuma: no sé yo cómo un tan gran señor e sabio varón como Vuestra Majestad es no haya colegido en su pensamiento cómo no son estos vuestros ídolos dioses, sino cosas malas, que se llaman diablos, y para que Vuestra Majestad lo conozca y todos nuestros sacerdotes lo vean claro, hacedme una merced: que hayáis por bien que en lo alto de esta torre pongamos una cruz, e en una parte destos adoratorios, donde están vuestros Vichilobos e Tezcatepuca,[2] haremos un apartado donde pongamos una imagen de Nuestra Señora (la cual imagen ya el Moctezuma la había visto), y veréis el temor que dello tienen esos ídolos que os tienen engañados.»[3]

La airada respuesta de Moctezuma a la insolente sugerencia de Cortés revela la magnitud de la brecha que existía entre sus dos culturas:

> «Señor Malinche:[4] si tal deshonor como has dicho creyera que habías de decir, no te mostrara mis dioses. Aquestos tenemos por muy buenos y ellos nos dan salud y aguas y buenas sementeras e temporales y victorias cuantas queremos, e tenémoslos que adorar y sacrificar; lo que os ruego es que no se diga otras palabras en su deshonor.»[5]

Este intercambio de palabras, que tuvo lugar en lo alto de la que entonces era la pirámide más importante de México, marca el punto de inflexión en la relación entre los aztecas y los conquistadores. Habiéndose tocado el tema de la religión, ya no había acuerdo posible entre ellos. Aunque Moctezuma estaba indudablemente herido por el ultraje a sus dioses, también Cortés y los españoles endurecieron su corazón. Decidieron que los indios eran adoradores del diablo y que, por su propio bien y por la fuerza si era necesario, debían ser convertidos al cristianismo. Aunque sufrieron algunos reveses, al final les llevó dos años derrotar a los aztecas e imponer el gobierno español a lo largo y ancho de su imperio. Destruyeron la pirámide azteca de Tenochtitlán con pólvora y reutilizaron las piedras para la construcción de nuevos edificios de estilo español. También destruyeron y enterraron todos los ídolos que pudieron encontrar con la intención de borrar todo vestigio de la religión azteca.

Una vez que hubieron conquistado Tenochtitlán y se hubieron adueñado del corazón del Imperio azteca, a Cortés y a sus hombres les bastaron unos cuantos años más para someter a las tribus subordinadas, que lo único que ansiaban era verse liberadas de sus antiguos amos y aceptar a los conquistadores como sus nuevos señores.

Después de ocuparse de los aztecas, los españoles volvieron a prestar atención a los mayas, a los que habían dejado a su aire desde 1511. En diciembre de 1523, don Pedro de Alvarado inició el sometimiento de la actual Guatemala. En esta región alta vivían numerosas tribus entre las que destacaban los quichés y sus primos, los caqchiqueles. En una campaña feroz, Alvarado sometió a los quichés, masacrando a sus jefes y quemando su capital de Utatlan. Un año más tarde, en 1524, Cortés envió a Cristóbal de Olid, uno de sus lugartenientes de más confianza, a afianzar su dominio de la parte del istmo de América Central que actualmente abarcan Honduras y Nicaragua. Olid fundó la ciudad de Triunfo de la Cruz, en la bahía de Tela.[6] No tuvo mucho tiempo para disfrutar de su nueva ciudad, ya que fue asesinado poco después. El propio Cortés tuvo que hacerse cargo de afianzar la autoridad de España en la región, abandonando México al año siguiente para hacerlo. No lejos de la fundación de Olid, estableció una colonia propia a la que llamó Puerto Caballos y que actualmente se conoce como Puerto Cortés. Las restantes tribus mayas que todavía no estaban bajo el dominio de los conquistadores quedaron entonces totalmente rodeadas.

La mejor defensa de los mayas contra la agresión española era la naturaleza impenetrable de los bosques que crecían lujuriosamente en la mayor parte de sus tierras. Al norte de Puerto Cortés, en la península de Yucatán, casi todo el territorio estaba cubierto de un bosque tan denso que la conquista no era tarea fácil. No obstante, a partir de 1527 los españoles hicieron serios intentos de colonizarlo, pero hasta la fundación de Mérida, en 1540, fueron incapaces de establecer un asentamiento permanente. Incluso entonces, y tal vez porque el país carecía de recursos tan visibles como el oro y la plata, el Yucatán no presentaba un atractivo real para los colonizadores españoles. Como consecuencia de ello, los mayas siguen siendo todavía hoy el pueblo aborigen más genuino de todos los de América Central. Aunque fueron obligados a convertirse al catolicismo, conservaron muchas de las características de su antigua religión, aunque modificadas. También sus lenguas se han conservado. Éstas abarcan por lo menos treinta dialectos diferentes, siendo los más importantes el yucateca, el quicheano y el cholano. Este hecho ha sido totalmente fortuito y gracias a ello se han podido descodificar los jeroglíficos mayas, un logro singular de las postrimerías del siglo XX.

Las crónicas de los frailes

La conquista de México fue, en muchos sentidos, una proeza notable, y actualmente pocos se atreverían a discutir el derecho de Cortés a poner fin a los sacrificios humanos. Una acusación más difícil de refutar es que, directa o indirectamente (por enfermedades o trabajo excesivo), los españoles fueron responsables de la muerte de millones de indígenas mexicanos. Es innegable que los españoles, muchos de los cuales eran poco más que piratas, fueron culpables de muchas muertes. Sin embargo, las crónicas de la época revelan que ahí no se acaba la historia. Impresionados por el profundo cambio de su sociedad, muchos indios fueron incapaces de adaptarse psicológicamente al cambio. Es como si su sensación de pérdida cultural fuera tan profunda que hubieran perdido la voluntad de vivir y, o bien se suicidaban ahorcándose, o bien se limitaron a dejarse morir.

Esto es algo que me dejó atónito durante mucho tiempo. La respuesta a tan espinosa cuestión sólo la tuve clara después de escribir *Las profecías mayas* y la explicaré más adelante en este libro. Lo que no puede negarse es que la conquista allanó el camino para que muchos indeseables de España emigraran a México. Esta segunda oleada de conquistadores a menudo tuvo un trato incluso más brutal con los indígenas que los conquistadores originales. Ansiosos de hacerse ricos con la agricultura y la cría de ganado, consideraron a los nativos como poco más que una fuente de mano de obra esclava. Sin embargo, no todos los recién llegados eran amos de esclavos. Algunos eran hombres piadosos, ansiosos de salvar las almas de los nativos y de preservar el recuerdo de la mejor parte del pasado precolombino antes de que se perdiera para siempre.

El más famoso de ellos, aunque sólo sea por el número de libros que escribió, fue un fraile franciscano llamado Bernardino de Sahagún. Era joven, recién salido del seminario, cuando se embarcó hacia México en 1529, apenas una década después de la primera llegada de Cortés. A bordo de su barco iban varios indios que habían sido traídos a España como curiosidades y ahora volvían a casa. Sahagún, que además de historiador tenía grandes dotes lingüísticas, aprovechó el tiempo que duró la travesía del Atlántico para aprender de ellos los rudimentos del náhuatl, la lengua nativa de los aztecas. Al cabo de muy poco tiempo llegó a tener un dominio suficiente de ella para ganarse la confianza de la gente con la que entraba en contacto y que le confió muchos de sus secretos.

Sus libros, en los que da muchos detalles relativos al calendario azteca y a los festivales que se celebraban en distintas épocas del año, constituyen una lectura inquietante. Las secciones sobre los calendarios dejan claro que casi todas las celebraciones aztecas implicaban sacrificios humanos, no sólo de hombres, sino también de mujeres y, lo más desolador de todo, incluso de niños. A la vista de esta evidencia, es difícil imaginar que las autoridades españolas pudieran haber hecho algo que no fuera suprimir la religión nativa, tan empapada en sangre.

Sahagún no fue el único español en arrancar secretos a los indígenas entre los cuales trabajaba. Otra figura descollante fue la del fraile Diego de Landa. Miembro de la orden franciscana, como Sahagún, llegó al Yucatán en algún momento de la década de 1540. El que más tarde sería obispo Landa, fue un hombre que se ganó muchos enemigos, tanto entre la comunidad española de expatriados como entre los mayas indígenas. Su hecho más famoso fue un auto de fe que realizó en 1562 en el que quemó muchos libros de corteza de los mayas. En la actualidad, esos libros se considerarían antigüedades de valor incalculable, pero en aquel momento se pensaba que contenían enseñanzas inspiradas por el diablo que no hacían sino obstaculizar la conversión de los mayas al cristianismo.

Figura 2: Bernardino de Sahagún.

Para un misionero cristiano como Landa, tenía sentido quemar todos los libros que pudiera encontrar y así arrancar de raíz el origen de la que él consideraba una religión del mal. Por suerte para nosotros, hizo algo más que quemar libros: escribió también una historia del Yucatán titulada *Relación de las cosas de Yucatán.* Esta obra fundamental contiene condensado todo lo que aprendió sobre la cultura maya de la región. Contiene detalles sobre los festivales y los dioses, las costumbres y el calendario, y también sobre cuestiones más prosaicas relacionadas con la flora y la fauna de la región. Y lo más importante de todo (como veremos más adelante) es que incluyó en su crónica lo que ha resultado ser una «piedra

Rosetta» para la tarea de descifrar correctamente los jeroglíficos mayas.

Por tratarse en sí mismo de un tema de gran complejidad y realmente fuera del alcance de nuestra tesis, no hablé de la descodificación de los jeroglíficos mayas en *Las profecías mayas*, salvo en aquellos casos en los que no tenían que ver con el calendario.[7] Puede que fuera un error, ya que a lo largo de los últimos veinte años aproximadamente, se ha realizado un cúmulo de trabajo importante en este campo. No hay justificación para dejar a un lado la labor de estudiosos, como David Freidel, Linda Schele, Peter Matthews, Michael Core y muchos otros, si se quiere tener un panorama más amplio de los misterios mayas. Como veremos en futuros capítulos, me ha llevado a una profunda reconsideración de las profecías mayas y de algunos descubrimientos nuevos y sorprendentes relativos a la posible fuente de los conocimientos astronómicos de los mayas.

Hubo otros, además de los franciscanos, que se interesaron por la cultura mexicana anterior a la conquista. A fines del siglo XVII, un ex jesuita llamado don Carlos de Sigüenza y Góngora logró reunir una gran colección de manuscritos y pinturas. Uno de sus amigos era don Juan de Alva, que era hijo de Alva Cortés Ixtilxochitl, descendiente directo de los reyes de Texcoco.[8] Ixtilxochitl fue educado en la lengua española y en el azteca de Náhuatl y escribió una extensa historia de México en español. Sigüenza era profesor de matemáticas en la Universidad de México y un excelente astrónomo y, como es natural, quedó muy asombrado al descubrir que el libro de Ixtilxochitl tenía mucho que decir acerca del sistema de calendario que se usaba antes de la conquista española. Descubrió que los aztecas hablaban de una piedra calendario que desapareció después de la conquista. Aparentemente se usaba para llevar una cronología exacta a lo largo de extensos períodos mediante ciclos de cincuenta y dos y ciento cuatro años.

Usando los libros de su colección, Sigüenza pudo obtener información significativa, incluidas fechas tan importantes como el comienzo del Imperio azteca con la fundación de Tenochtitlán en 1325. También pudo fijar una cronología aproximada de impe-

Figura 3: La piedra calendario azteca.

rios anteriores comenzando con los olmecas, los llamados «hombres de goma», cuya civilización precedió a la de los toltecas y que vivieron en la región de Tabasco, México, donde crecían los árboles del caucho. Sigüenza creía que la civilización olmeca tenía su origen en la legendaria isla de la Atlántida y que, entre otras cosas, eran quienes habían construido las impresionantes pirámides de Teotihuacán.

En 1679, Sigüenza recibió la visita de un italiano llamado Giovanni Careri, que estaba dedicado al empeño de circunnavegar el mundo. En aquellos días ésta era una hazaña poco común, lo cual tal vez explique que las autoridades españolas lo autorizaran a entrar en el país. Durante su estancia en Ciudad de México, Sigüenza le enseñó su archivo y le explicó sus teorías sobre el calendario. Cuando Careri volvió a Italia, escribió acerca de estas cosas en un libro titulado *Giro del Mondo*, que documentaba su viaje alrededor del mundo. Aunque su memoria acerca de lo que Sigüenza le había contado sobre sus descubrimientos no era muy precisa, es de agradecer que las hubiera escrito. Poco después, el profesor murió y los jesuitas se apoderaron de su biblioteca. No se sabe qué fue de sus documentos, pero es probable que fueran destruidos tras la expulsión de México de los propios jesuitas en 1767.

Aunque gran parte de lo que Careri escribió sobre México fue objeto de burlas en Europa, sus referencias a la piedra calendario despertaron el interés de al menos otro explorador: el barón Alexander von Humboldt, amigo de Goethe, Schiller y Metternich, que tenía fama como naturalista en toda Europa. En 1798 intentó ir con los *savants* de Napoleón a Egipto, pero no pudo porque el barco que había de llevarlo se perdió en una tempestad. En lugar de eso, cruzó el Atlántico hacia el oeste para explorar la flora, la fauna y la topografía de la América española. En 1803 llegó a Acapulco, el principal puerto de la costa del Pacífico en México, trayendo consigo abundante equipo científico. Al llegar a Ciudad de México también se ganó la buena disposición de las autoridades españolas, que le dieron acceso a archivos clasificados. Quiso la suerte que unos doce años antes se hubiera encontrado una gran piedra tallada cerca de la catedral. Humboldt la examinó y estuvo de acuerdo con un historiador local llamado León y Gama en que tenía que ser la misma piedra calendario de la que había hablado Sigüenza. Además, reconoció en algunos de los dieciocho símbolos usados por los aztecas para referirse a los meses un gran paralelismo con el zodíaco del este asiático. En contra de las opiniones expresadas por la Iglesia, llegó a la conclusión de que la piedra no era un altar usado para los sacrificios, pero tenía una enorme importancia astronómica.

Tras la independencia, consumada en 1821, empezó a ser mucho más fácil visitar el país para los europeos no españoles. El primero de ellos fue William Lubbock, que zarpó de Liverpool en 1822. Al igual que Von Humboldt, quedó muy impresionado con la piedra y sacó moldes en yeso de la misma. Cuando volvió a Londres, los expuso, junto con otras muchas cosas, en una galería de Piccadilly. La exposición de Lubbock, como la reciente exposición azteca de la Academia Real durante el invierno de 2002-2003, fue un éxito absoluto. Dejó claro que el México precolombino era algo más que una tierra de bárbaras supersticiones. Sin embargo, esto fue sólo el comienzo. Pronto fueron muchos más los europeos y americanos que se dieron cuenta de que valía la pena desentrañar los misterios de la civilización maya.

II

LA CIUDAD DE LOS MUERTOS

Tras salir del aeropuerto, el grupo y yo subimos a un autobús que nos trasladaría a nuestro hotel, situado a unos cuarenta kilómetros del centro de Ciudad de México. El hotel estaba en el campus de lo que muchos consideran la principal maravilla arqueológica del país: la ciudad perdida de Teotihuacán. No digo «perdida» porque las ruinas de este magnífico complejo estén escondidas en algún cañón inaccesible o en una selva remota. Puesto que a las ruinas de Teotihuacán se puede llegar en autobús desde la ciudad más extensa del mundo, nada estaría más lejos de la verdad. No, lo que está perdido no es el lugar, sino la finalidad de esta gran ciudad. Teotihuacán, que tiene algo de Roma, algo de Gizeh, algo de La Meca, parece haber dominado la totalidad de América Central durante mil años por lo menos y, a decir verdad, tal vez muchos más. Entonces, de una manera tan repentina que resulta difícil de explicar, fue abandonada por sus habitantes. Sus edificios principales fueron deliberadamente quemados y dejados a merced de la maleza. Esto podría entenderse si hubiera signos de que la ciudad había sido atacada y saqueada por alguna fuerza invasora, pero no parece que nada de esto haya sucedido. Los arqueólogos que trabajan en el lugar insisten en que la destrucción de la ciudad fue obra de los propios teotihuacanos. Nadie en su sano juicio diría que esto es normal, sin embargo, todo parece indicar que cualesquiera que fuesen las influencias externas que participaron, no fueron la causa, sino circunstancias periféricas.

Las ruinas de Teotihuacán eran sagradas para los aztecas mucho antes de la llegada de los españoles. Fueron ellos quienes la llamaron Teo-ti-huacan, que significa «ciudad sagrada de los dioses». La llamaron así porque aparecía de una manera destacada en sus mitos relativos a la creación del Quinto Sol, el de nuestra edad actual. Según este mito, al terminar la edad anterior, los supervivientes de una catástrofe se reunieron en Teotihuacán y los dioses se dispusieron a crear una nueva raza con los restos de la anterior.

Por entonces, no había Sol y la Tierra estaba envuelta en la oscuridad, de modo que pidieron un voluntario que quisiera convertirse en el nuevo sol cuya luz traería el amanecer. Un dios arrogante llamado Tecuciztecatl se ofreció voluntario para tener el honor de convertirse en el nuevo sol, pero los demás votaron por un dios viejo y enfermizo llamado Nanahuatzin. Fue así que los dos dioses iniciaron un período de ayuno mientras los demás preparaban una pira sacrificial. Tecuciztecatl vistió sus mejores galas y se adornó profusamente con plumas de quetzal, mientras que su rival sólo pudo permitirse un traje de papel. Sin embargo, fue Nanahuatzin el primero en reunir el coraje suficiente para arrojarse al fuego, siendo inmediatamente inmolado. Humillado, Tecuciztecatl siguió rápidamente su ejemplo.

Tras el sacrificio de los dos dioses, todos los ojos se volvieron ansiosamente hacia el horizonte para ver la resurrección, primero de Nanahuatzin, surgido como Tonatiuh, el dios sol, y a continuación de Tecuciztecatl, el nuevo dios de la luna. Sin embargo, el Sol y la Luna, aunque visibles en el horizonte, se negaban a moverse a menos que los alimentaran. Para satisfacer su apetito y hacer que se movieran, Quetzalcóatl, la Serpiente Emplumada (identificada a veces con el planeta Venus), sacrificó a los demás dioses extrayéndoles el corazón. Como es natural, esta ofrenda generosa de los dioses hacía necesaria una reciprocidad de los hombres. En consecuencia, para que el Sol siguiera saliendo todos los días, se estableció para las generaciones futuras la obligación de igualar la generosidad de los dioses ofreciéndole corazones humanos. Según este mito, fue en los lugares en los que Nanahuatzin y Tecuciztecatl se inmolaron donde más tarde se construyeron las pirámides del Sol y de la Luna. Esas pirámides se convirtieron en el centro de la ciudad de Teotihuacán, que llegó a ser la más grande de América. Aunque la ciudad fue abandonada allá por el 750 d. J.C., el lugar siguió siendo reverenciado mucho más tarde por los aztecas. Una vez al año se reunían allí para celebrar sus propios sacrificios con los que honrar el anterior sacrificio de los dioses.

La misma exaltación que produce en nosotros Stonehenge, sobre todo por su estado ruinoso y porque no podemos saber con exactitud cuál era su finalidad, sentían los aztecas ante las ruinas de Teotihuacán, abandonada mucho antes de su llegada al valle de México. El motivo por el cual abandonaron los teotihuacanos su ciudad es uno de los grandes misterios de la historia. De él habla Erich von Däniken en su famoso, aunque a veces extravagante, libro *¿Carros de los dioses?*, cuya primera edición es de 1967. El punto de vista de Von Däniken de la situación no es nada ortodoxo, pero sí simple: los habitantes de Teotihuacán, al igual que los habitantes anteriores de otras ciudades de Mesoamérica que fueron abandonadas aproximadamente al mismo tiempo, simplemente fueron «llevados». Como los héroes de la película de Steven Spielberg *Encuentros cercanos del tercer tipo*, se prestaron de buen grado a unirse a los dioses –extraterrestres venidos del espacio– y abandonaron la Tierra en busca de una nueva morada entre las estrellas.

Por más que esta idea haya tenido (y tenga todavía) un atractivo especial para mucha gente, a mí me parece cuando menos ingenua. En primer lugar, plantea serios problemas de logística. Por buena que fuera la disposición de los extraterrestres, ¿serían capaces de atender las necesidades de aire, alimentos, bebida, higiene, alojamiento y diversión de los humanos? ¿Cómo protegerían su carga viva de los efectos mortales de la radiación cósmica y la desaparición de masa ósea y muscular que inevitablemente se producen en cualquier viaje espacial largo? Y suponiendo que hubieran llegado sanos y salvos a algún lejano planeta con similitudes suficientes con el nuestro para permitir nuestro tipo de vida ¿cómo se les protegería de miríadas de bacterias? La historia nos enseña que cuando Hernán Cortés y sus hombres llegaron a México, trajeron consigo el virus de la viruela que hizo estragos en la población nativa. A su vez, se culpa a Cristóbal Colón y a su tripulación de haber traído la sífilis a Europa. Si pueden causarse epidemias tan imprevistas e indeseadas por el mero hecho de que la gente migre dentro de ese mundo relativamente cerrado que es el planeta Tierra, cuánto más grande no será la probabilidad de que eso suceda si entramos en contacto con gente parecida a nosotros pero proveniente de otros mundos. Estas cuestiones me han preocupado durante décadas. A menos que uno esté dispuesto a engañarse hasta un grado impensable, en el presente parece imposible no llegar a la conclusión de que nosotros, en nuestros propios cuerpos, no somos capaces de vivir en otro sitio que no sea la Tierra. A su vez, los extraterrestres, suponiendo que sean parecidos a nosotros, tendrían problemas médicos similares para adaptarse a las condiciones de la Tierra. Eso no quiere decir que sea imposible el contacto físico con especies alienígenas, sino, simplemente, que sería sumamente peligroso para todos los implicados.

Desde mi última visita a Teotihuacán había leído mucho sobre la civilización mesoamericana y había empezado a darme cuenta de que no tenía una dimensión extraterrestre, aun cuando no llegara al tipo de contactos físicos descritos por Von Däniken. Era indudable que la astronomía era parte integral de la religión de América Central. Sin embargo, la astronomía mesoamericana no era la ciencia racional que hoy conocemos y entendemos, sino más bien algo más próximo a la astrología. Los teotihuacanos, al igual que sus sucesores, los aztecas, vivían en un mundo delimitado por la ritualidad y cautivos de la superstición. Su religión justificaba el sacrificio humano y la guerra. Como los aztecas, estudiaban el cielo en busca de portentos, creyendo que si no hacían sacrificios humanos adecuados, los dioses se enfadarían. Aunque no sabemos muy bien quiénes eran, la prueba de estas creencias se encuentra en lo que ha llegado hasta nosotros de su arte. Sin embargo, lo que yo me planteaba no era si los teotihuacanos eran supersticiosos –evidentemente lo eran–, sino si contaban con conocimientos que pudieran sernos útiles en la actualidad.

Una de las cosas que me interesan desde hace mucho tiempo es la idea de que los monumentos antiguos –y a veces incluso ciudades enteras– estuvieran orientados de tal modo que reflejasen el cielo. Esta idea fue la base de *El misterio de Orión*, el éxito de ventas que escribí en colaboración con Robert Bauval. En ese libro proponíamos la por entonces novedosa idea de que las tres grandes pirámides de Gizeh habían sido construidas para representar las tres estrellas brillantes que forman el Cinturón de Orión, uno de los grupos estelares más fáciles de reconocer en el cielo. No tengo ni la menor duda de que esto sea así. Ya no sólo hay una correlación notable entre estas pirámides y las estrellas mencionadas, sino que sabemos por diversos textos que Orión ocupaba un lugar destacado en el culto a Osiris, en Egipto, como lugar donde estaba ubicado su cielo. Se han encontrado representaciones jeroglíficas de Orión en varias tumbas de los faraones y también en textos de plegarias en las que se rogaba que el alma del faraón fuese llevada a la región de Orión para que allí pudiera unirse a Osiris, el dios de los muertos de los egipcios, del que se dijo que su forma de estrella era la constelación de Orión.

A mediados de 1993, cuando todavía estábamos en pleno proceso de escritura de *El misterio de Orión*, Robert Bauval y yo visitamos a otro autor, Graham Hancock, que en una época había sido corresponsal de *The Economist* en África Oriental. El libro más famoso de Hancock, *Las huellas de los dioses*, todavía no estaba terminado, pero él ya era famoso como autor de *La señal y el sello*.[1] Conociendo su interés por África y por las pirámides, teníamos mucho interés en hablar con él de la posibilidad de una colaboración tripartita para una secuela de *El misterio de Orión*. Sin más tardanza se explayó sobre la importancia de la correlación Gizeh-Orión y su importancia para la investigación esotérica en otras partes del mundo. «¿Han estado alguna vez en Teotihuacán? –nos preguntó–. La disposición general es exactamente la misma. Evidentemente está basada en la correlación de Orión. La única diferencia es que en lugar de que las pirámides estén colocadas siguiendo una diagonal, como lo están en Gizeh, la línea que representa el eje mayor del Cinturón pasa por el centro de la pirámide de Quetzalcóatl y de la pirámide del Sol, paralelo a sus caras occidentales y orientales. Les mostraré lo que quiero decir.» Se acercó

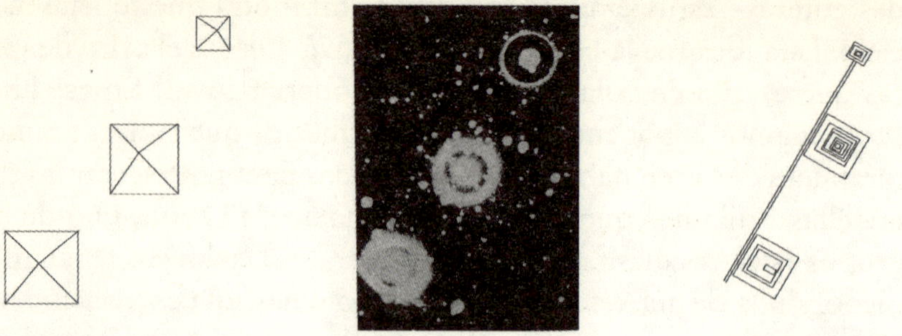

Figura 4: Correlación de Orión en Gizeh y Teotihuacán.

a su biblioteca y cogió una copia del libro de Peter Tompkins *Misterios de las pirámides mexicanas*. Allí, en las páginas 238 y 239, pudimos verlo con claridad. Pasando por alto diferencias superficiales de estilo y la presencia de otros edificios menores, la correlación de Orión nos pareció muy evidente. La principal diferencia era, como él había dicho, la orientación de las pirámides.

Otra cosa notable era una similitud en los tamaños comparativos. En Gizeh hay dos pirámides gigantescas (Keops y Kefrén) y una más pequeña (Mikerinos). Según el patrón de correlación de Bauval, las dos pirámides mayores representan a las dos estrellas más brillantes y meridionales del cinturón: Alnitak y Alnilam. La pirámide de Mikerinos, mucho más pequeña y desplazada de la diagonal que une a las otras dos, representa a la estrella Mintaka. Del mismo modo que esta pirámide es más pequeña y está desplazada, Mintaka es menos brillante que las otras dos estrellas del Cinturón y también está desplazada. En Teotihuacán, la situación no era tan definida. Mientras que la pirámide del Sol era adecuadamente grande y parecía representar, como la pirámide de Kefrén, a la estrella central Alnilam, la pirámide de Quetzalcóatl, que según la teoría debía corresponder a la estrella Alnitak, era a primera vista demasiado pequeña para compararse con la pirámide de Keops. Sin embargo, Hancock también tenía una explicación para esto. Señaló que la pirámide de Quetzalcóatl está inscrita en un recinto cuadrado mucho más grande que, a falta de un término más adecuado, los primeros españoles llamaron «la Ciudadela». Este espacio cerrado tiene exactamente la misma superficie que la base de la pirámide del Sol, lo cual indica que, esotéricamente, debía considerarse que la totalidad de la Ciudadela y no sólo la pequeña pirámide de Quetzalcóatl del centro representaba a la estrella Alnitak. En este esquema, la pirámide de la Luna, de base mucho más pequeña que la Ciudadela o la pirámide del Sol, y desplazada de la línea que une el centro de ambas, podría considerarse el equivalente mexicano de la pirámide de Mikerinos y, por lo tanto, de la estrella Mintaka.

Al principio consideré este diagrama con escepticismo. Me parecía demasiada coincidencia que, separadas como están no sólo por la distancia, sino también en el tiempo, pudiera haber algún vínculo entre estos dos proyectos de construcción. Sin embargo, no podía descartar una vinculación cultural entre Egipto y México considerándola como algo fantasioso. Había algo más en el lugar que indicaba que, al igual que Gizeh, debía considerarse como un paisaje celestial. La coincidencia (suponiendo que lo fuera) iba mucho más allá de un plan meramente superficial de pirámides que pueden, o no, haber pretendido representar el cinturón estelar. En el cielo, corriendo junto a Orión como un gran río, está la Vía Láctea. Hoy en día, como tenemos telescopios capaces de penetrar en la profundidad del espacio, nos damos cuenta de qué es una galaxia. Al igual que su vecina más cercana –M31, la galaxia de Andrómeda–, tiene la forma de una rueda giratoria con «brazos» que comprenden millones de estrellas. Ahora sabemos que algunas de esas estrellas son enormes gigantes rojas, mientras que otras, hechas de materia enormemente densa, son enanas blancas. Algunas, al estar hechas de «materia oscura» son completamente invisibles en las longitudes de onda de la luz corriente. Sólo conocemos su presencia porque emiten ondas electromagnéticas con frecuencias que están por encima o por debajo de las de la luz visible. Muchas estrellas son como nuestro Sol: de tamaño mediano y probablemente con familias de planetas que giran en órbita a su alrededor. Otras estrellas, como Sirio y Alnitak, existen como sistemas binarios. Constan de pares de estrellas que rotan alrededor de un centro común de gravedad.

Toda esta detallada información, obtenida a través de cuatro siglos de intensas observaciones utilizando tanto radiotelescopios como telescopios ópticos, no la tenían a su alcance los egipcios. Ellos no se habían dado cuenta de que el Sol no es más que una de las muchas estrellas que forman nuestra galaxia. De hecho, al parecer, no tenían la menor idea de que la Vía Láctea era una galaxia. Más bien pensaban que era como un río: el equivalente en el cielo de su propio río Nilo. En la orilla derecha de este río, no lejos de la brillante estrella Sirio (a la que asociaban con la diosa Isis), estaban las estrellas de Orión. Ellos creían que ahí estaba el cielo, al que concebían muy parecido a Egipto, aunque más puro que cualquier lugar de la Tierra. Creían que ese territorio, gobernado por Osiris, el dios antropomórfico que había gobernado Egipto en una época, era el paraíso. En consecuencia, esperaban y deseaban que después de la muerte, como almas tras la resurrección, ascenderían a ese cielo, donde vivirían con los dioses por toda la eternidad.

La tesis central de *El misterio de Orión*, que Robert Bauval ya le había explicado a Graham Hancock en una reunión anterior, era que el complejo de las pirámides de Gizeh tenía como finalidad ayudar en la ascensión de las almas de los faraones, y tal vez incluso las almas del común de los mortales. Al construir las pirámides representando el Cinturón de Orión en la orilla occidental del Nilo, lo que hacían era crear una imagen de su cielo. Entonces, al celebrar allí importantes rituales –como, por ejemplo, la ceremonia de la «apertura de la boca»– en momentos astronómicamente significativos, creían que podían abrir un portal al cielo. Purificada por los rituales y cargada de energía por las plegarias de los sacerdotes, el alma superior del faraón podía emprender el viaje de la Tierra a las estrellas. Denominada con el nombre *akh* y simbolizada como un ibis crestado, esta alma se une con Osiris del mismo modo que los cristianos esperan que después de la muerte sus almas se unirán con Jesucristo.

No cabe por menos que sorprenderse de que en la América precolombina los pueblos de América Central tuvieran algunas

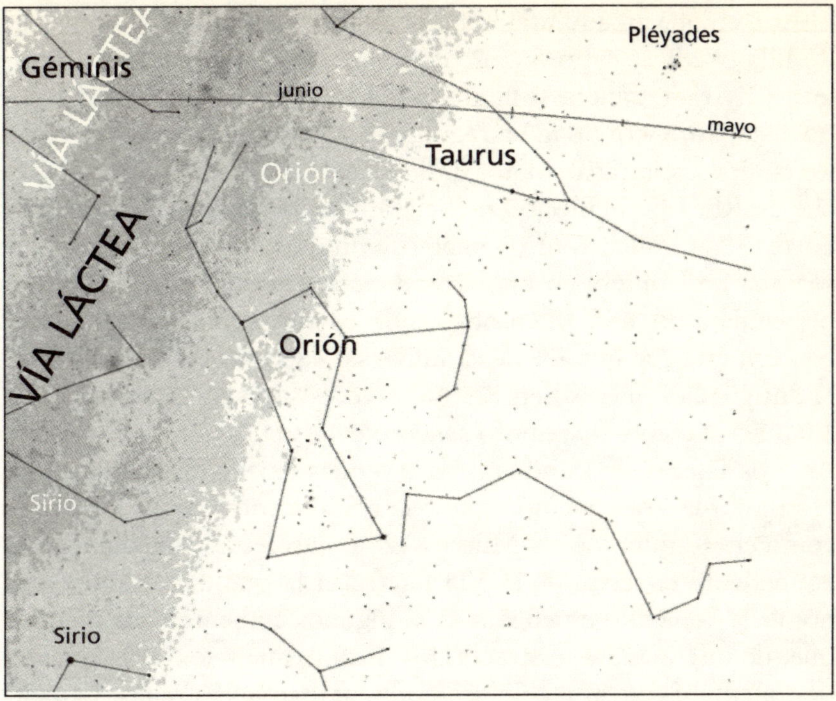

Figura 5: La región del cielo de los egipcios.

creencias muy similares relacionadas con la Vía Láctea. Según los profesores Giorgio de Santillana y Hertha von Dechend (que citan la *Mitología latinoamericana* de H. B. Alexander), el pueblo sumo de Honduras y Nicaragua (vecinos de los mayas) creía que la «Madre Escorpión» habitaba al final de la Vía Láctea. Ella recibía a las almas de los muertos y de ella provenían las almas de los recién nacidos. Ella los amamantaba a sus muchos pechos, que es una idea acorde con el nombre de la Vía Láctea.[2] En los mitos griegos, el padre de los dioses arcaicos, el titán Cronos, temiendo una profecía que le anunciaba que iba a ser destronado por su hijo, devoraba a su descendencia en cuanto nacía. Su esposa, la diosa Rhea, después de perder de esta manera a varios de sus hijos, consiguió por fin engañarlo. Envolvió una gran piedra en pañales y reemplazó con ella a Zeus recién nacido. Tal vez para ponerla a prueba, Cronos insistió en que amamantara al niño una vez más antes de comérselo. Ella obedeció y presionó con la piedra su pecho del que brotó leche. De esta manera se cumplió la profecía, ya que Zeus destronó a su padre y lo obligó a regurgitar a todos sus hermanos, entre los cuales se contaban algunos dioses del Olimpo. El chorro de leche de Rhea permaneció en el cielo y se llamó para siempre Vía Láctea. Para muchos otros pueblos antiguos, la Vía Láctea representaba un camino, en unos casos recorrido por un cazador que perseguía a un animal, en otros, por las almas de los muertos. Al parecer, ésta fue una idea casi universal entre las civilizaciones de la antigüedad, incluso en Egipto, a veces se hacía referencia a la Vía Láctea como «el remoto sendero de estrellas»[3].

Los aztecas, evocando tal vez leyendas mucho más antiguas, se referían a la gran avenida que recorría el centro de Teotihuacán como el «Camino de los Muertos» y al parecer la consideraban el equivalente terrestre de la Vía Láctea, a la que daban el mismo nombre. Teniendo en cuenta esto, algunos comentaristas piensan que, de una manera abstracta, los distintos templos y las pirámides que había en su recorrido representaban las estrellas. Lamentablemente, aunque puede interpretarse que las pirámides, junto con la ciudadela, son un reflejo de las estrellas del Cinturón de Orión, no están situadas en posición correcta respecto del «Camino de los Muertos» (la Vía Láctea) como para que la correlación general sea exactamente igual que en Gizeh. Así pues, por más que esta correlación pueda haber sido en parte la razón para su construcción, no está nada claro que fuera la principal o la más importante. Hay otros factores que deben tenerse en cuenta.

Todas estas ideas me rondaban por la cabeza al día siguiente cuando, después de desayunar, nos pusimos en marcha hacia el centro de la antigua ciudad. Una vez más me encontré recorriendo los aproximadamente cuatro kilómetros de la Avenida de los Muertos entre las filas de pequeños templos que la flanquean. Se trata de edificios construidos según la técnica de talud-tablero: estructuras planas en la cima, de cuatro plantas de plataformas cada vez más pequeñas, con escaleras en el centro de cada cara. Yo me imaginaba cómo, durante los grandes festejos, la gente subiría a estas plataformas para ver mejor la procesión de los sacerdotes, reyes y otros dignatarios que recorrían la avenida en dirección a los edificios ceremoniales, mucho más grandes, situados al final de la misma.

Mientras avanzaba por la avenida me asaltaron los vendedores ambulantes, ansiosos de librarse de su carga de recuerdos de todo tipo, desde bufandas hasta silbatos y reproducciones en miniatura de las pirámides. Entre lo que ofrecían había figuras que representaban a los dioses aztecas tal como se veían en los códices.[4] Aquellas bonitas tallas hechas en obsidiana negra del lugar (cristal volcánico) combinada con materiales de otros colores llamaron la atención por lo menos de una de las integrantes del grupo. Me disponía a explicarle que no guardaban casi ninguna relación con los sistemas de creencia de la gente que había construido Teotihuacán cuando me lo pensé mejor. Era cierto que eran creaciones de artesanos modernos, pero aquellos hombres eran precisamente los descendientes de los constructores originales. Decir que no guardaban relación alguna sería como negar la conexión, fuerte y directa, entre el pasado y el presente. Quienes tienen los ojos y el corazón abierto, pueden captar en ellas algo de la cultura y de la memoria de la América precolombina. Esas esculturas eran una manifestación de esa memoria. Está en el aire y puede saborearse. Los vendedores de recuerdos para turistas eran, a su modo, parte de un panorama más amplio. Fue así que, más tarde, cuando iba de regreso al hotel, me paré y le compré al mismo hombre una gran bola de obsidiana. La tengo ahora ante mis ojos, negra, lustrosa y evocadora de una cultura desaparecida hace mucho tiempo. Pero no es totalmente negra: en los que podríamos llamar sus polos, hay unos dibujos blancos que parecen galaxias en espiral. Los dibujos cambian según desde donde se contemplan y de la forma en que les da la luz. Yo lo interpreto como una metáfora de la propia Teotihuacán, una ciudad antigua con relaciones metafísicas con la Vía Láctea.

A mitad del recorrido llegué a un cruce de caminos que conducía al edificio más grande del complejo: la pirámide del Sol. La superficie que ocupa su base es similar a la de la Gran Pirámide de Gizeh y empequeñece cuanto la rodea. Esta pirámide, que tiene una altura aproximada de sesenta y nueve metros, no es la más alta de México. Ese honor le corresponde a la pirámide de Cholula, que, a diferencia de las pirámides de Teotihuacán, está sorprendentemente coronada por una iglesia católica. No obstante, la pirámide del Sol es un edificio realmente impresionante y, sin duda, la estructura más importante de todo el complejo de Teotihuacán. Me dirigí hacia ella lentamente, tratando de imaginar el aspecto que tendría todo aquello cuando Teotihuacán estaba en su momento de máximo esplendor y sus habitantes celebraran un gran festival. No me resultó tan difícil como cabría suponer, pues era domingo y el lugar estaba abarrotado por cientos de mexicanos de todas las edades que subían por las escaleras de la pirámide. Sus ropas de brillantes colores y sus voces estridentes creaban un clima como de carnaval, formando un marcado contraste con el recuerdo de los sacrificios humanos psíquicamente registrado por aquellas piedras. Parándome de vez en cuando para recobrar el aliento ante la falta de oxígeno de la altura, subí esforzadamente los trescientos sesenta y cinco escalones –uno por cada día del año– que había hasta la cima. Allí, ante la mirada divertida de algunos niños del lugar, totalmente aclimatados al aire enrarecido del lugar, me quedé un rato jadeando como un perro viejo. Sin embargo, la vista desde allí bien había valido el esfuerzo. A diferencia de las muchas víctimas de los sacrificios que seguramente hicieron este recorrido en el pasado, yo confiaba en poder volver a bajar con el corazón desbocado todavía en el pecho. Mientras tanto, podía dedicarme a disfrutar de la vista y a contemplar lo que podría haber significado esta pirámide para quienes la construyeron.

La pirámide del Sol está situada sobre un sistema de cuevas que probablemente ya fuera considerado sagrado mucho antes de la construcción de la pirámide. Ese sistema de cuevas, que no se descubrió hasta 1971, puede ser parte de una formación natural. La cueva original parece haberse formado hace un millón de años por corrientes de lava. En circunstancias adecuadas, una corriente de lava puede solidificarse en su parte exterior formando un tubo por el cual puede correr la piedra fundida. Si la actividad volcánica cesa antes de que todo el material se haya solidificado, el flujo natural de la lava puede hacer que el tubo se vacíe dejando tras de sí un hueco. Esto debió de haber sucedido hace muchísimo tiempo, ya que el vulcanismo de la zona cesó hace mucho. La cueva, sin embargo, puede haber resultado útil al hombre desde tiempo inmemorial. Sin duda se utilizó para algún tipo de ritual durante el período en el que la ciudad floreció por encima de ella; hecho confirmado por el hallazgo de ofertas votivas en su interior. Si la actividad volcánica que dio origen a la corriente de lava creó en algún momento un cono volcánico, éste hace tiempo que desapareció por la erosión. Sin embargo, una teoría sobre el significado simbólico de las pirámides mexicanas es que la finalidad de algunas de ellas era representar volcanes. De ser así, parece posible que la pirámide del Sol fuera una réplica simbólica de este tipo, más significativa aún por estar situada encima de un tubo de lava.

Al bajar de la pirámide me detuve frente a la entrada de la cueva, que actualmente está cerrada por una reja de hierro. Aunque traté de convencer a un guarda de que me dejara entrar, resultó imposible. A diferencia de lo que sucede en Egipto, donde una modesta cantidad de *baksheesh* allana la entrada al más sagrado de los santuarios, era evidente que este guarda tenía órdenes estrictas de no dejar pasar a nadie. No tuve más remedio que aceptar su explicación de que era por mi propia seguridad. Sin embargo, teniendo en cuenta la forma en que se permitía a los turistas andar por toda la pirámide, tal argumento no me pareció muy sólido. Parecía más probable que, como todavía proseguía la investigación científica de este sistema de cuevas, las autoridades no quisieran que los visitantes contaminaran cualquier prueba que pudiera quedar de su uso y finalidad anteriores. Fuera como fuere, todavía había evidencia en abundancia a nivel del suelo del pasado volcánico de Teotihuacán. A diferencia de la Gran Pirámide de Gizeh, la pirámide del Sol no está hecha de bloques de piedra compacta. En realidad es un montículo de tierra en forma de cinco grandes escalones y recubierto con pequeñas piezas de lava petrificada. Ese material de construcción, en diversas tonalidades de rojo, marrón y negro, fue el que se usó en todo Teotihuacán, y todos los edificios importantes están construidos de forma muy similar.

Un recurso importante de los teotihuacanos era la obsidiana. Aunque en la actualidad se utiliza fundamentalmente para los artículos destinados a los turistas, como por ejemplo mi bola de cristal, en la antigüedad tenía otros usos. Por ejemplo, se usaban láminas de obsidiana perfectamente pulidas para hacer espejos. Uno de esos espejos llegó a manos del doctor John Dee, el famoso mago isabelino. Él lo usaba para «escudriñar», es decir, ver el futuro. En la actualidad está en Londres, en el Museo Británico, y puede verse allí junto con otros artefactos ocultistas que le pertenecieron, como por ejemplo su bola de cristal (usada para invocar a los ángeles) y diversos sellos mágicos. Su espejo está muy pulido y es de un negro intenso y da una nueva dimensión a eso de «mirar con oscuras intenciones». Los aztecas (y probablemente los teotihuacanos antes que ellos) tenían espejos de obsidiana similares y es probable que los hayan usado de una manera muy similar a como lo hacía el doctor Dee. Sin duda, el nombre dado a una de sus principales deidades, Tezcatlipoca, o Espejo Humeante, refleja la importancia de esos objetos para su cultura. En su mitología, era tanto hermano como adversario del más conocido héroe-dios, Quetzalcóatl. Mientras éste estaba relacionado con el agua, la fertilidad y el viento, su hermano oscuro simbolizaba el conflicto. En las imágenes se lo representa con un espejo de obsidiana adosado a la parte posterior de la cabeza y, a veces, con un segundo espejo en lugar de uno de los pies. Era temido y venerado por los aztecas que, al parecer, pensaban que eran sus esclavos.

Como el cristal corriente, la obsidiana es sumamente afilada cuando se parte, pero con el añadido de ser mucho más dura. Es así que, además de hacer espejos con ella, los teotihuacanos también la usaban para fabricar cuchillos para los sacrificios. Era ideal para este fin pues, aunque frágiles, las hojas de obsidiana pueden cortar la carne mejor que el acero.[5] También se utilizaba para otros fines. En manos de maestros artesanos, la obsidiana podía separarse en láminas para hacer todo tipo de herramientas punzantes, entre ellas puntas de flecha y de lanza. Tan importante era la obsidiana para los pueblos de Mesoamérica que todavía vivían en la Edad de Piedra en el momento de la conquista española, que los teotihuacanos comerciaban con ella por toda la región. Se han encontrado cuchillos de obsidiana del tipo teotihuacano a cientos de kilómetros de la ciudad, en los territorios centrales de los mayas. Estos utensilios y la presencia de lo que ahora se ha identificado como barrios mayas en la propia Teotihuacán, indican el papel central que desempeñó la ciudad en la vida de los mayas durante todo el Período Clásico. Da la impresión de que los mayas no la consideraban sólo un emporio donde comprar utensilios útiles, sino más bien un centro de peregrinación religiosa.

Se han encontrado muchos trozos de espejos de obsidiana dentro de la cueva oculta bajo la pirámide, lo cual podría indicar una conexión con algún culto secreto. Fuese cual fuere la verdad de todo esto, el hecho de que los teotihuacanos construyeran su pirámide más grande justo encima del sistema de cuevas indica que este lugar subterráneo tenía una gran importancia simbólica. Podrían establecerse comparaciones con la iglesia de la Natividad, en Belén, construida sobre la cueva donde se cree que nació Jesús o con la iglesia del Santo Sepulcro de Jerusalén que, según se dice, se construyó encima del sepulcro de Cristo. Siguiendo este hilo, muchos arqueólogos e historiadores están convencidos de que el sistema de cuevas que subyace a la pirámide del Sol está íntimamente conectado con el mito de Quetzalcóatl, una versión del cual dice que se sacrificó precisamente en ese lugar para que el Sol se moviera por el cielo.

Dejando atrás la pirámide del Sol, reanudé mi marcha por la Avenida de los Muertos, que terminaba en la plaza de la Luna: un espacio cuadrado flanqueado por edificios bastante más grandes que los que bordeaban el camino de acceso. Justo al frente estaba la pirámide de la Luna, de forma similar a la de la pirámide del Sol, pero mucho más pequeña. También subí hasta su cima y allí saqué del bolsillo el navegador GPS *(Global Positioning System)* que había traído conmigo. No es que estuviera perdido ni que fuera incapaz de orientarme, sino que quería comprobar por mí mismo la orientación precisa de la gran vía procesional, la Avenida de los Muertos, que al parecer terminaba su recorrido en esta pirámide. El GPS funciona estableciendo conexiones con satélites especializados que recorren el cielo. Hay veinticuatro de estos satélites, lanzados y mantenidos por EE UU. Aunque su función es primordialmente militar, también envían señales de seguimiento que puede recibir cualquiera que tenga un dispositivo GPS. Mientras el aparato reciba señales de al menos cuatro satélites, puede calcular por sí mismo un rumbo relativamente preciso, dando la posición al norte o al sur del ecuador y al este y oeste del meridiano de Greenwich. Mi GPS tardó unos minutos en situarse y enlazar con todos los satélites de los alrededores.

Desgraciadamente, para que el enemigo no pueda usarlo como lo hacen ellos para guiar misiles, los militares estadounidenses no han hecho un sistema GPS civil todo lo preciso que podría ser. En consecuencia, la posición fijada suele variar con el tiempo, oscilando de un extremo a otro en torno a un punto central. Para compensar esta desviación, tomé varias lecturas y luego hice la media. La lectura final, tal vez no exacta hasta el último decimal, fue de 19° 41,969' oeste. Más tarde hice una segunda serie de mediciones unos cuantos kilómetros más abajo por la avenida, donde acababa cerca del hotel. Las lecturas que obtuve en este punto dieron una media de 19° 40,769' norte y 98° 50,996' oeste. Al restar una lectura de la otra pude ver que la pirámide de la Luna estaba a 1,20 minutos norte respecto del hotel y 0,362 minutos oeste. Esto significa que, de frente a la pirámide de la Luna, dentro de los límites de precisión que ofrece el método de posicionamiento del lugar usando el GPS, la Avenida de los Muertos está orientada según un ángulo de aproximadamente 16° 47' nornoreste. Esto representaba una leve diferencia respecto de la cifra de 15° 25' este respecto del norte que se suele mencionar en los libros y en las páginas web, pero no muy importante.

Yo había esperado que la discrepancia resultase mayor, ya que eso hubiera explicado la asociación generalmente aceptada del Camino de los Muertos con la Vía Láctea. Como puede comprobar cualquier observador cuando el cielo está despejado y suficientemente oscuro, nuestra galaxia forma una ancha franja de estrellas. Como la Tierra rota sobre sí misma y gira alrededor del Sol, la altura y orientación de esta franja depende de la hora de la noche y del día del año. Antes de venir a México, había usado un programa informático llamado Skyglobe para averiguar cuándo, en la latitud de Teotihuacán, alcanzaría la Vía Láctea su elevación máxima. Ése es el momento en que da la impresión de un arco blanco que recorre el cielo de un horizonte al otro y pasa directamente por el punto cenital.[6] Dado que el eje de la Vía Láctea no coincide con el eje norte-sur de la Tierra, la Vía Láctea parece elevarse y caer en el cielo, mientras la esfera terrestre da la impresión de girar (dando una vuelta completa en veinticuatro horas) primero con su «extremo» norte elevado y luego el sur. Tal como se ve desde Teotihuacán, cuando un extremo está elevado forma un arco de estrellas que va del nordeste al suroeste y la constelación de Aquila está cerca del cenit. Cuando está elevado el otro extremo, las estrellas de la Vía Láctea van del noroeste al sureste y la constelación de Orión está próxima al cenit. Descubrí que durante el período de esplendor de la ciudad (aproximadamente del 100 a. J.C. al 750 d. J.C.) la extremidad septentrional estaría elevada, con el plano mediano de la galaxia cruzando el horizonte a aproximadamente 45° nornoroeste y 45° sursureste. A la inversa, la extremidad sur cruzaba a aproximadamente 45° nornoreste y 45° sursuroeste. Evidentemente, ninguna de estas posiciones se alineaba con el Camino de los Muertos, que apunta a posiciones en el horizonte de 15° 25' nornoreste y lo mismo respecto del sur. Esto significa que el Camino de los Muertos no pretendía reflejar literalmente la Vía Láctea en su paso por el cenit. Si se intentó que fuera una representación simbólica del «camino en el cielo», sólo fue de una manera aproximada.

El motivo por el cual la avenida está orientada en la dirección en que está parece ser en parte astronómica y en parte terrestre. La alineación, si se sigue más allá de la pirámide de la Luna, apunta directamente a un volcán extinguido llamado Cerro Gordo. De hecho, acercándome a la pirámide y mirando a lo largo de la avenida pude ver cómo la pirámide quedaba enmarcada por el volcán que tenía detrás como si fuera un modelo copiado de éste. Esto no podía ser una coincidencia y más bien parece una prueba del respeto que los antiguos mexicanos tenían por los volcanes. En cam-

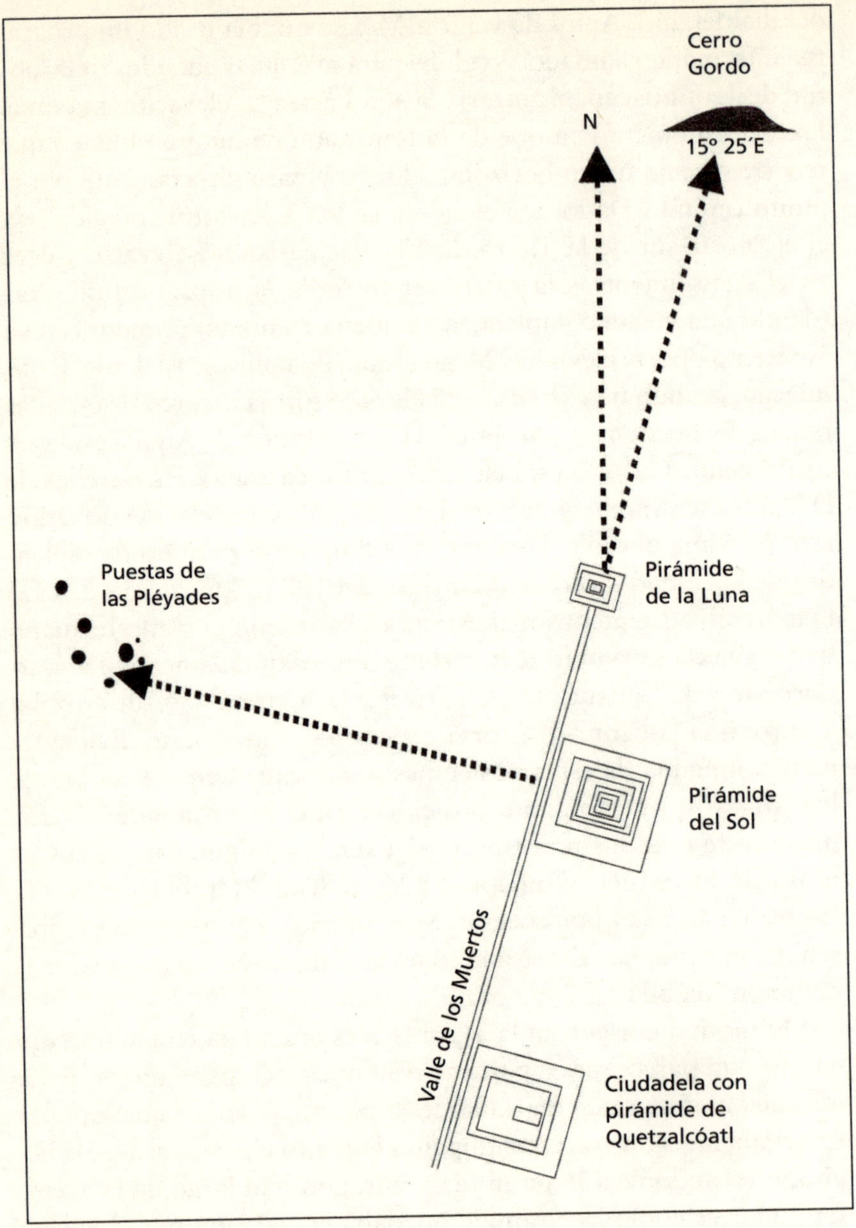

Figura 6: Vista de Teotihuacán desde arriba.

bio, la orientación de la pirámide del Sol no parece haber tenido una finalidad astronómica (lo cual queda indicado, sin duda, por su nombre azteca, aunque no tenemos forma de saber si sus constructores originales la denominaban así). Enfrentada en ángulo recto al Camino de los Muertos, mira hacia el punto en que se pone el sol en un día específico. Este día (aproximadamente en el 300 d. J.C. en que se construyó) fue cuando el Sol estaba en la constelación de Taurus y situado directamente por debajo del grupo de estrellas Pléyades.

M45, o el grupo estelar de las Pléyades, es tal vez la más fácil de reconocer de todas las constelaciones. En un conjunto abierto de cientos de estrellas hay siete que pueden distinguirse a simple vista. Los griegos y los romanos las conocían como las «Siete Hermanas», y los conquistadores españoles las llamaron «Cabrillas». Sabemos por fuentes postcoloniales, como las obras de fray Bernardino de Sahagún, que las Pléyades desempeñaban un papel importante en los rituales aztecas durante el «jubileo» que se celebraba cada cincuenta y dos años. De la importancia de este período de cincuenta y dos años hablaremos en el siguiente capítulo, pero estos rituales siempre tenían lugar en noviembre, en el día en que las Pléyades cruzaban el meridiano sur a medianoche:

> La medición de todos los tiempos que los indios [los mexicanos] llevaban a cabo se hacía del siguiente modo: la medición más amplia del tiempo era de ciento cuatro años y a ésta la llamaban siglo; a la mitad de ese período, de cincuenta y dos años, la llamaban gavilla. Llevaron el recuento de los años según esta medida desde tiempos antiguos; no se sabe cuándo empezaron, pero ellos estaban firmemente convencidos de que el mundo llegaría a su fin al terminar una de estas gavillas, y tenían profecías y oráculos según los cuales los movimientos del cielo cesarían entonces, e interpretaban como una señal el movimiento de las Cabrillas [Pléyades] en la noche de esta festividad a la que ellos llamaban *Toxiuh molpilli,* porque esa noche las Cabrillas estaban en el centro del cielo a medianoche, correspondiendo a esta latitud mexicana.
>
> Por la noche, encendían el nuevo fuego... y todos los sátrapas y ministros de los templos recorrían en solemne procesión... el camino

desde este punto hasta el Templo de México [Templo Mayor] a primera hora de la noche; subían hasta la cumbre de esa colina cercana a Ixtapalapa a la que llaman Ulxachtecatl... hasta donde había un solemne *cu* [templo pequeño] construido para esa ceremonia..., y cuando veían que ellas [las Cabrillas o Pléyades] atravesaban el cenit, comprobaban que el movimiento de los cielos no cesaba y que no era el fin del mundo, sino que duraría otros cincuenta y dos años y que el mundo seguramente no llegaría a su fin. A esa hora, grandes multitudes se apiñaban en las colinas que rodeaban esta provincia de Texcoco, Xochimilco y Quahtitlán, esperando a ver el nuevo fuego, es decir, la señal de que el mundo seguiría existiendo; y cuando los sátrapas encendían con gran ceremonia el fuego en el *cu* de aquella colina, aparecía a continuación en todas las colinas, y cuando los que estaban allí lo veían, se ponían tan contentos que gritaban y sus gritos llegaban al cielo, porque el mundo no se acababa y ellos, sin duda, tenían cincuenta y dos años más por delante.[7]

Yo escribí con bastante detenimiento sobre estos festivales del fuego en *Las profecías mayas*, donde indiqué que no eran exclusivos de los aztecas, sino que también los mayas los celebraban. Aproximadamente por la época en que Bernardino de Sahagún dejaba constancia de todo lo que podía sobre las antiguas creencias de los aztecas, un grupo de ancianos de los quiché mayas de Guatemala dejaba plasmadas para la posteridad sus propias tradiciones en el *Popol-Vuh*. Al parecer, este libro, escrito en quiché usando el alfabeto español en lugar de sus propios signos jeroglíficos, parece ser en gran medida una transcripción de un libro de corteza desaparecido hacía tiempo. Como veremos más adelante, también contiene referencias que indican lo importantes que eran las Pléyades para ellos.

Lo que sabemos con certeza (porque Sahagún así lo consigna) es que la última ceremonia azteca del fuego se celebró antes de la llegada de los españoles, y que la supresión de esas costumbres paganas tuvo lugar en 1507. En aquel momento, y a partir de entonces, las Pléyades tal como se ven desde la región de Ciudad de México (que incluye a la cercana Teotihuacán) estaban muy bajas en el cielo como para culminar en el cenit. Sin embargo, entre aproximadamente el 700 y el 750 de nuestra era, cualquier persona situada en Teotihuacán podría haber visto a las Pléyades alcanzando exactamente ese punto a medianoche el 19 o 20 de noviembre. Si retrocedemos en períodos de cincuenta y dos años a partir de 1507, debería haber habido un festival en 727 d. J.C., aproximadamente. Desde ese momento hasta dos ciclos después (es decir, después de un siglo azteca de ciento cuatro años, en 831 d. J.C.), las Pléyades seguían llegando a su punto cenital encima de Teotihuacán. Dicho todo esto, resulta interesante que fuera éste el período en el que los arqueólogos creen que la ciudad fue finalmente abandonada.

De pie en lo alto de la pirámide de la Luna pensaba sobre todo esto. Mirando hacia atrás, en la dirección del Cerro Gordo, recordé la historia de los aztecas y de su festival de Fuego Nuevo. No era difícil imaginar festivales similares celebrados aquí siglos antes. En uno de esos días sagrados, todos los fuegos de la ciudad estarían apagados y la gente se prepararía para el gran acontecimiento. Entonces, durante la tarde y primeras horas de la noche, algunos sacerdotes, tal vez acompañados de las víctimas a las que iban a sacrificar, se abrirían camino hacia la cima del volcán sagrado de Cerro Gordo. El resto de la gente, abarrotando la avenida y todas las plataformas posibles, permanecería en silencio o pronunciando sus plegarias. Todos los ojos estarían fijos en la cima de la montaña que era el centro de su atención. Así hasta que las Pléyades llegasen a su posición más alta en el cielo y los sacerdotes situados en la cumbre de Cerro Gordo encendiesen un fuego. Las víctimas sacrificiales, que puede que incluso fueran voluntarias, saltarían entonces, o serían arrojadas a las llamas, del mismo modo que aparentemente lo habían hecho los dioses al comienzo de la edad actual. Cuando las llamas hicieran presa en ellos, el fuego sería visible para todos los que aguardaban en la propia Teotihuacán. Una gran ovación brotaría de la multitud que, mirando al cielo, vería a las Pléyades desplazándose de su punto cenital. Algunos hombres encenderían teas con este «fuego nuevo» y correrían con ellas a la ciudad. Otra gran aclamación los saludaría a su llegada. Las teas se usarían para encender otros fuegos, tal vez contenidos en braseros en lo alto de las pirámides del Sol y de la Luna.

Los corredores habrían tardado varias horas en llegar a la ciudad, y para entonces los cielos habrían cambiado. Al elevar la vista al cielo, todos verían que las Pléyades habían seguido avanzando desde su alta posición en el cenit y ahora se ponían en el cielo occidental. Los que mejor lo podrían ver serían los sacerdotes que se encontraban en lo alto de la pirámide del Sol. Hacia el este, estaría saliendo el Sol y sus primeros rayos ocultarían las estrellas. Para asegurarse de que ascendiera en el cielo, los sacerdotes probablemente sacrificarían a otras víctimas en la cima de las pirámides y arrojarían sus cuerpos al fuego. Si los teotihuacanos se parecían en algo a los aztecas (y cada vez es más evidente que así era) un gran regocijo acompañaría al Sol en su ascenso. Se distribuirían antorchas encendidas en las piras funerarias de lo alto de las pirámides entre la población, que las utilizaría para encender el fuego de sus hogares.

Tras abandonar la cima de la pirámide de la Luna, llegué a la plaza que había al pie de la misma. Cerca de allí había un edificio anunciado como un palacio, aunque a mí me pareció más un edificio religioso –tal vez un lugar de iniciación– que una casa. La construcción tenía un patio abierto rodeado por un «claustro». El tejado estaba apoyado sobre pilares tallado con representaciones ornamentales de un curioso híbrido de ave e insecto al que los arqueólogos hacían referencia como la mariposa Quetzal. Lo que significaba este curioso símbolo no estaba explicado en la guía local, pero evidentemente guarda relación con la idea del renacimiento metamórfico, con la idea de que vivimos esta vida en un mundo de gusanos y tras la muerte tenemos la posibilidad de renacer a un mundo superior de mariposas y pájaros de brillante colorido.

Como símbolo de la resurrección, la mariposa (o en otros casos la libélula) no es exclusiva de Centroamérica. Se ha encontrado, por ejemplo, en el famoso anillo de Néstor, que se encontró en el este de Grecia en 1925. Sin embargo, las mariposas, especialmente las mariposas monarca, ocupan un lugar destacado en México. A diferencia de sus hermanas europeas, que parecen llevar una vida totalmente aislada, estas mariposas realizan una migración anual desde todas partes de América del Norte hasta las colinas boscosas de México. Como sus cuerpos contienen toxinas recogidas de las plantas, los pájaros suelen dejarlas en paz y así llegan a reunirse millones de ellas en unos cuantos valles. Seguramente los que construyeron Teotihuacán lo sabían y por ello también consideraban sagrados los valles de las mariposas. Los herederos de esos adoradores de la mariposa (si eso es lo que eran) son los pueblos del gran valle de México, donde actualmente se levanta Ciudad de México, una de las ciudades más densamente pobladas de la Tierra. Mi camino me llevaría ahora de regreso a ella.

III

LOS CICLOS DEL TIEMPO

Al segundo día de mi vuelta a Ciudad de México, fui a ver la piedra calendario azteca a la que habían hecho famosa Humboldt y Lubbock, y que ahora se conserva en el Museo Nacional de Antropología de la Ciudad de México. Desde 1964, este museo, el mayor y más renombrado de México, tiene su sede en el Bosque de Chapultepec. El edificio, diseñado por Pedro Ramírez Vázquez, es de un impresionante estilo vanguardista. Las salas de exposición están dispuestas en torno a un espacio cuadrangular abierto que me recordó el claustro de una catedral. Sin embargo, el parecido era más funcional que arquitectónico. La estructura no tiene nada de gótico, y mucho menos de barroco, ya que es en extremo minimalista.

Resulta curioso, pero esta modernidad absoluta del edificio parece lo más adecuado para las obras de arte semiabstracto que contiene. La zona central del patio del claustro estaba protegida de los elementos por un gigantesco «parasol» (según la propia descripción del arquitecto) sostenido por una sola columna en el centro. Quizá como una paradoja, el asta de la sombrilla hace las veces de fuente de la que cae el agua formando una cascada en un estanque situado debajo. La presencia de tanta agua en el aire produce un efecto de limpieza de la atmósfera. La pura modernidad del edificio tiene otro efecto que es el de anclar al visitante en el mundo moderno mientras contempla el arte antiguo del México precolombino. Tuve la impresión de que esto era sumamente oportuno, ya que gran parte de lo que muestra el museo son imágenes de tortura y sacrificio humano de brutalidad extrema. Al crear un entorno moderno para objetos tales como los cuchillos de obsidiana usados para el sacrificio de las víctimas, se crea una distancia entre objeto y espectador que se agradece.

Nada más entrar en las salas aztecas hay una hermosa talla de una serpiente de cascabel enroscada. Su tamaño, mucho mayor que el real, es un recordatorio de lo importante que era el culto de la serpiente no sólo para los aztecas sino para todos sus vecinos de América Central. Cerca de ella hay un gran bloque cuadrado de piedra tallado en forma de cuenco. Como otros cuencos más redondeados que hay en la sala, sin duda se usaba como receptáculo para los corazones que todavía latían de las víctimas de los sacrificios. Traté de hacer a un lado esos pensamientos mientras examinaba sus laterales intrincadamente tallados. En uno de ellos se veía un ave mitológica posada en la copa de un árbol cuyos frutos comía. Me recordó al mito de la fundación de los aztecas que en la actualidad es el tema de la bandera de México: un águila posada sobre un cactus y sujetando a una serpiente en el pico.

Los mexica, como se llamaban los propios aztecas, eran feroces guerreros. Apenas unos años después de su llegada se habían impuesto como fuerza principal de la zona. Sellaron alianzas con las vecinas ciudades de Texcoco y Talacopán y juntos se dedicaron a construir lo que llegaría a ser el Imperio azteca. También hicieron suyas costumbres y tradiciones locales relacionadas con el arte, la construcción de pirámides y concepciones religiosas: por encima de todo, la necesidad de sacrificios humanos para aplacar a los dioses. Algunos de estos dioses, como Tezcatlipoca, el Espejo Humeante, eran oriundos de la zona. Otros, como Huitzilopochtli, o Colibrí Izquierdo, y su madre Coatlicue, o la Señora de la Falda de Serpientes, eran puramente mexicanos.

La propia Coatlicue era centro de un culto realmente aterrador. La estatua a la que se rendía culto, que fue rápidamente enterrada por las autoridades españolas poco después de la conquista, fue redescubierta en 1790. Para entonces, el Imperio azteca estaba lo suficientemente lejano en el tiempo como para que un objeto semejante fuese tratado como una interesante reliquia de una época pasada y no destruido como una amenaza para la religión católica. En la actualidad ocupa un lugar central en el museo. Envuelta parcialmente en penumbras y con el terror que produce mirarla, da apenas una idea de los horrores perpetrados en su nombre.

Recordaba la estatua de mi anterior visita y, como no contaba con una fotografía decente de ella, uno de los tesoros del museo, me acerqué para examinarla más minuciosamente. Me recordaba a una historia de terror parecida a la de Frankenstein que había leído una vez. En esta historia, un hechicero había reunido un montón gigantesco de partes de cuerpos, no todas ellas humanas, y había susurrado algunos conjuros mágicos sobre esa pila macabra. De inmediato, un demonio se había introducido en ella y le había dado vida asumiendo un aspecto parecido al de un cuerpo con el que se dedicó a aterrorizar al vecindario. Al final, tras páginas de sufrimiento, el héroe encontraba la forma de exorcizar al demonio y la carne putrefacta volvía a convertirse en un montón inanimado. Una vez más, el bien había triunfado sobre el mal y me sentí a salvo cuando apagué la luz y me metí en la cama.

Mirar la estatua de Coatlicue era como mirar una representación de aquella pila animada. Su cabeza, si se la puede llamar así, estaba compuesta por dos cabezas de serpiente opuestas, con los ojos fijos hacia adelante y mostrando los colmillos. Su cuerpo y su falda la formaban serpientes que se retorcían, y los pies eran las garras de un jaguar. Lo peor de todo era que llevaba un collar de manos humanas cercenadas, corazones y una calavera colgando del cuello. Aunque a menudo se la considera una Madre Tierra, está claro que tenía mucho más en común con la diosa india Kali que con el reconfortante Deméter de la mitología griega. El horror que inspira esta estatua, que en un tiempo debe de haber estado cubierta de sangre humana y que, por lo tanto, apestaría a putrefacción, me volvió a la cabeza cuando más tarde leí la narración que hace fray Bernardino de Sahagún de los festivales aztecas. La idea de que este trozo de piedra hubiera sido testigo mudo de atrocidades tales como la extracción de corazones o los desollamientos en vivo me llenaba de horror y de curiosidad. Me preguntaba qué podría haber convencido a los aztecas de que sus dioses querían que se comportasen de una manera tan cruel. Si había sido el miedo, ¿a qué tenían miedo? Seguramente no sería a este ídolo en sí mismo.

Por supuesto que la estatua muda de Coatlicue no podía responder a esta pregunta, pero cerca de allí había otra cosa que podía darme algunas claves: la famosa piedra calendario azteca. Ya la había visto antes, pero había olvidado lo grande e impresionante que era realmente. Fue tallada en 1479, cuando el Imperio azteca estaba en su momento de máximo esplendor, y es una talla muy intrincada que en un primer momento confunde a quien la contempla por su complejidad. Sin embargo, un examen minucioso de su simbolismo revela que en el fondo ilustra las mismas enseñanzas sobre el tiempo y las edades que se encuentran en algunos libros escritos por los aztecas después de la conquista. En el centro mismo de la piedra hay una cara de aspecto humano, aunque representa al dios azteca del Sol, Tonatiuh. A ambos lados de esa cara hay garras de águila que sujetan los corazones humanos con los que, según la mitología azteca, se lo debía alimentar para que el Sol siguiera desplazándose por el cielo. Éste es también el motivo por el cual Tonatiuh está sacando la lengua: tal vez indica que tiene sed y, por lo tanto, hay que darle sangre humana.

Pero la piedra calendario es mucho más que un recordatorio de la sed de sangre de los dioses aztecas. Es importante porque representa el sistema de creencias relacionado con las edades anteriores y el ciclo continuo del tiempo. Como compartían muchas de estas ideas con los mayas, vale la pena analizar detenidamente las claves que contiene para la comprensión del calendario maya y de sus profecías sobre el fin de la era actual.

El calendario azteca

Los aztecas, como todas las demás naciones de América Central, hacían uso de un ciclo de doscientos sesenta días al que llamaban *Tonalamatl*. Este ciclo no era cronológico en el sentido normal del término, ya que no estaba directamente relacionado con el movimiento del Sol o de la Luna.[1] El ciclo de doscientos sesenta días se generaba artificialmente combinando veinte nombres de días con los números del uno al trece. Mirando atentamente el calendario azteca y comparándolo con la guía que había comprado en la tienda del museo comprobé que los nombres de los días estaban representados por fonogramas. Aparecen en la piedra calendario formando un círculo o ciclo continuo en torno a los cuatro símbolos *Ollin*. Son los siguientes:

Cipactli	Cocodrilo
Ehecatl	Viento
Calli	Casa
Cuetzpallin	Lagartija
Coatl	Serpiente
Miquiztli	Muerte
Mazatl	Ciervo
Tochtli	Conejo
Atl	Agua
Itzcuintli	Perro
Ozomatli	Mono
Malinalli	Hierba
Acatl	Totora
Ocelotl	Jaguar
Cuauhtli	Águila
Cozcacuauhtli	Buitre
Ollin	Movimiento
Tecpatl	Cuchillo de obsidiana
Quiahuitl	Lluvia
Xochitl	Flor

Estos nombres de días se contaban repetidamente combinándolos con los números del uno al trece más o menos de la misma manera que nosotros contamos los días de la semana –domingo, lunes, martes, etc.– en combinación con los días numerados de los meses. Después del número trece se volvía al uno y se compaginaba con el siguiente símbolo del ciclo de veinte nombres de días.

Figura 7: Ruedas aztecas engranadas.

Otra forma de interpretarlo es considerar los dos ciclos como ruedas engranadas.

Así, si el día uno era «1 cocodrilo», el dos era «2 viento», el día tres era «3 casa» y así sucesivamente hasta llegar al «13 totora». Al llegar al final del ciclo numérico, el día siguiente sería el «1 jaguar». A éste le seguiría el «2 águila» y así hasta el «7 flor». Al llegar a este punto, agotados los nombres de los días habría que volver a empezar. Así, el día siguiente a «7 flor» sería «8 cocodrilo», seguido por «9 viento». Al llegar al 260 día, en este caso «13 flor», el ciclo se repetiría empezando otra vez con «1 cocodrilo». Contando de esta manera queda claro que no se repetirá la misma combinación de número y día a lo largo de doscientos sesenta días (13 × 20). Así funciona el Tonalamatl o calendario sagrado de los aztecas.

Además de su curioso calendario de doscientos días, los aztecas tenían otro calendario, un «Año indefinido» de trescientos sesenta y cinco días al que llamaban *Xiuhpohualli*. Éste constaba de dieciocho «meses» de veinte días de duración seguidos por un mes corto de sólo cinco días. En este caso, los días de cada mes se contaban consecutivamente, siendo el primero el día 0 del mes. A éste le seguían los números del uno al diecinueve (o del 0 al 4 si el mes tenía sólo cinco días). De esta manera, los días se enunciaban en orden: 0 *Quecholli*, 1 *Quecholli*, 2 *Quecholli*, etc.

Desde mi anterior visita a México había seguido leyendo las obras de Bernardino de Sahagún, el fraile franciscano a quien debemos que se conservara gran parte del conocimiento tradicional de los aztecas. Según él, cada uno de estos meses de veinte días estaba dedicado a un dios particular (o a más de uno) y estaba asociado al menos con una festividad. Éstas, por lo general, implicaban sacrificios humanos. Según él, los nombres y dedicatorias eran los siguientes:

Mes	*Fecha inicial*	*Nombre*	*Deidades*
1	2 de febrero	*Atlcahualco* «Desviación de las aguas»	Fiestas del dios *Tlaloc* y de la diosa *Chalchiuhtlique*
2	22 de febrero	*Tlacaxipehualiztli* «Desollamiento de los Hombres»	Fiesta del dios *Xippe-Tototec*
3	14 de marzo	*Tocozontli* «Vigilia menor»	Fiestas del dios *Tlaloc* y la diosa *Chalchiuhtlique*
4	3 de abril	*Veytocoçoztli* «Vigilia mayor»	Fiestas del dios *Cinteutl* y la diosa *Chicomecacóatl*
5	23 de abril	*Toxcatl* «Sequedad»	Fiestas de los dioses *Tezcatlipoca* y *Huitzilopochtli*
6	13 de mayo	*Etzalqualiztli* «Comida de Maíz y Frijoles»	Fiesta de los dioses del agua llamados *Tlaloques*
7	2 de junio	*Tecuilhuitontli* «Pequeña fiesta de los Señores»	Fiesta de la diosa *Vixtocioatl*
8	22 de junio	*Veytecuilhuitl* «Gran fiesta de los Señores»	Fiesta de la diosa *Xilonen*

Mes	*Fecha inicial*	*Nombre*	*Deidades*
9	12 de julio	*Tlaxochimaco* «Nacimiento de las Flores»	Fiesta del dios *Huitzilopochtli*
10	1 de agosto	*Xocotlevetizi* «Caída de la Fruta»	Fiesta del dios *Xiuhtecuhtli*
11	21 de agosto	*Ochpaniztli* «Barrido de los Caminos»	Fiesta de la diosa *Teteuinna*
12	10 de septiembre	*Teotleco* «Regreso de los dioses»	Fiesta del dios *Tezcatlipoca*
13	30 de septiembre	*Tepeilhuitl* «Fiesta de las colinas»	Fiesta del dios *Tlaloc*
14	20 de octubre	*Quecholli* (Plumas preciosas)	Fiesta del dios *Mixcoatl* y otros
15	9 de noviembre	*Panquetzaliztli* «Alzamiento de las banderas»	Fiesta del dios *Huitzilopochtli*
16	29 de noviembre	*Atemoztli* «Caída de agua»	Fiestas de los dioses del agua llamados *Tlaloques*
17	19 de diciembre	*Tititl* «Estiramiento»	Fiesta de la diosa *Illamatecutli*
18	8 de enero	*Izcalli* «Resurrección»	Fiesta del dios *Xiuhtecuhtli*
19	28 de enero	*Nemontemi* «Días vacíos»	Sin festivales durante estos cinco días infortunados

No voy a entrar aquí en detalles sobre la forma en que los aztecas señalaban estas festividades. Baste decir que casi siempre iban acompañados de espantosos rituales que consistían en ofrenda de corazones, decapitaciones, desollamientos, inmolaciones e incluso canibalismo. De hecho, leer las crónicas de Sahagún, que por lo general consigna los hechos sin comentarios, es de por sí una experiencia perturbadora. El buen fraile deja que hable por sí misma la realidad de una civilización esclava de los rituales más crueles.

Sin embargo, hay un ritual anual que me resulta de un interés mucho más que pasajero desde el punto de vista del calendario. Este festival, en honor de Xiuhtecuhtli, un dios del fuego con marcadas connotaciones solares, se celebraba durante el mes de Xocotlvetzi. Como esta ceremonia es de interés para lo que viene más adelante en este libro, voy a reproducir lo mayor parte de lo que el propio Sahagún dice al respecto.

> Al décimo mes llamaban *xócotl huetzi.* En pasando la fiesta de *tlaxuchimaco* [celebrado el mes anterior] cortaban un gran árbol en el monte, de veinte y cinco brazas en largo, y habiéndole cortado quitábanle todas las ramas y gajos del cuerpo del madero y dexaban el renuevo de arriba del guión. Y luego cortaban otros maderos, y hacíanlos cóncavos. Echaban aquel madero encima dellos, y atábanle con maromas. Y llevaban arrastrando, y él no llegaba al suelo porque iba sobre los otros maderos, porque no se rozase la corteza.
>
> Cuando ya llegaban cerca del pueblo, salían las señoras y mujeres y principales a recebirle. Llevaban xícaras de cacao para que bebiesen los que le traían, y flores con que enrosaban a los que le traían. Desque le habían llegado al patio del cu, luego comenzaban los *tlayacanques* o cuadrilleros, y daban voces muy fuertemente para que se juntasen todo el pueblo para levantar aquel árbol que llamaban *xócotl.* Juntados todos, atábanle con maromas, y hecho un hoyo donde había de levantarse, tiraban todos por las maromas y levantaban el árbol con gran grita. Cerraban el hoyo con piedras y tierra para que quedase enhiesto, y así se estaba veinte días.
>
> La vigilia de la fiesta que se llamaba *xócotl huetzi* tornábanla echar en tierra muy poco a poco, porque no diese golpe, porque no se quebrase o hindiese. Y ansí le iban recibiendo con unos maderos atados de dos en dos, que llaman *cuauhtomázatl*, y ponianle en tierra sin que recibiese daño, y dexábanle así; íbanse. Las maromas dexábanlas coxidas sobre el mismo madero. Estábase toda aquella noche y el día de la misma, en amaneciendo, juntábanse todos los carpinteros con sus herramientas y labrábanle muy derecho; quitábanle si alguna corcova tenía; poníanle muy liso. Y labraban otro madero de cinco brazas, delgado. Hacíanle cóncavo, y poníanle en la punta desde comenzaba el guión, y recoxían las ramas del guión dentro del cóncavo del otro madero, y atábanle con una soga, ciñiéndole desde donde comenzaban las ramas hasta la punta del guión.
>
> Acabado esto, los sátrapas, aderezados con sus ornamentos, componían el árbol con papeles. Ayudábanles los que llaman *cuacuacuiltin* y los que llamaban *tetlepantlazque*, que eran tres muy altos de cuerpo. Al uno dellos llamaban *coyohua*, y al otro *zacáncatl*,

y al tercero *hueicamécatl*. Ponían estos papeles con gran solicitud y bollicio. También componían de papeles a una estatua como de hombre, hecha de masa y de semillas de bledos. Este papel con que lo componían era todo blanco, sin ninguna pintura ni tintura. Poníanle en la cabeza unos papeles cortados como cabellos, y unas estolas de papel desde el hombro izquierdo al sobaco derecho. Y en los brazos poníanlos papeles como alas, donde estaban pintadas imágines de cavilanes, y también un *maxtle* de papel. Ponían arriba unos papeles a manera de Huipil, uno de la una parte y otro a la otra, a los lados de la imagen. Y en el árbol, desde los pies de la imagen, colgaban unos papeles largos, que llegaban hasta el medio del árbol, que andaban revolando. Eran estos papeles anchos como media braza, y largos como diez brazas.

Ponían también tres tamales grandes hechos de semilla de bledos sobre la cabeza de la imagen, hincados en tres palos. Compuesto el árbol con todas estas cosas, atábanle diez maromas por la mitad dél. Atadas las maromas, y como le iban levantando, poníanle unos maderos atados de dos en dos, y unos puntales sobre que descansase. Cuando ya la enhiestaban, daban gran grita, y hacían gran estruendo con los pies. Luego le echaban al pie grandes piedras para que estuviese enhiesto y no se acostease. Luego encima le echaban tierra. Hecho esto, íbanse todos a sus casas. Nadie quedaba allí.[2]

Les ahorraré a los lectores la macabra descripción del sacrificio de cautivos a Xiuhtecuhtli, el dios del fuego y del tiempo, ya que es una imagen demasiado horrorosa. Sin embargo, hay un par de detalles que vale la pena destacar. Antes de que los cautivos fueran sacrificados, los guerreros danzaban con ellos. Dejaban de bailar a la puesta del sol (es decir, cuando el Sol estaba en el oeste) y a medianoche cada guerrero cortaba un mechón de pelo de la coronilla de la cabeza de su cautivo. Esto es significativo porque entonces el Sol estaría en el punto más bajo de su ciclo, y pone de relieve la conexión entre la ceremonia y el movimiento del Sol. Al día siguiente, poco después del amanecer (cuando el Sol estaba en el este), los desdichados cautivos serían sacrificados al dios del fuego. También en este caso parece que lo más importante era el momento justo.

Una vez terminados los sacrificios, los aztecas iban a casa a comer antes de la siguiente etapa del ritual. Por una vez, da la impresión de que ésta no implicaba derramamiento de sangre sino que era una competición para ver cuál de los jóvenes era el más apto.

En acabando de comer [de cenar], juntábanse todos los mancebos y mozuelos y muchachos. Todos aquellos que tenían vedixas de cabellos en el cogote, que llamaban *cuexpaleque*, y toda la otra gente, se juntaban en el patio de Xiuhtecuhtli, a cuya honra se hacía aesta fiesta. Luego, al medio día, comenzaban a bailar y a cantar. Iban mujeres ordenadas entre los hombres. Hinchíase todo el patio de gente, que no había por donde salir, estando todos muy apretados.

En cantándose de cantar y de bailar, luego daban una gran grita y salíanse del patio, y íbanse adonde estaba el árbol levantado. Iban cuaxados los caminos y muy llenos de gente, tanto que los unos se tropellaban con los otros. Y los capitanes de los mancebos estaban en derredor del árbol para que nadie subiese hasta que fuese tiempo, y defendían la subida a carrotazos. Y los mancebos que iban determinados para subir al árbol, apartaban a empellones a los que defendían la subida. Y luego se asían de las maromas; comenzaban a subir por ellas arriba. Por cada maroma subían muchos a porfía por ella. Y aunque muchos acometían a subir, pocos llegaban arriba. Y el que primero llegaba, tomaba la estatua del ídolo que estaba arriba, hecha de masa de bledos. Tomábale la rodela y las saetas y los dardos con que estaba armado, y el instrumento con que se arrojan los dardos que se llama *átlatl*. Tomaba también los tamales que tenía a los lados; desmenuzábalos y arrojábalos sobre la gente que estaba abaxo. Toda la gente estaba mirando arriba; y cuando caían los pedazos de los tamales, todos estendían los brazos para tomarlos, y algunos reñían y se apuñeaban por el tomar de los pedazos. Había gran vocería sobre el tomar los pedazos que caían de arriba. Y otros tomaban los penachos que tenía sobre la cabeza la imagen o estatua, que echaba desde arriba el que había subido.

Hecho esto, el que había subido descendíase con las armas que había tomado de arriba. En llegando abaxo, tomábanle con mucho aplauso, y llevábanle y subíanle a lo alto del cu que se llama Tlacacouhcan. Subíanle a aquel lugar muchos viejos. Allí le daban joyas o enpresas por la valentía que había hecho. Y luego todos tiraban de las maromas con gran fuerza. Echaban en tierra el árbol, y daban gran golpe en el suelo, y hacíase pedazos. Hecho esto, todos se iban a sus casas; nadie quedaba allí.[3]

Al leer este relato me llamó la atención que las danzas en el patio del templo de Xiuhtecuhtli empezaran a mediodía, cuando el Sol estaba en su posición más alta en el cielo. Me di cuenta de que esto era importante y en cierto modo era un reflejo evidente del Festival del Fuego Nuevo, del que hablé con cierta extensión en *Las profecías mayas*. Sin embargo, era evidente que ahí no quedaba todo. En mis abundantes lecturas sobre la cuestión de los rituales aztecas y su conexión con el drama del fin de la edad actual, me di cuenta de que una de las claves para la comprensión de este curioso ritual del tronco se encuentra en la primera página del *Códice Fejérváry-Mayer* de los aztecas. En esta pintoresca representación de las creencias aztecas, el dios Xiuhtecuhtli, armado con dardos y lanzas, aparece en el centro de lo que sólo cabe llamar un mandala. Dispuestos en torno a él, siguiendo la dirección de las agujas del reloj hay cuatro árboles. En lo alto de cada uno de estos árboles hay un pájaro. Me recordaron a los dibujos del gavilán del ídolo que según Sahagún coronaba el palo de Xocotlvetzi. Parecería que este ídolo fuera una representación del propio Xiuhtecuhtli y que la obtención de sus armas por parte del primer joven que trepaba al poste se consideraba una bendición especial.

La descripción que hace Sahagún de los jóvenes trepando a un alto poste me recordó también a un ritual que vi representar en mi anterior visita a México. Se llama la «Danza de los voladores» y tiene su origen entre los indios totonacos de Papantla, una ciudad situada a casi trescientos kilómetros al nordeste de la antigua capital azteca. Para este ritual, un grupo de cinco jóvenes ataviados con brillantes colores sube a un palo de veinticuatro metros de altura. En lo alto del palo hay una pequeña plataforma, de apenas cincuenta centímetros cuadrados. Unida a dicha plataforma y sobresaliendo aproximadamente un metro del tronco del propio palo hay un marco giratorio cuadrado. El primero de los jóvenes que llega a la punta del poste se pone de pie en la pequeña plataforma

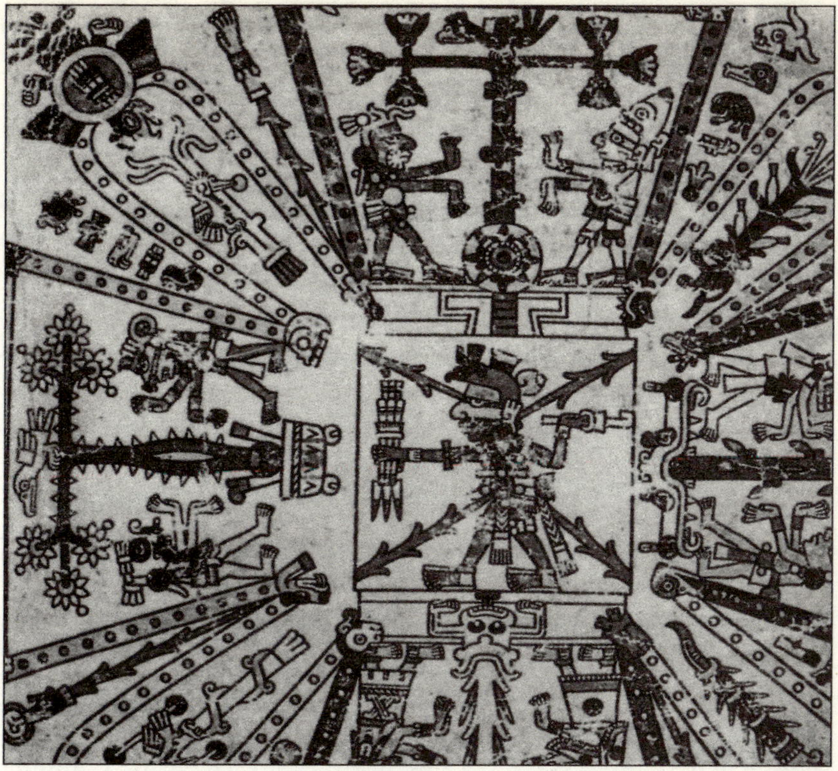

Figura 8: El Códice Fejérváry-Mayer.

central y empieza a tocar una flauta de bambú y un tambor mientras danza sobre ella. Pronto se le unen los demás, que ocupan sus posiciones alrededor de él, sobre la estructura giratoria, y quedan flotando en el aire como si fueran pájaros que vuelan alrededor de un árbol. Como las cuerdas tienen la longitud precisa y están enrolladas alrededor del palo un número determinado de veces, dan exactamente trece vueltas antes de descender a tierra y aterrizar de pie. Entonces, con toda la dignidad de un acróbata consumado, el músico baja del poste para reunirse con sus compañeros y recibir los aplausos del público reunido.

En aquel momento tuve la certeza de que esta danza se representaba en recuerdo de un ritual que debía de haber tenido en el pasado un significado más profundo que el de una atrevida acrobacia. Leyendo la narración de Sahagún pude ver que, aunque diferían en algunos aspectos, esta costumbre totonaca tenía que guardar relación con el ritual Xocotlvetzi de los aztecas. Más que eso, parece amplificar el relato de Sahagún dando detalles que le faltaban al ritual azteca. Comprendí que el ritual totonaco debía tener relación con el calendario. Seguramente los cuatro voladores representaban las cuatro fases del día, las cuatro estaciones del año y las cuatro direcciones. Además, los 4 × 13 círculos que describían los voladores alrededor del poste era igual al número de semanas de un año: cincuenta y dos. ¿Sería casual? No me lo parecía, especialmente cuando el número cincuenta y dos ocupa un lugar destacado en el sistema de calendario de los aztecas y es un producto natural de su sistema de recuento de años.

Como hemos visto, los aztecas usaban dos sistemas totalmente diferentes para contar los días, siendo el primero el Tonalamatl de doscientos sesenta días y el segundo el Xiuhpohualli de trescientos sesenta y cinco días. De esto se desprende que cada día tiene dos nombres: uno generado por el ciclo Tonalamatl y el otro acorde con el Xiuhpohualli. Así, al escribir fechas, los aztecas registran los dos nombres: p. ej. 4 *Xochitl* 8 *Izcalli*. Esto tiene una consecuencia interesante, ya que no se repite la misma combinación de los dos nombres hasta después de 18 980 días. Este período se conocía como una gavilla de años y es el resultado tanto de 73 × 260 como de 52 × 365 días.

La gavilla era muy importante para los aztecas, para quienes era el equivalente de un jubileo bíblico. Al final de cada período de cincuenta y dos años celebraban el Festival del Fuego Nuevo descrito en el capítulo anterior. El hecho de que se valiesen de la observación de las Pléyades que atravesaban el meridiano sur a medianoche para saber cuándo debía empezar el nuevo año, nos da una clave de la precisión con que coordinaban el calendario con las estrellas. Como todos sabemos, la verdadera longitud del año solar es aproximadamente un cuarto de día más larga que trescientos sesenta y cinco días. Para mantener nuestro calendario ajustado al año solar, añadimos un día extra cada cuatro años, cada año bisiesto, y hacemos un ajuste adicional de un día al final de algunos siglos. Los aztecas no hacían esto, y de cualquier manera habría resultado difícil de hacerlo manteniendo al mismo tiempo la integridad de la conexión entre los dos calendarios. Como consecuencia de ello, después de cincuenta y dos años, el calendario de Xiuhpohualli habría estado adelantado en trece días al año solar real. La solución obvia a esta incómoda falta de sincronicidad habría sido, según creo, esperar al final de una gavilla de cincuenta y dos años y entonces suspender ambos calendarios. Al detener el flujo ordinario de los calendarios durante un período de trece días, daban al cielo ocasión de ponerse al día. Entonces podían empezar una nueva gavilla de años habiendo restablecido la integridad del calendario y sin romper el vínculo entre los ciclos del Tonalamatl y el Xiuhpohualli.

No sé si los aztecas realmente hacían esto, y la piedra calendario azteca no parece dar clave alguna al respecto. Sin embargo, me parece la mejor solución para mantener sus años «vagos» de trescientos sesenta y cinco días sincronizados con el año natural de la Tierra de 365,25 días sin dañar los ciclos repetitivos del calendario Tonalamatl. Sin duda, sin algún método para corregir el calendario, ese «nuevo año» habría adelantado a lo largo del año un día cada cuatro años, tardando 1 461 años en realizar un ciclo completo hasta donde había empezado. Haciendo una corrección de trece días cada cincuenta y dos años, podrían evitar esto. Creo que puede ser también una razón fundamental por la cual el número trece se consideraba tan especial entre todos los pueblos de América Central: era la clave para conciliar su calendario sagrado con las estrellas.

Las edades del Sol

Para los aztecas, la idea de que el Sol moriría si no lo alimentaban no era una fantasía ociosa. Creían que esto ya había pasado antes cuatro veces, y que en cada una de ellas la especie humana había sido barrida por algún cataclismo. Una versión de esta historia aparece en una narración anónima llamada *La leyenda de los soles*.

El manuscrito se remonta a 1558, más de treinta años después de la conquista, y está escrito en español. Contiene los siguientes detalles relativos a las supuestas edades anteriores a las que llama «soles»:

Primer sol	*Nahui Ocelotl*	Duración: 676 años (52 × 13)
Segundo sol	*Nahui Ehecatl*	Duración: 364 años (52 × 7)
Tercer sol	*Nahui Quiahuitl*	Duración: 312 años (52 × 6)
Cuarto sol	*Nahui Atl*	Duración: 676 años (52 × 13)

Examinando el calendario azteca de piedra, encontré pruebas de cómo registraba esas edades pasadas. Alrededor del disco central había un símbolo al que a veces los arqueólogos llaman *ollin*, o movimiento. Este símbolo no es exclusivo de la piedra sino que aparece con frecuencia en otros calendarios aztecas, incluido uno que hay en el Museo Británico.

Su forma se basa posiblemente en el aspecto de la cara de una serpiente vista de frente, y consta de cuatro cuadrados dispuestos asimétricamente alrededor del centro. A uno y otro lado y unidos a estos cuadrados hay bucles que contienen las «manos» con garras de águila cerradas sobre corazones. Los cuatro cuadrados están llenos de glifos que representan los días en que llegaron a su fin las edades anteriores. Pude ver que el primero de ellos, Nahui Ocelotl, está representado por una cabeza de ocelote o jaguar con cuatro puntos, es decir, el día llamado 4 Ocelotl en el ciclo Tonalamatl de doscientos sesenta días. Según la mitología azteca, ésta fue una edad de gigantes. Llegó a su fin cuando fueron atacados y destruidos por jaguares. El símbolo aparecía en el cuadrado del extremo superior derecho del signo *ollin*, cerca del glifo de una daga de obsidiana, o *tecpatl*, que representa la dirección del este.

Mirando la piedra resultaba evidente que el ciclo de edades iba en sentido antihorario. Esto me pareció extraño al principio, hasta que recordé que, aunque el Sol parece salir por el este y ponerse por el oeste, esto se debe únicamente a la rotación de la Tierra. La órbita anual de la Tierra alrededor del Sol hace que éste dé la impresión de avanzar por el zodíaco en dirección antihoraria. Así pues, el símbolo de la segunda edad, 4 Ehecatl, había que buscarlo en la esquina superior izquierda de la piedra. Ehecatl era un aspecto del dios Quetzalcóatl. Evidentemente, también estaba asociado con el norte, ya que junto al cuadro que contiene su símbolo estaba el tocado de un guerrero que simbolizaba esa dirección.

El siguiente cuadrado en la secuencia antihoraria estaba abajo a la derecha del símbolo *ollin*. Contenía el glifo 4 Quiahuitl (4 Lluvia) que en parte estaba formado por una cabeza que representaba al dios de la lluvia, Tlaloc. Como era de esperar, estaba cerca de un símbolo que representa la casa de Tlaloc en el oeste. Tlaloc, cuyas máscaras se alternan con las de Quetzalcóatl en la pequeña pirámide situada en el centro de la ciudadela de Teotihuacán, era el dios de la lluvia: lluvia no sólo de agua sino también de fuego. Según se dice, la edad en la que reinó llegó a su fin debido a una lluvia de lava y cenizas volcánicas.

El último cuadrado, en la esquina inferior derecha y cerca del símbolo del sur, contenía el glifo 4 Atl, o 4 Agua, unido a una cabeza estilizada que representa a la diosa del agua, Chalciuhtlique. En consecuencia, el final de esta edad estuvo señalado por una inundación.

La teoría en la que se basan las edades aztecas del Sol es un poco complicada de entender. Sin embargo, como puede verse, el número cincuenta y dos ocupa un lugar destacado en este recuento. Es evidente que si se suman la duración del segundo y tercer soles, la suma es seiscientos setenta y seis (o 52 × 13) años: lo mismo que Nahui Ocelotl y Nahui Atl. Esto implica que, tal como se da, la tabla de edades es realmente sólo tres cuartas partes de un ciclo completo, que debe comprender 52 × 52 años, es decir, 2 704 años en total. La explicación de esta discrepancia es que los aztecas creían que habría cinco edades en total, siendo la nuestra la quinta y última. Esta última edad está representada en la piedra calendario por la forma que rodea las garras de águila de Tonatiuh y los símbolos de las cuatro edades anteriores. Considerada con los cuatro puntos redondos (encima y debajo de las garras del águila), representa el glifo 4 Ollin. Esto significa «4 Movimiento» y simboliza la quinta y última edad, que debería tener un período hipotético de 13 × 52

Figura 9: El centro de la rueda.

años, es decir seiscientos setenta y seis años y, al igual que la primera edad, se rige por el ocelote o jaguar.

En la circunferencia exterior de la piedra calendario distinguí la forma de dos enormes *Xiuhcoatls*, o serpientes de fuego. Los cuerpos de estas serpientes estaban formados por escamas –once cada una– que llevaban el símbolo del fuego. Las colas de las serpientes se unían en la parte superior, a ambos lados de un símbolo que aparentemente representaba el signo del día 13 Acatl, o totora, mientras que sus cabezas estaban justo en la parte inferior del enorme disco. De la cabeza de la serpiente de la derecha salía una cabeza de aspecto humano que representaba al dios Quetzalcóatl personificado por el dios del sol Tonatiuh. La serpiente de la izquierda regurgitaba la cabeza de su hermano, el temible Tezcatlipoca, encarnado como Xiuhtecuhtli, el dios de la noche. Juntas, estas serpientes, con sus dioses asociados, forman un par de opuestos, como el yin y el yan, la luz y la oscuridad o, en su expresión más abstracta, el bien y el mal. Que en su cultura el dios de la oscuridad, Tezcatlipoca, ocupara una posición tan dominante, dice mucho de los aztecas. Nada tiene de extraño que los primeros misioneros cristianos se quedaran anonadados por lo que vieron. Porque si Quetzalcóatl, en algunos aspectos, podía equipararse con el espíritu de Cristo, su adversario, Tezcatlipoca, sólo podía ser el equivalente de Satán.

La leyenda de los soles no es la única fuente colonial donde se documentan las creencias aztecas relacionadas con las edades del mundo. Hay otro documento, en muchos sentidos más interesante, que es el llamado *Vatico Latin Codex*. Según este documento, las cuatro edades son las siguientes:

> El Primer Sol se llamó *Matlactili*. Tuvo una duración de 4 008 [años] y los hombres que vivían entonces eran gigantes comedores de maíz. Al final de esta edad, el Sol fue destruido por una inundación. Por fortuna, algunos hombres se transformaron en peces y sobrevivieron a la inundación (*Nene* y *Tata*), mientras que otros dicen que había siete parejas que vivían en una cueva. Éstos repoblaron la Tierra. Esta edad estuvo presidida por la diosa del agua, Chalchiuhtlique, que era la esposa de Tlaloc.
>
> El Segundo Sol se llamó *Ehecatl*. Tuvo una duración de 4 010 años. Durante esta época, la gente comía una fruta silvestre llamada *Acotzintli*. Este sol fue destruido por Ehecatl, dios de los vientos. Algunas personas sobrevivieron convirtiéndose en monos y trepando a los árboles. La destrucción se produjo en un año llamado *Ce itzcuintli* (Un perro). Un hombre y una mujer, subidos a una roca, se salvaron de la destrucción. Este período fue una edad dorada y fue presidido por el dios del viento.
>
> El Tercer Sol se llamó *Tleyquiyahuillo*. Tuvo una duración de 4 081 años. Los hombres que vivieron entonces eran descendientes de la pareja que sobrevivió al Segundo Sol. Comían un fruto llamado *Tzincoacoc*. Este mundo fue destruido por el fuego un día llamado *Chicunahui Ollin*. A esta edad se le dio el nombre de Tzonchichiltic («Cabeza roja») y estuvo presidida por el dios del fuego.
>
> El Cuarto Sol se llamó *Tzontlilac*. Comenzó hace 5 026 años. Esta edad se llamó *Tzontlilac* «Pelo negro» y fue durante este tiempo cuando se fundó Tula. Los hombres murieron de hambruna tras una lluvia de sangre y fuego.

Esta versión es muy diferente de la que se da en *La leyenda de los soles*, pero posiblemente sea más auténtica. No dice cuál fue el dios que rigió la tercera edad, pero podemos deducirlo por nuestra cuenta. De una manera parecida a como los cristianos conciben a la Santísima Trinidad como tres aspectos del mismo Dios unitario, en la mitología azteca, el dios primario existe como una pareja divina. Este dios, *Ometeotl*, existe en el decimotercer cielo, al que llamaban *Omeyocan*, o lugar de dualidad. Sus aspectos divinos eran los dobles principios de masculino y femenino que ellos llamaban *Tonactecuhtli* y *Tonacacihuatl*, o Señor y Señora de nuestro Sustento. De esta pareja divina nacieron todos los demás dioses menores, comenzando con cuatro hijos varones llamados, por orden, Tezcatlipoca Rojo, Tezcatlipoca Negro, Quetzalcóatl (un aspecto del cual es Ehecatl, el dios del viento) y Huitzilopochtli, el dios patrono de los aztecas. Ateniéndonos a las descripciones de cabezas «roja» y «negra», podemos inferir que el dios rector de la tercera edad fue Tezcatlipoca Rojo, y el de la cuarta, Tezcatlipoca Negro. Las sutilezas de estas diferencias se nos escapan, sin embargo, Tezcatlipoca Negro es el que ocupa un lugar prominente en la mitología azteca como rival de Quetzalcóatl. Era muy temido, junto con Huitzilopochtli, y para aplacar su ira eran precisos frecuentes sacrificios humanos.

La duración de estas edades, que es sorprendentemente diferente de los períodos mencionados en *La leyenda*, parece arbitraria y al principio difícil de entender. La evidencia interna del manuscrito sugiere que se escribió alrededor de 1576. Esto significaría que, según este manuscrito, la cuarta edad empezó aproximadamente en 3450 a. J.C. De esto podemos inferir que la tercera edad empezó aproximadamente en 7561 a. J.C., la segunda en 11541 y la primera en 15549 a. J.C. Resulta difícil averiguar lo que significan estas cifras, si es que significan algo.

Lo que queda claro en estas narraciones es que los aztecas pensaban en función de ciclos que seguían el patrón de las estaciones y la dirección de la brújula. Una circulación completa de las edades descritas en la piedra calendario azteca era el equivalente, pero en una escala temporal mucho más amplia, de un día. Sin embargo, los aztecas no eran sino una de las naciones que habitaban América Central, y parecería que su conocimiento de los ciclos del tiempo era limitado. Los auténticos maestros del tiempo fueron los mayas, que, a diferencia de los aztecas, fueron capaces de escribir usando un alfabeto silábico. Como resultado de ello, aunque su civilización alcanzó su máximo esplendor antes de la llegada de los aztecas, nos han dejado mucha más información sobre las creencias que en una época eran comunes a toda América Central.

IV

EL REDESCUBRIMIENTO DE LOS MAYAS

En el siglo XVI, frailes católicos como Bernardino de Sahagún fueron responsables tanto de la destrucción como de la preservación de los conocimientos aztecas. Mientras tanto, a medida que el control de los españoles se extendía a Guatemala y a otras áreas de América Central, también empezaron a salir a la luz los vestigios de otras civilizaciones antiguas. Esas reliquias de un mundo perdido habían sido engullidas por la voracidad de la selva a lo largo de los siglos previos a la llegada de Cortés. A los españoles no les resultó fácil llegar a ellas, y eso hizo que la mayor parte se salvara de daños irreparables como los que sufrieron los restos arqueológicos de la zona del valle de México. En los siglos XVII y XVIII, cuando los europeos empezaron a explorar las zonas selváticas, se toparon con esas ruinas que, en su mayor parte, eran de origen maya. Sin embargo, la historia de la arqueología maya empieza realmente en 1773 con el descubrimiento de Palenque, una ciudad desconocida hasta entonces, por el padre Ordónez, de la catedralicia Ciudad Real de Chiapas.

Esta ciudad extraordinaria, de la cual se van desenterrando más restos año tras año, es tal vez la más hermosa de todas las de Centroamérica. Sus pirámides y templos, construidos de piedra caliza blanca, no sólo están bien realizados sino que revelan un gusto estético comparable al del Renacimiento en Europa. Muchos de esos monumentos tienen grandes entablaciones, algunas de las cuales describen escenas que evidentemente son míticas o históricas. Otras están cubiertas con lo que hace tiempo se reconocieron como jeroglíficos, pero que hasta hace poco eran intraducibles.

Quiénes construyeron Palenque y cuándo es una cuestión que ha despertado gran curiosidad y que ha ocupado a los eruditos desde que el padre Ordónez escribió sobre sus descubrimientos en una monografía titulada *Una historia de la creación del cielo y de la tierra.* Allí hablaba de las fabulosas ruinas que había visto y las atribuía a un pueblo no indígena que había llegado a través del Atlántico. Según él, venía al frente un hombre llamado Votan, de la ciudad de Trípoli. Evidentemente, Votan hizo varios viajes de vuelta a su tierra y también visitó una ciudad donde se estaba construyendo un templo que habría de llegar al cielo. Siendo como era un buen cristiano, el padre Ordónez lo identificó con la Babilonia de la Biblia. Esto tenía sentido en la época, ya que los templos pirámide de Palenque son, en algunos aspectos, similares a los zigurats que todavía pueden verse en Mesopotamia. De esto se desprende que Votan, o algún otro marino aventurero, había traído la idea del zigurat a través del Atlántico a América Central. Así se explicaría la civilización relativamente avanzada de México en comparación con la del resto de América del Norte: fue una importación del Viejo Mundo.

El padre Ordónez afirmaba que había encontrado la historia de Votan en un libro quiché maya que había sido copiado parcialmente por el obispo Núñez de la Vega antes de quemar el texto original en 1691. Según el libro, Votan había llegado con un grupo de hombres, todos los cuales vestían túnicas blancas. Evidentemente, fueron bien recibidos por los nativos de la zona, que se sometieron a su gobierno y a continuación casaron a sus hijas con ellos. Esto implica que la dinastía que construyó Palenque (y tal vez otras ciudades de la zona) era una raza resultante de la mezcla de indígenas y africanos o asiáticos.

La parte de verdad que pueda haber en esta leyenda sigue dando lugar a acaloradas discusiones, especialmente porque, como tanto otros documentos importantes, el libro en el cual Ordónez dijo haber encontrado la historia ha desaparecido. No obstante, vale la pena señalar que cuando Cortés llegó a la isla de Cozumel en 1519, tuvo noticia de que había dos españoles viviendo ente los nativos. Eran los únicos supervivientes de una expedición anterior a la isla que había partido en 1511. De uno de ellos ya hemos oído hablar. Se trata de Jerónimo de Aguilar, que a continuación se unió a la expedición de Cortés y prestó valiosos servicios como intérprete. El otro, Gonzalo Guerrero, se asimiló a los nativos. Diego de Landa (y otros cronistas de la primera época) dejaron constancia de que adoptó las costumbres de los indios, se dejó crecer el pelo, se tatuó el cuerpo, se perforó las orejas y se convirtió a su religión idólatra. Se casó con la hija de un jefe y adquirió tan buena reputación dentro de la tribu de su esposa que lo pusieron a cargo de las cuestiones militares.

Al igual que Aguilar, Guerrero pudo haberse unido a la expedición de Cortés y haber vuelto a la vida de un conquistador español, pero prefirió su nueva vida a la anterior y permaneció con la tribu india a cuya jerarquía pertenecía por entonces. Si fue posible una «conversión inversa» como ésta en el siglo XVI, ¿no podría haber sucedido lo mismo con un marinero fenicio llamado Votan? Al menos Guerrero tuvo la oportunidad de volver a su vida anterior. Si realmente hubo un Votan, es probable que fuera fenicio y que su barco hubiera sido desviado de su rumbo por una tempestad en el Atlántico. Si naufragó en la costa cerca de Palenque, entonces tal vez le haya resultado imposible volver a Trípoli o a cualquier otro lugar del Viejo Mundo. Fuera o no de su gusto, él y sus hombres habrían tenido que sacar el mejor partido a su situación. En esas circunstancias, el matrimonio con la hija de un jefe, que le otorgaría un papel destacado en Palenque, habría sido una solución muy satisfactoria. Sin duda habría sido mejor que el destino de Aguilar como esclavo. Visto todo esto, yo creo que no deberíamos desechar precipitadamente la historia que se dice copió el obispo De la Vega. Como veremos más adelante, podría tener una base real.

La publicación del propio libro de Ordónez, *Una historia de la creación del cielo y de la tierra*, dio lugar a una oleada de interés por los monumentos mayas en general y por Palenque en particular. Como el catolicismo ya estaba firmemente enraizado en toda América Central y Sudamérica, las reliquias de la vieja religión ya no se consideraban una amenaza tan terrible. Mientras que antes eran destruidas en su mayor parte en cuanto las veían, ahora se podían estudiar objetivamente como obras de arte.

La primera persona que hizo un estudio adecuado de las ruinas de Palenque fue un capitán del ejército llamado don Antonio del Río. En 1787 empleó a equipos de mayas locales para despejar la selva dejando al descubierto, uno tras otro, una serie de extraordinarios edificios. Se hicieron dibujos de los edificios principales y vaciados en yeso de los relieves de estuco. En su informe, que presentó a las autoridades de Madrid, Del Río afirmaba que algunos de los edificios podrían haber sido de factura romana, en especial un acueducto que pasaba por debajo del edificio más grande al que ahora se llama «el Palacio». Para poner en contexto esta idea aparentemente extraordinaria, citaba la autoridad de un fraile dominico llamado Jacinto Garrido, que afirmaba que América del Norte había sido visitada en la antigüedad por gentes llegadas de Grecia, Britania y otros lugares, lo que implicaría que los romanos no fueron los únicos y ni siquiera necesariamente los primeros europeos en atravesar el Atlántico.

En Madrid, el informe de Del Río fue archivado y seguramente se habría perdido definitivamente de no haber quedado una copia de él en la ciudad de Guatemala. Tras el final del dominio español a raíz de las guerras napoleónicas, cayó en manos de un italiano, el doctor Félix Cabrera. Cabrera escribió su propio prefacio al informe de Del Río en el que sugería que América podría haber sido visitada por primera vez por Atlas, el padre epónimo de los atlantes, luego por Hércules y, finalmente, justo antes de la primera guerra púnica (264 a. J.C.), por los cartagineses. Este informe llegó en un momento dado a manos de un editor londinense, Henry Berthoud. Éste le agregó una colección de láminas en 1822 y el informe de Del Río vio la luz en forma de libro con el título *Description of the Ruins of an Ancient City discovered near Palenque*.

La publicación de este libro desató el interés por todo lo maya y, poco después, otros investigadores más serios, como John Stephens, Alfred Maudsley y Claude Charnay visitaron Palenque y otros yacimientos arqueológicos mayas. El primero y en muchos sentidos el más importante de estos investigadores fue Charles Étienne Brasseur de Bourbourg, nacido en 1814 y ordenado en 1845. Durante un breve período, fue profesor de historia eclesiástica en Quebec antes de encontrar su auténtica vocación: hurgar entre los archivos de las bibliotecas de las iglesias. En 1848, después de un breve regreso a Europa, se trasladó a Ciudad de México, donde ocupó el puesto de capellán en la legación francesa. Durante ese período en Centroamérica, donde vivió de manera intermitente los diecisiete años siguientes, combinó la labor docente con la exploración. Ansioso por aprender todo lo posible sobre la etnología y la historia de los nativos americanos, revolvió en las bibliotecas de Europa y de los nuevos países de América Central en busca de manuscritos. Ese trabajo no fue infructuoso.

Brasseur hizo su primer descubrimiento importante mientras revisaba una biblioteca en Guatemala. Allí encontró un libro escrito en lengua quiché maya, usando el alfabeto romano, poco después de la conquista de Guatemala. Había sido preservado por los ancianos mayas de la ciudad de Quiché, ahora llamada Chichicastenango. En torno a 1702, el libro le fue mostrado a un fraile dominico llamado Francisco Jiménez. Éste hizo la única copia que se sepa ha sobrevivido de la obra, añadiendo una traducción al español del original quiché. Tras el cierre de los monasterios en 1830, la obra de Jiménez, que hasta entonces había estado guardada secretamente en su monasterio dominico, fue a dar a una biblioteca de la ciudad de Guatemala. Fue este libro, que hoy se conoce como el *Popol-Vuh*, o Libro del Consejo, el que encontró Brasseur mientras residía en ese país. Se lo llevó de vuelta a París, y el texto quiché fue publicado junto con su propia traducción al francés.

El *Popol-Vuh* no fue la única obra importante que redescubrió este clérigo emprendedor. También llegó a sus manos otro manuscrito copiado por Jiménez titulado *Los anales de los cakchiqueles*. Los cakchiqueles, que viven a orillas del lago Atitlán, están estrechamente relacionados con los quichés. Este libro es importante porque, aunque diferente del más conocido *Popol-Vuh*, confirma muchos de los acontecimientos históricos registrados en él. De vuelta en Europa, Brasseur hizo otros descubrimientos importantes. En una biblioteca de Madrid encontró el manuscrito de *La relación de Yucatán*. Este libro, escrito por fray Diego de Landa, primer obispo de Yucatán, contiene lo que ha resultado ser un tesoro incalculable: la clave para traducir satisfactoriamente los jeroglíficos mayas.

Durante su estancia en Madrid, Brasseur conoció además a un descendiente del propio Cortés: Juan de Tro y Ortolano. Ortolano tenía en su poder parte de uno de los pocos libros mayas de corteza de antes de la conquista que sobrevivieron. El llamado *Códice Troano*, ha sido reunido ahora con su otra mitad (el *Códice Cortesiano*) y ambos conforman una obra más extensa: el *Códice Matritense (o Tro-Cortesiano)*.

Repasando su colección de manuscritos, entre los cuales había copias de muchos otros documentos raros, Brasseur no pudo por menos que notar que los mayas afirmaban que los ancestros de los modernos mayas, así como los yaquis, o pueblos del norte de México, decían venir de una ciudad llamada Tulan, «Lugar de Totoras». Antes de esto, habían vivido en una tierra en algún lugar por encima del mar. No es de extrañar que Brasseur supusiera que esta tierra debía de ser exactamente el continente perdido de la Atlántida mencionado por Platón, que él creía se extendía desde las Indias Occidentales hasta las islas Canarias. La suposición de que los mayas venían originalmente de la Atlántida, sin duda se veía reforzada por el hecho de que muchos de los toponímicos del antiguo México, Guatemala y El Salvador estaban basados en variantes de la raíz «titlán», p. ej., lago Atitlán en Guatemala, Utitlán en México, Cuzatlán en El Salvador y, por supuesto, Aztlán, la supuesta isla originaria de los aztecas. Para Brasseur y los demás «atlantófilos» que vinieron a continuación, era evidente que estas terminaciones toponímicas derivaban del nombre de la ciudad materna de la cultura centroamericana: la propia Atlántida.

Brasseur dejó constancia de sus hallazgos en una extensa obra titulada *Histoire des Nations Civilisées du Mexique et de l'Amérique Centrale*, que fue publicada entre 1857 y 1859. Aunque en la actualidad, a pesar de su recuperación de los antiguos manuscritos, se lo suele tildar de excéntrico por haber creído en la realidad de la Atlántida, en el siglo XIX estaba muy bien considerado en toda Europa. En realidad, se lo consideraba un experto en los mayas. Nada tiene de sorprendente, pues, que a él y a otro francés notable, el conde Jean Frederick Waldeck, se les pidiera que colaboraran en otro libro –encargado éste por el propio emperador Napoleón III– que se publicó en 1866 con el título *Monuments anciens du Mexique, Palenque et autres ruines de l'ancienne civilisation.*

Al igual que su coautor Brasseur, Waldeck era un aventurero al que le encantaba explorar las ruinas mayas. Tenía más de artista que de erudito y fue el primer occidental que hizo un intento serio de dibujar esas ruinas. En el estilo de uno de los primeros *savants* de Napoleón, pasó varios años estudiando y haciendo bocetos de las ruinas en los yacimientos precolombinos. Durante la época que pasó en Palenque, vivió en uno de los edificios mayas que, por ello, es conocido aún hoy como la Casa del Conde. Al igual que Brasseur, y de hecho la mayoría de los investigadores de los primeros tiempos, Waldeck era un «difusionista». Creía que los orígenes de la civilización mesoamericana se encontraban no en América, sino al otro lado del mar. Estaba convencido, en particular, de que los mayas habían aprendido de los egipcios el arte de construir pirámides. Entre muchos otros proyectos en los que trabajó están las ilustraciones originales para la descomunal obra de lord Kingsborough titulada *Antiquities of Mexico*. Esta obra, algo similar en su concepción a la famosa *Description de l'Égypte* realizada por los *savants* de Napoleón Bonaparte, contenía muchos dibujos y reproducciones originales de manuscritos desaparecidos. Por desgracia, las atractivas ilustraciones de Waldeck no eran fieles a los bocetos originales en los que se había basado. Los eruditos posteriores comprobaron con gran disgusto que había primado las licencias artísticas en detrimento de la exactitud.

Las primeras fotografías de las ruinas mayas las tomó otro francés, Claude Charnay. También él contó con el patrocinio de Napoleón III, esta vez bajo los auspicios de Viollet-le-Duc, ministro de Bellas Artes. Charnay, una especie de pionero en el campo de la fotografía, hizo fotos de las pirámides de Teotihuacán. En Palenque, no sólo hizo fotos, sino también moldes en papel maché de algunos de los relieves, todo lo cual envió a París. Al igual que Brasseur y Waldeck, Charnay era un difusionista. Sin embargo, sus ideas sobre la difusión provienen de una fuente muy diferente ya que, observando las similitudes en la vestimenta, la forma de construir las pirámides y la lengua, sostuvo que la cultura de América Central tenía su origen en el Lejano Oriente.

Charnay no fue el único francés del siglo XIX que hizo fotos de las ruinas mayas. Aproximadamente por la misma época, Augustus le Plongeon (nacido en Jersey y, por consiguiente, británico, para ser exactos) empezó a investigar las ruinas de Yucatán. Inconformista según los cánones de los primeros estudiosos de los mayas, le Plongeon era difusionista, pero con una diferencia: lejos de aceptar, como hacían casi todos por entonces, que la civilización había llegado a América Central desde allende los mares, creía que el tráfico cultural había recorrido el camino inverso. Basándose en las similitudes de las técnicas de construcción, la forma de vestir y la ornamentación, postuló que las migraciones se habían producido desde México hacia el Lejano Oriente. Desde allí habían viajado hacia el oeste y llegaron a Egipto, donde volvieron a construir pirámides.

Haciendo caso omiso de la objeción obvia de que la civilización egipcia era anterior a los mayas en varios milenios, partió hacia México para probar que tenía razón. Él y su esposa Alice, también una fotógrafa consumada, llegaron a Chichén Itzá alrededor de 1874. Allí permanecieron varios meses, tomando fotografías con una cámara 3D y llevando a cabo el primer examen sistemático de las ruinas. Le Plongeon tenía una ventaja sobre los exploradores: era un lingüista consumado. Aprendió lo suficiente el maya del Yucatán para conversar con la población local, que en su mayor parte no hablaba otra lengua. Ellos le decían dónde debía excavar para encontrar algo que valiera la pena. Así lo condujeron hacia un descubrimiento importante: el primer ejemplar conocido de una estatua de chac-mool. Estaba enterrada a una profundidad de 7,2 metros cerca de la Plataforma de Venus, y presumiblemente había sido enterrada allí por los españoles en la época en que querían erradicar de la región su antigua religión. En la actualidad, esta estatua de un hombre semirreclinado que sostiene sobre el estómago una bandeja con ofrendas y mira por encima de un hombro, está en el Museo de Arqueología de México y es una de sus piezas más preciadas.

Se impone la ortodoxia

Los franceses, alemanes, italianos y españoles no fueron los únicos europeos del siglo XIX que se tomaron un profundo interés por las antigüedades de México. También participaron los británicos. Ese interés se agudizó con la publicación en 1841 de un diario de viaje en dos volúmenes titulado *Incidents of Travel in Central America, Chiapas and Yucatán* del autor norteamericano John L. Stephens. Esta obra tuvo una secuela que se publicó dos años más tarde: *Incidents of Travel in Yucatán.*

Estos libros, llenos de humor y poblados de anécdotas, tuvieron gran éxito entre los amantes de los libros de viajes. Sin embargo, aunque Stephens tenía un estilo ligero –en muchos sentidos fue el Bill Bryson de su época–, abordaba su trabajo de una forma mucho más seria. Él y su compañero de viaje, un artista británico llamado Frederick Catherwood, pasaron meses estudiando sobre el terreno y tomando nota de lo que veían. Visitaron numerosos yacimientos, no sólo los obligatorios de Chichén Itzá, Uxmal y Palenque, sino también Copán, al que pocos occidentales habían llegado antes. Llevaron a cabo un examen minucioso de todos los lugares antiguos que visitaron. Sus informes contaron con el extraordinario apoyo de los detallados dibujos de Catherwood, que más tarde usaron para hacer

Figura 10: John Stephens.

planchas litográficas con las que ilustraron los libros de Stephens. Como muchas de las estructuras que vieron se han deteriorado considerablemente en el siglo y medio transcurrido desde entonces, las ilustraciones de Catherwood siguen teniendo un valor enorme para los arqueólogos que hoy trabajan en ellas.

Durante la segunda mitad del siglo XIX, el interés de británicos y norteamericanos por las antigüedades de Centroamérica siguió creciendo. Durante este período, el británico que más contribuyó a los estudios sobre los mayas fue un estudioso de los clásicos y antiguo cónsul general en Tonga: Alfred Maudsley. Al igual que Le Plongeon, al que conocía y con quien colaboraba a veces, Maudsley estaba convencido de la importancia de la fotografía como medio fundamental para dejar constancia de instrumentos in situ. A diferencia de él, era un científico y, por lo tanto, no se sentía inclinado a dar mucho pábulo a nociones románticas de incursiones de los egipcios (o incluso de las «tribus perdidas de Israel») a América Central para construir pirámides. Maudsley trabajó intensamente, visitando yacimientos en las áreas selváticas del Petén y de Chiapas. Usando una cámara de gran formato de plancha humedecida, tomó fotos de todo lo importante que veía. Donde pudo hacerlo, elaboró moldes en yeso de estelas y molduras que sabía que serían de gran importancia para los eruditos que no pudieran ver los objetos reales.

De vuelta en Londres, encargó a una artista experta, Annie Hunter, la creación de planchas litográficas detalladas de sus fotografías y moldes. Finalmente, su trabajo se publicó en 1889 como anexo a una obra titulada *Biologia Centrali-Americana* que constaba de varios volúmenes. En total eran cinco, uno de texto y cuatro de ilustraciones y fue la colección más importante de jeroglíficos mayas hasta la fecha. Debido a su gran precisión, sigue siendo muy útil para los eruditos de hoy en día, entre otras cosas porque muchos de los monumentos que allí aparecen han desaparecido o sufrido grave deterioro.

La obra de Maudsley, que fue estudiada con avidez en Europa y en EE UU, representó el paso a una nueva era. Los días del aficionado que se financiaba sus propios viajes llegaron a su fin. La

Figura 11: Dibujo de Catherwood, «Vista general de Palenque».

siguiente generación de investigadores empezó a buscar apoyo financiero en el sector académico. Dos grandes instituciones surgieron como patrocinadoras de lo que habría de convertirse en una rama respetable de la arqueología: la Carnegie Institution de Washington DC, y el Peabody Museum de la Universidad de Harvard. La primera pasó a ser la fuerza dominante en la primera parte del siglo XX gracias al trabajo de su patrocinado Sylvanus Griswold Morley, que fue director del Carnegie Archeological Program en la zona maya de 1914 a 1929.

La principal preocupación –en realidad obsesión– de Morley fue dejar plasmados y, de ser posible, traducir, los jeroglíficos mayas. Aunque esto resultaría imposible en la mayoría de los casos hasta unos cincuenta años más tarde, esto no lo disuadió de publicar en 1915 los primeros libros sobre el tema bajo el título: *An Introduction to the Study of Maya Hieroglyphs*. Teniendo en cuenta que la gran mayoría de las inscripciones (salvo las fechas) eran intraducibles por entonces, este título parece inadecuado; sin embargo, Morley era un experto reconocido en las complejidades de los calendarios mayas y en sus métodos para inscribir fechas en sus monumentos. En sus libros trata estos temas con una minuciosidad extraordinaria y los acompaña con los dibujos de su propia colección de ilustraciones realizadas en sus numerosos viajes a lugares remotos.

El trabajo realizado por Morley marcó además un antes y un después en otros sentidos. Su sistematización del estudio de los jeroglíficos de fechas allanó el camino para un análisis más riguroso y científico de los monumentos mayas. A partir de entonces ya no fue posible ni aceptable –al menos entre los nuevos profesionales– que un estudioso del asunto hablase a la ligera sobre migraciones procedentes de la Atlántida o de Egipto. La precisa datación de los monumentos a partir de las inscripciones halladas en ellos permitió la creación de una cronología aceptada para la civilización mesoamericana independiente de los registros nativos, sobre los cuales se habían arrojado dudas, como el *Popol-Vuh*, *Los anales de los cakchiqueles* o los *Libros de Chilam Balam*. Las teorías sobre los orígenes mayas que giran en torno al difusionismo fueron reemplazadas entonces por otras de evolución independiente. Ahora trabajaba con la idea de que las civilizaciones aztecas y mayas eran los florecimientos más recientes de una cultura mesoamericana independiente en su creación y en su evolución. Hablar de cualquier otra cosa –y sobre todo del difusionismo– era considerado una herejía.

El decano de esta actitud de mediados del siglo XX respecto de los mayas fue otro arqueólogo británico: J. Eric Thompson. Alumno y discípulo de Morley, trabajó con él durante muchos años en Chichén Itzá y en otros yacimientos del Yucatán, de Chiapas y del Petén. Cuando Morley se retiró, Thompson, que por entonces era miembro asociado de la División de Arqueología de la Carnegie Institution, heredó su cetro como practicante de mayor experiencia. Sin embargo, poco después se retiró del Carnegie (que pronto habría de abandonar los estudios mayas) y a fines de 1926 pasó a ocupar un puesto en el Field Museum of Natural History de Chicago. Fue una situación que le encajó admirablemente, ya que le dieron carta blanca para hacer lo que quisiera. En las décadas siguientes, por razones políticas, México habría de convertirse en una zona prohibida para los arqueólogos norteamericanos. No obstante, Thompson reorientó sus energías hacia Belice. El hecho de que ésta fuera por entonces la Honduras Británica y que él fuera súbdito británico le facilitó la obtención de permisos para excavar.

Thompson fue un escritor prolífico que escribió más de veinticuatro artículos de envergadura y libros entre 1929 y su muerte, acaecida en 1975. En ellos dio solidez a la idea de que la civilización centroamericana tenía un origen independiente. Debido a la autoridad casi única que tenía entre sus contemporáneos, que al parecer se sentían intimidados por su indiscutible capacidad intelectual, la idea pasó de ser una teoría basada en observaciones a convertirse en un dogma. Se hizo imposible para cualquier arqueólogo que se preciase sugerir que la cultura mesoamericana era una importación del otro lado del Atlántico o del Pacífico, y mucho menos que su origen estaba en la Atlántida.

En su libro *The Rise and Fall of Maya Civilization*, Thompson ofrecía un antídoto para el enfoque «desconectado» y atomizado de los estudios mayas. Basando su versión en dataciones con carbono 14 y en las inscripciones descodificadas, estableció una cronología que todavía es hoy en día la base de los estudios mayas. Empieza por un Período Formativo (1500 a. J.C.-200 d. J.C.), seguido por un Período Clásico (200-925 de nuestra era). El Período Clásico se subdivide en tres períodos más cortos: el Temprano (200-625 d. J.C.), Florecimiento (625-800 d. J.C.) y Colapso (800-925 d. J.C.). Al Período Clásico de Thompson le sigue un Período Mexicano (925-1200 d. J.C.), cuando se supone que las tierras de los mayas fueron invadidas por los toltecas del valle de México que, o bien tomaron como esclavos a los indígenas mayas, o bien ocuparon sus puestos en el poder. Su período final es el de la Absorción Mexicana (1200-1540), durante el cual surgieron nuevos imperios mayas en lugar de las hegemonías toltecas: Mayapán en el Yucatán y Quiché en las tierras altas de Guatemala. Este último período culmina, por supuesto, con la conquista española de las tierras mayas que puso fin a los últimos vestigios de estos imperios. Este grandioso escenario de la historia, tal vez implícito en los escritos y obras de autores anteriores, fue la mayor contribución de Thompson. Con variaciones, todavía se sigue utilizando como marco general. Sin embargo, en la actualidad se llama Preclásico al Período Formativo, y se divide en tres subperíodos: Preclásico Temprano (1800 a. J.C.-1000 a. J.C.), Preclásico Medio (1000 a. J.C.-300 a. J.C.) y Preclásico Tardío (300 a. J.C.-250 d. J.C.). El Período Mexicano se denomina Postclásico Temprano y el de Absorción Mexicana, Postclásico Tardío. A éstos se suma otro período, el Arcaico, que se extiende hasta una época indeterminada anterior al 2000 a. J.C. –remontándose tal vez al final del pleistoceno o última era glacial– durante el cual no hay una civilización reconocible como tal.

El hecho de que el panorama más amplio de Thompson haya superado tan bien la prueba del tiempo habla a las claras de su utilidad para definir períodos arqueológicamente significativos. Sin embargo, eso no significa que tenga que dar una visión correcta de la historia. En particular, no casa muy bien con la evidencia de escritos mayas como el *Popol-Vuh* o de códices aztecas como *La le-*

yenda de los soles, que hablan en función de edades anteriores a la nuestra cuando la especie humana fue destruida totalmente por los dioses. Tampoco encaja la teoría de que la civilización mesoamericana evolucionó independientemente del resto del mundo con historias que cuentan tanto los aztecas como los mayas de una migración desde una tierra al otro lado del mar. Por supuesto, esas historias habían inspirado a escritores anteriores ideas de difusión, ya fuera desde el continente perdido de la Atlántida o desde África, Europa o Asia.

Thompson despachó sin más esas sugerencias cuando escribió: «Ningún especialista en la materia supone que América fue poblada por inmigrantes llegados del otro lado del Atlántico o del Pacífico...»[1] Él, al igual que casi toda su generación, suponía que los ancestros de todos los americanos nativos eran asiáticos que habían llegado a las Américas por un puente de tierra en algún momento en torno al 11 000 a. J.C.:

> Los arqueólogos coinciden en que América estaba poblada por inmigrantes de Asia que habían cruzado el estrecho de Bering; hay menos unanimidad sobre cuándo se hizo el primer cruce, siendo la opinión mayoritaria que fue unos 11.000 años a. J.C., pero sin duda aparecerán yacimientos más antiguos.[2]

La profecía de Thompson era cierta: han aparecido yacimientos más antiguos. Sin embargo, se habría quedado perplejo al descubrir que el más antiguo de éstos no está en Alaska, cerca de donde se supone que se hubieran asentado las primeras migraciones llegadas a través de un puente de piedra, sino en Brasil. Allí, en un refugio rocoso de Pedra Furada, en el Parque Nacional de Capivara, se encontraron restos de ocupación humana que se remontan por lo menos a 50 000 años a. J.C. Dibujadas en las paredes del refugio rocoso hay figuras de cazadores (y de los animales a los que perseguían), comparables con ejemplos que pueden encontrarse en África y Europa. Una simple mirada al mapa revela que Brasil está mucho más cerca de África Occidental que de Alaska. Es cierto que navegar de África a Sudamérica habría implicado atravesar el

Atlántico. Sin embargo, hay corrientes favorables y vientos alisios que lo habrían facilitado considerablemente en caso de que estos pueblos antiguos contaran con embarcaciones de algún tipo. El Parque Nacional de Capivara está en la provincia de Piaui, y su ubicación sugiere que la gente podría haber llegado al refugio rocoso después de navegar corriente arriba por uno de los ríos menores de Brasil, como el São Francisco.

En época reciente, como veremos, se ha hecho posible leer los jeroglíficos mayas. Este trabajo está todavía en marcha, pero ya trajo aparejado un profundo cambio de actitud hacia los mayas. Atrás ha quedado la idea de que la suya era una concepción pacifista de la vida, dedicada sólo a cultivar, escribir libros y construir ciudades. Ahora sabemos que, al igual que otros pueblos nativos americanos, libraban constantemente guerras los unos con los otros. Hemos comprobado con horror que, al parecer, uno de los objetivos principales de sus guerras era la necesidad de capturar víctimas para sacrificios humanos. En lugar de matarse los unos a los otros en batalla, la guerra era un ritual llevado a cabo con la finalidad de capturar a los señores vecinos. Si tenían suerte, estos nobles podían ser sacrificados directamente a los dioses. Lo más frecuente era que se los mantuviera como esclavos y se los sangrara ritualmente de vez en cuando. Resulta difícil explicarse por qué razón esos pueblos, por lo demás bastante civilizados, tomarían parte en prácticas tan macabras, pero parece que, al igual que los aztecas, temían que algo terrible le pasara al mundo si no lo hacían.

Lo que también sabemos sobre los mayas es que no eran en modo alguno tan materialistas como nosotros. Todo lo que tenía la mayoría de ellos era la ropa que llevaban puesta y tal vez unos cuantos enseres domésticos, armas o herramientas. Permanecieron en la Edad de Piedra hasta la conquista de los españoles y cultivaban la tierra usando sencillos instrumentos de piedra o de madera para obtener cultivos como el maíz, los frijoles y los pimientos dulces. Si nos guiamos por sus monumentos, sus gobernantes, ricamente ataviados, eran diferentes. Cuando no estaban librando guerras, e incluso tal vez en esas ocasiones, llevaban trajes muy elaborados. Sin embargo, no se trataba de atuendos personalizados sino de trajes ceremoniales. La traducción de los jeroglíficos revela que sus tocados, brazaletes y faldas tenían un significado simbólico. Como la vestimenta de un sacerdote católico romano que dice misa, las suyas tenían un significado religioso hasta la médula.

Como no trabajaban el hierro, no usaban la rueda y tenían escasos conocimientos de navegación, sus contemporáneos de la Edad Oscura de Europa, China u Oriente Próximo sin duda hubieran considerado a los mayas como una civilización primitiva. Sin embargo, en un aspecto importante, estaban mucho más avanzados que todos ellos: la astronomía, más específicamente el conocimiento de los ciclos del tiempo, largo y corto, en su relación con los movimientos de la Luna, los planetas y el propio Sol. Esto estaba vinculado con su creencia religiosa más importante: que vivimos en la cuarta edad del Sol. Al igual que los aztecas, los mayas creían que había habido otros soles antes del nuestro, y que esas edades se habían caracterizado no sólo por el gobierno de dioses diferentes, sino por la presencia sobre la Tierra de tipos diferentes de especie humana.[3] En cada uno de estos casos, esas razas fueron destruidas por cataclismos que dejaron escasos supervivientes.

El legado maya

En contra de la creencia popular, los mayas, como pueblo, no desaparecieron con el declive de su civilización. Aunque casi todas sus ciudades «clásicas», por razones que todavía no están claras, fueron dejadas a merced de la selva alrededor del 900 de nuestra era, ellos sobrevivieron. En la actualidad hay más de seis millones de mayas puros que todavía viven en la misma región del mundo que otrora habitaron sus antiguos ancestros. Esta región abarca el sureste de México (principalmente la península de Yucatán, Chiapas y parte de la provincia de Tabasco), la totalidad de Guatemala y Belice (antigua Honduras Británica), además de la parte más occidental de Honduras y El Salvador. Aunque políticamente divididos y repartidos por varios países, los mayas de esta extensa región de América Central son un solo pueblo, y antes de las invasiones españolas del siglo XVI, todos practicaban la misma religión aunque con variaciones locales.

Esas variaciones locales también afectan a la lengua. Los mayas de hoy (como en el pasado) hablan una gran variedad de lenguas. Del mismo modo que las lenguas europeas que se hablan en el mundo occidental tiene un origen común en la protolengua indoeuropea, las lenguas de los mayas provienen todas de la misma raíz lingüística, lo que los arqueólogos llaman el «protomaya». En realidad, las lenguas mayas están más íntimamente relacionadas entre sí que, por ejemplo, el alemán y el griego. No siempre los hablantes de una pueden entender a los de otra, ya que, del mismo modo que las lenguas europeas se agrupan en «familias» (por ejemplo, las lenguas romance de Francia, España e Italia, las germánicas del norte de Europa y las lenguas célticas de Bretaña, Gales, Escocia e Irlanda), también las lenguas mayas forman grupos.

Es así que, si bien en la actualidad se hablan más de treinta lenguas mayas, éstas se agrupan en apenas seis grupos principales de lenguas: huastecano, yucatecano, cholano, kanjobaleano mayor, mameano y quicheano mayor. En la actualidad, los más importantes (por ser los más hablados) son los de las familias del yucatecano y quicheano. Sin embargo, en el pasado, el cholano maya estaba mucho más extendido que hoy. La región ocupada por los mayas cholanohablantes abarcaba en una época todo el centro de los territorios mayas, desde la región costera de Tabasco, a lo largo del valle del río Usumacinta, hasta Belice. Ésta es la región en la que se construyeron las grandes ciudades clásicas de los mayas: lugares como Tikal, Yaxchilán, Bonampak y Palenque. Los arqueólogos tienen la certeza de que ésta era la lengua hablada por entonces ya que es indudablemente la lengua en la que estaban escritas las inscripciones que aparecen en los monumentos de esta zona.

En la actualidad, un centro importante de hablantes de tzotzil y tzeltal –lenguas cholanas– es la región que rodea la ciudad de San Cristóbal de las Casas. Los mayas que viven aquí son los más conservadores, y la mayoría de sus mujeres siguen vistiendo el traje nacional: el característico *huilpil* o blusa bordada. A pesar de los siglos

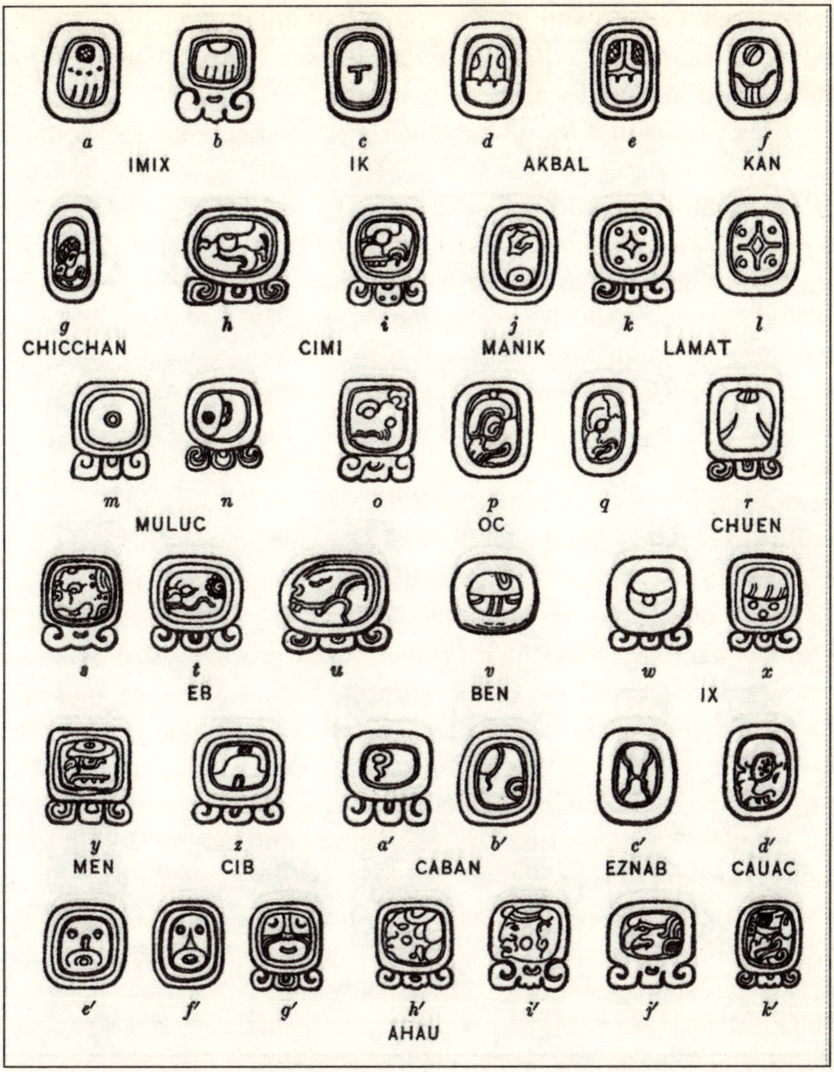

Figura 12: Días de la semana mayas.

de exposición al cristianismo y de su adhesión exterior al catolicismo, han preservado elementos de la antigua cultura. Los tzotzils son prácticamente los únicos mayas que han conservado el antiguo calendario de Mesoamérica de doscientos sesenta días, al que los aztecas llamaban Tonalamatl y los mayas *Tzolkin*, o cuenta de

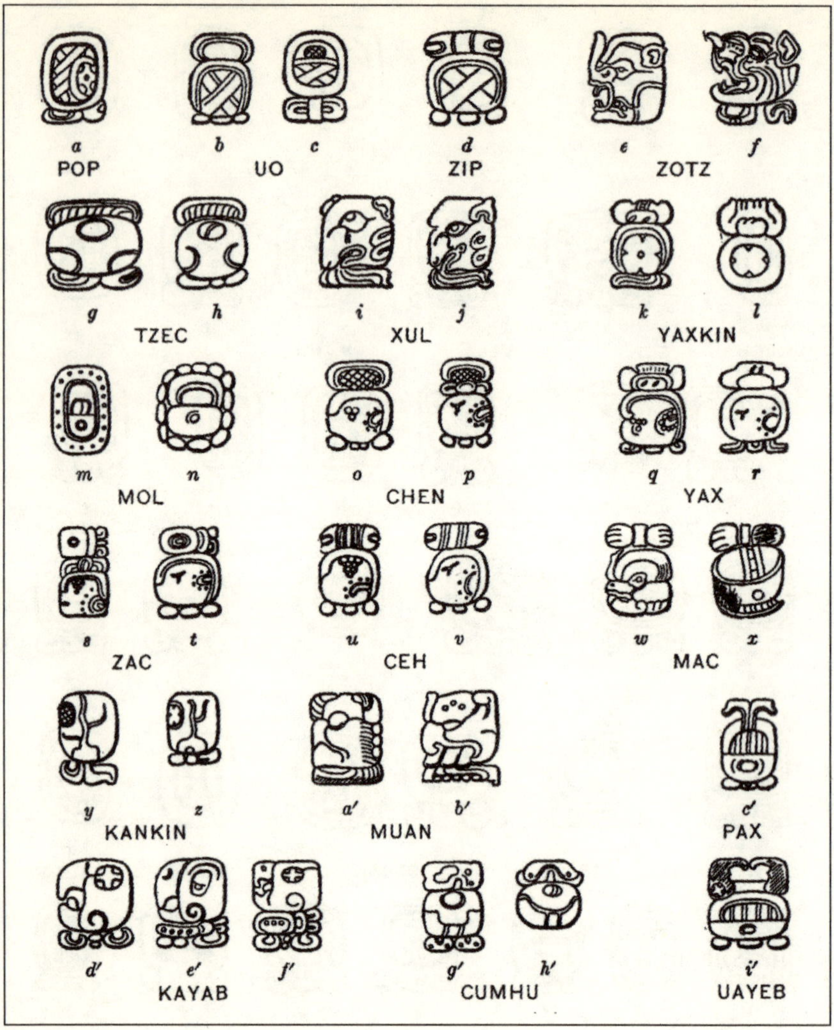

Figura 13: Signos del mes en las inscripciones.

los días. En la actualidad, el Tzolkin se está recuperando en cierto modo, ya que muchos mayas y otros pueblos indígenas de América tratan de recuperar las costumbres antiguas. El antiguo calendario Tzolkin es fundamental para esta revitalización, ya que es la base para predecir el futuro. Los chamanes, llamados «guardianes de los días», lo usan para sus vaticinios.

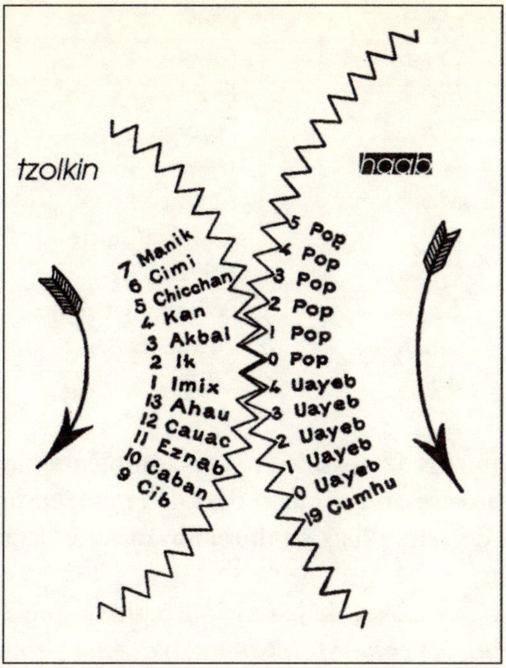

Figura 14: Cuenta de los nombres de los días Tzolkin por referencia al Haab de 365 días.

Los mayas siguieron el mismo principio que los aztecas para producir su ciclo Tzolkin de doscientos sesenta días. La mayor parte de sus veinte días eran los mismos que los de los aztecas aunque tenían nombres mayas.

En español, sus significados son los mismos:

Imix	Dragón de mar
Ik	Aire
Akbal	Noche
Kan	Maíz
Chicchan	Serpiente
Cimi	Muerte
Manik	Ciervo
Lamat	Conejo
Muluc	Lluvia

Oc	Perro
Chuen	Mono
Eb	Escoba
Ben	Totora
Ix	Jaguar
Men	Águila
Cib	Lechuza/Buitre
Caban	Fuerza/Tierra
Eznab	Pedernal/Cuchillo
Cauac	Tormenta
Ahua	Señor

Al igual que los aztecas, los mayas también tenían un calendario de trescientos sesenta y cinco días, el *Haab*, compuesto de dieciocho meses de veinte días de duración más un decimonoveno de sólo cinco días.

Los dieciocho meses de extensión regular son: *Pop, Uo, Zip, Zotz, Tzec, Xul, Xaxkin, Mol, Chen, Yax, Zac, Ceh, Mac, Kankin, Muan, Pax, Kayab y Cumku* (escrito también *Cumhu*). A los meses cortos de cinco días, considerados de mal augurio, los mayas los llaman *Uayeb*. Estos meses están representados por los glifos mayas de la figura 11.

Al igual que los aztecas, los mayas combinaban los dos calendarios, el Tzolkin y el Haab, para producir una ronda de calendario de cincuenta y dos años.

Sin embargo, parecen haber entendido mejor las limitaciones de este sistema para contar períodos largos de tiempo. Los mayas fueron los únicos en estampar en los monumentos que construían la fecha correspondiente. Como veremos, lo hacían mediante un sistema calendario basado en la cuenta de los días con respecto a acontecimientos fijos.

En lo que respecta a la tecnología, es indudable que la civilización maya era primitiva a nuestro modo de ver. No tenían agua corriente ni electricidad ni coches ni ordenadores ni televisión ni aviones y ni siquiera carros. Sin embargo, a pesar de esta pobreza material, eran ricos a su modo. Sin las distracciones del mundo moderno, desarrollaron sus facultades psíquicas de manera que a nosotros nos resulta sorprendente. Como los aborígenes de Australia, estudiaban los sueños intensamente, conscientes de que tenían una profunda repercusión sobre la vida diaria. Para mantenerse en contacto con el «otro mundo» de dioses y espíritus, desarrollaron un sistema sumamente sofisticado de rituales de desangramiento que a nosotros nos resultaría repugnante. Como todos los ascetas, creían que la mortificación de la carne era necesaria para el mantenimiento de la vida sobre la Tierra.

Desde los albores de la historia, a través de una «Edad Clásica» que duró aproximadamente desde el año 100 al 900 de nuestra era, los mayas produjeron algunas de las mayores manifestaciones artísticas del mundo. Entonces, por razones que no se entienden plenamente, sus ciudades fueron abandonadas. Las regiones que anteriormente habían sido las más importantes del territorio maya, Chiapas y el Petén, que quedan en la zona central, fueron dejadas a merced de la selva. Durante unos cuantos siglos más, en la región septentrional del Yucatán, tuvo lugar un renacimiento «postclásico». Fue ésta una civilización híbrida resultante de la fusión de tribus mayas indígenas con otras de más al sur y de tribus no mayas provenientes de la zona de Ciudad de México. Los monumentos que dejaron tras de sí, especialmente ciudades como Uxmal y Chichén Itzá, se cuentan entre las más hermosas de toda América Central. Esto, sin embargo, no pudo ocultar el hecho de que la cultura estaba en estado terminal y los sacrificios humanos eran cada vez más comunes.

Por caprichos del tiempo, quedan muchas cosas que nunca sabremos de la civilización maya. Sin embargo, el desentrañamiento del código que usaban en su escritura jeroglífica ha provocado una auténtica revolución en nuestra comprensión de ella. El siguiente paso en mi viaje personal fue descubrir cómo se había producido esto.

V

DESCODIFICACIÓN DEL LEGADO MAYA

Con la excepción, quizás, del antiguo Egipto, se puede decir con certeza que ningún campo de la arqueología ha representado un reto mayor ni ha tenido resultados tan satisfactorios como el redescubrimiento de la civilización maya. Del mismo modo que Egipto antes de que Champollion desentrañara el código de los jeroglíficos, el mundo de los mayas estuvo rodeado por un halo de misterio hasta hace muy poco tiempo. Fue apenas en los últimos cuarenta años que los jeroglíficos mayas, un sistema mucho más complejo que el de los egipcios, reveló por fin sus secretos. Hubo que esperar hasta ahora, en que la Edad del Jaguar está tocando a su fin, para que los eruditos pudieran leer los cientos de inscripciones dejadas por este enigmático pueblo y empezar a apreciar en toda su sutileza esa extraordinaria cultura. Cómo se llegó a esta situación es en sí mismo una historia que es preciso entender para evaluar debidamente lo que se ha descubierto y, lo más importante, para saber qué significa esto en el contexto más amplio de la historia del mundo y en la profecía.

La biblia de los estudios mayas, al menos en el siglo XIX, fue el enorme corpus de material que había recogido y publicado con gran esfuerzo lord Edward Kingsborough. Esta obra, que consta en total de nueve tomos muy voluminosos, titulada *Antiquities of Mexico*, llevó a su autor a la ruina, y su publicación fue la causa de su muerte prematura en una prisión para delincuentes financieros. En sus inmanejables tomos, de los cuales se conservan copias entre los tesoros del Museo Británico y que se encuentran actualmente en su Biblioteca de Etnología, están contenidas todas las fuentes más importantes de su época. Entre ellas se cuentan el texto del *Popol-Vuh* y la *Relación de las cosas de Yucatán* del obispo Landa (traídos ambos a Europa por el abade Brasseur de Bourbourg), así como una copia del *Códice de Dresde*, el más importante de los libros de papel de corteza de los mayas que han llegado hasta nosotros.

La disponibilidad de estos libros, al menos para quienes tenían acceso a ellos, hizo posible que una nueva clase de investigadores de biblioteca empezara a indagar en la cultura de los mayas. El primero que inició el proceso de descifrar los escritos mayas con toda seriedad fue un excéntrico caballero llamado Constantine Samuel Rafinesque. Nacido de padre francés y madre alemana en los suburbios de la lejana Constantinopla, realizó su primera visita a América en 1802 y posteriormente estableció allí su residencia. Era un naturalista autodidacta y gozaba de gran respeto por su clasificación de numerosas plantas americanas en un trabajo que llevó a cabo una generación antes de que Charles Darwin conmocionara al mundo con la publicación de su *Origen de las especies*. La clasificación de plantas requiere una estricta atención a los detalles y la capacidad para reconocer patrones en medio de la diversidad. Esto se le daba bien a Rafinesque, que también fue capaz de aplicar esas habilidades en otros aspectos. Profundamente interesado en el trabajo de traducción de los jeroglíficos egipcios hecho por Champollion, decidió intentar lo que por entonces era un imposible: la traducción de los textos mayas. En esto fracasó en parte por la escasez de ejemplos de que disponía, pero realizó una observación importante: que los mayas usaban un sistema de numeración basado en puntos y rayas. También planteó que la lengua usada en los jeroglíficos de los códices escritos era igual pero también diferente de la de los aztecas. En esto tenía razón, aunque tendría que pasar mucho tiempo antes de que alguien pudiera leer más que números en los monumentos mayas.

Tal como ya vimos antes, los mayas y los aztecas usaban calendarios de doscientos sesenta y de trescientos sesenta y cinco días, combinándolos para producir un ciclo más largo de cincuenta y dos años. El descubrimiento por parte de Rafinesque de su sis-

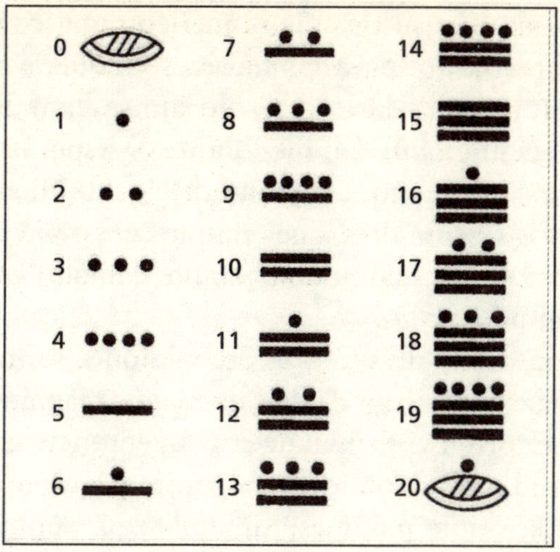

Figura 15: Notación de barras y puntos.

tema de puntos y barras hizo posible la lectura de los números inscritos en los monumentos y el descubrimiento de su calendario más importante: el de la cuenta larga.

Esta revelación se debió una vez más en gran medida al paciente trabajo de eruditos de biblioteca. El primer avance lo consiguió un americano llamado Cyrus Thomas, que, armado con una copia parcial del *Códice de Dresde* y con la *Relación* de Landa, dedujo que los números mayas había que leerlos de derecha a izquierda y de arriba abajo, dos filas por vez. Examinando las inscripciones de puntos y rayas, Thomas se dio cuenta de que funcionaban como un sistema vigesimal, en el que todos los números individuales iban del 0 al 19, es decir de cero (representado por un caparazón de caurí) hasta tres líneas más cuatro puntos (que representaban el diecinueve). También se dio cuenta de que, al igual que nosotros, los mayas usaban un sistema posicional para reconocer los números más altos. Sin embargo, había una ligera diferencia. Mientras que nosotros contamos por decenas, centenas, miles, etc., como su sistema era vigesimal, contaban por veintenas, cuatro centenas, ocho miles y así sucesivamente, donde cada orden de magnitud no era diez sino veinte veces el anterior.

Los mayas usaban su sistema numérico para los negocios y el comercio. Sin embargo, para las fechas se requería una pequeña adaptación. En su calendario, un solo día se llamaba *kin*, o sol. Veinte kines hacían un *uinal*, o mes. Para conseguir una aproximación razonable con un año, contaban dieciocho uinales, un período de trescientos sesenta días, que eran un *tun*, o piedra. Veinte tunes eran un período de tiempo importante llamado *katun*, y veinte de éstos hacían un *baktun*.

En este punto hay divergencia de opiniones sobre cómo computaban los mayas la cuenta de días de mayor magnitud. Si seguían adelante con su forma vigesimal de contar, entonces el siguiente orden de magnitud, un *pictun*, debería constar de veinte baktunes, y un *cabtun*, sería veinte pictunes. Sin embargo, aunque se han encontrado evidencias de este sistema de recuento en el *Códice de Dresde* entre otros, las inscripciones encontradas en los monumentos mayas parecen algo contradictorias. Éstas dan la impresión de que los mayas estaban más interesados en un «gran ciclo» de tiempo formado por trece baktunes en lugar de veinte. Dado que ello es fundamental para comprender las profecías de los mayas sobre el fin de los tiempos, volveré más adelante sobre esta cuestión.

El trabajo de Thomas fue importante, pero en este punto, el redescubrimiento de la forma de leer las fechas mayas de cuenta larga todavía no estaba completo. Una cosa era poder traducir números de una notación maya a una notación moderna, pero por lo que respecta al calendario, esta información fue prácticamente inútil hasta que se pudieron encontrar vinculaciones entre su calendario y acontecimientos conocidos que habían quedado registrados en nuestro propio calendario. Esto lo consiguió uno de los eruditos olvidados de la historia maya: Joseph Goodman. Goodman fue otro norteamericano emprendedor que se hizo rico gracias a provechosas inversiones en la ciudad de Virginia durante la fiebre del oro de las décadas de 1860 y 1870. Tras retirarse a Fresno, California, en la década de 1880, Goodman tuvo tiempo y dinero para dedicarse al estudio de los mayas. Trabajando con el material más nuevo, que le suministraba su amigo Alfred Maudsley –posteriormente el mejor investigador de campo en México y Belice–, hizo tres descubrimientos importantes. El primero fue que el calendario maya empezaba por una fecha expresada en el ciclo de cincuenta y dos años como 4 Ahau 8 Cumku.

Aparentemente, ésta era una elección bastante sorprendente, ya que Cumku es el penúltimo mes y su noveno día no es ni siquiera el final del mes (puesto que los números van del 0 al 19). De los nombres de días, Anah, o Señor, parecía bastante apropiado para el inicio de una nueva edad, pero ¿por qué empezar en el número 4? Estas cuestiones tuvieron perplejos a los estudiosos desde que Goodman descubrió la fecha inicial de 4 Ahau y 8 Cumku. Sin embargo, nadie pone en duda que tuviera razón.

El segundo descubrimiento de Goodman fue que en lugar de la notación de barras y puntos para los números, los mayas también usaban ocasionalmente «variantes de encabezamiento», algo parecido a como usamos nosotros a veces los números romanos V, L, C y M para representar los números 5, 50, 100 y 1 000. Los encabezamientos de los mayas son todos diferentes, pero cada uno tiene características muy reconocibles. Algunos de ellos representaban a dioses que ya estaban asociados con números específicos, pero no se sabe por qué elegían otros.

El tercer descubrimiento de Goodman fue el más importante de todos. Trabajando con la *Relación* de Landa y otros documentos posteriores a la conquista, estableció que el día uno de la cuenta larga, es decir, 0 baktunes, 0 katunes, 0 tunes, 0 kines, 4 Ahau 8 Cumku, tuvo lugar en 3114 a. J.C. Más adelante, J. Eric Thompson afinó más y lo situó entre el 11 de agosto de 3114 a. J.C. y el 13 de agosto de 3114 a. J.C. Hay argumentos a favor y en contra de cada una de las tres fechas, 11, 12 y 13 de agosto, pero pocos discuten lo que actualmente se reconoce como la correlación Goodman-Martínez-Thompson, o, para abreviar, GMT. Debido a que tenemos esta correlación de calendarios, los estudiosos pueden traducir cualquier fecha de la cuenta larga a nuestro propio calendario. También significa que usando programas informáticos astronómicos adecuados, podemos rastrear hacia atrás en los cielos hasta el día en cuestión. Como veremos más adelante, esto ha permitido hacer algunos descubrimientos interesantes.

En 1920 ya se contaba con la base teórica para traducir inscripciones numéricas mayas a fechas reconocibles en el calendario gregoriano. La tarea de reunir fechas la comenzaron casi un siglo antes Stephens y Catherwood, y la llevó casi a sus límites Sylvanus Griswold Morley. Bajo los auspicios de la Carnegie Institution, dedicó décadas a explorar los bosques de la región del Petén de Guatemala buscando ciudades perdidas para hacerse con el tesoro de fechas inscritas. Solía fotografiarlas o dibujarlas con todo cuidado a lápiz, lo que le permitió reunir una extensa colección de material desconocido hasta entonces. J. Eric Thompson, heredero académico y protegido de Morley, estaba llamado a rehabilitar el trabajo de Goodman, proponer la correlación GMT y establecer una cronología viable para la civilización maya. Por desgracia, Thompson, que encarnaba el enfoque colonial británico hacia las culturas nativas, no tenía en gran aprecio las habilidades de los mayas en lo que respecta a la palabra escrita. En su libro *The Rise and Fall of Maya Civilization*, escribió:

> Creo que los mayas no tenían una escritura ni alfabética ni silábica por cuanto la mayor parte de las palabras mayas son monosílabos. Hay un uso considerable de una escritura fonética simple que podría describirse como una forma avanzada de escritura jeroglífica por cuanto la imagen se ha convencionalizado tanto que el objeto original ya no es reconocible...
>
> Un ejemplo de esta anticuada escritura jeroglífica es el signo maya de «cuenta». En yucateca, la palabra *xoc* significa «contar», pero también era el nombre de un pez mítico que vivía en el cielo y al cual se rendía culto. Como los mayas tenían dificultades para expresar una idea abstracta como «cuenta» en forma de glifo, recurrieron a la escritura jeroglífica y usaron la cabeza del pez *xoc* como glifo para «cuenta».[1]

Ésta era la forma ortodoxa de pensar en 1950, y no puso al estudio de los mayas más cerca de entender el significado de la mayor parte de los jeroglíficos no numéricos de lo que estaba en 1773, cuando el padre Ordónez visitó las ruinas de Palenque por primera vez. Para descifrar el código eran necesarias otras mentalidades despojadas del prejuicio que en esa época rodeaba a toda la cuestión de la epigrafía maya. Al final quedó demostrado que mentalidades así no podían encontrarse en los departamentos de mayalogía a esas alturas firmemente consolidados en Alemania, EEUU, Francia y Gran Bretaña, sino en la lejana Unión Soviética.

Yuri Knorosov era la última persona que cualquiera de la generación de Thompson hubiera esperado que se convirtiera en uno de los mayores expertos en epigrafía maya. Nacido en 1922 en Járkov, en lo que es hoy Ucrania, su mundo estaba a muchos miles de kilómetros de distancia de las selvas de América Central y a años luz intelectualmente hablando. Sin embargo, su insospechado destino –que Edgar Cayce, el profeta durmiente, sin duda habría vinculado a una experiencia de otra vida como sacerdote maya– fue para encontrar las claves que permitieron descifrar el código de las inscripciones no numéricas.

La historia empezó en las ruinas de Berlín, al final de la segunda guerra mundial. Knorosov, que por entonces era soldado raso en el victorioso Ejército Rojo, se encontró en la Biblioteca Nacional Alemana, que se había incendiado. Ansioso de encontrar un trofeo que llevarse a casa, salvó un libro de las llamas. Este libro resultó ser una edición en un solo volumen de los facsímiles de Villacorta de los códices de Dresde, París y Madrid que se publicó en 1933. Ahí podría haberse quedado todo de no haber sido porque la suerte, o tal vez el destino, quiso que Knorosov no fuera gran cosa como soldado, pero sí un genio dotado especialmente para las lenguas antiguas. Después de la guerra, volvió a la Universidad de Moscú, donde se dedicó a investigar en el campo de la egiptología y aprendió el chino, el árabe y las lenguas de la India. Por entonces ni lo sospechaba, pero estas bases en lingüística comparada le dieron los elementos para emprender la traducción de los textos mayas. Cabe la posibilidad de que hubiera tenido una corazonada de cuál era su destino y por eso hubiera rescatado la reproducción de Villacorta de los códices mayas y no cualquier otro libro, aparentemente más valioso, de las ruinas de la Biblioteca Nacional.

Además del libro de Villacorta, Knorosov también disponía de una copia de la *Relación de las cosas de Yucatán*, del obispo Landa. Como erudito profundamente interesado en etnología, esto habría sido de gran interés para él, porque contiene detalles sobre las costumbres, la vestimenta, los calendarios y las prácticas religiosas de la preconquista maya de Yucatán. Sin embargo, el libro de Landa, que era una de las joyas redescubiertas por Brasseur de Bourbourg, contiene algo más que mera etnografía y se revelaría como la piedra Rosetta de la mayalogía.

Pocos se atreverían a discrepar de la afirmación de que el libro de Landa es uno de los documentos más importantes con que contamos para entender los sistemas religiosos de los mayas. De hecho, fue este libro el que permitió establecer la correlación Goodman-Martínez-Thompson y fijar el inicio del calendario de cuenta larga de los mayas en el 12 de agosto de 3114 a. J.C., un día más o menos.[2] Más controvertida era una breve sección que escribió Landa sobre el «alfabeto» maya, donde explica cómo formaban sus letras y da ejemplos:

> Usaba también esta gente de ciertos caracteres o letras con los cuales escribían en sus libros sus cosas antiguas y sus ciencias, y con ellas figuras y algunas señales en las figuras, entendían sus cosas y las daban a entender y enseñaban. Hallámosles gran número de libros de estas sus letras, y porque no tenían cosa en que no hubiese superstición y falsedades del demonio, se los quemamos todos, lo cual sentían a maravilla y les daba pena.
>
> De sus letras pondré aquí un a, b, c, que no permite su pesadumbre más, porque usan para todas las aspiraciones de las letras de un carácter, y después, júntanle parte de otro y así viene a hacer *ad infinitum*, como se podrá ver en el siguiente ejemplo. *Le* quiere decir «lazo y cazar con él»; para escribir *le* con sus caracteres, habiéndoles nosotros hecho entender que son dos letras, lo escribían ellos con tres poniendo a la aspiración de la *l*, la vocal *e*, que antes de sí trae, y en esto no yerran aunque usen (otra) *e*, si quieren ellos, por curiosidad. Ejemplo: *e l e l;* después, le pegan la parte junta: 

Ha que quiere decir «agua», porque la *h* tiene *a* antes de sí la ponen ellos al principio con *a*, y al cabo de esta manera: 

También lo escriben por partes, pero de la una y otra manera que no pusiera aquí ni tratara de ello sino por dar cuenta entera de las cosas de esta gente: *Ma in kati* quiere decir «no quiero» y ellos lo escriben por partes de esta manera: 

Síguese su a, b, c:

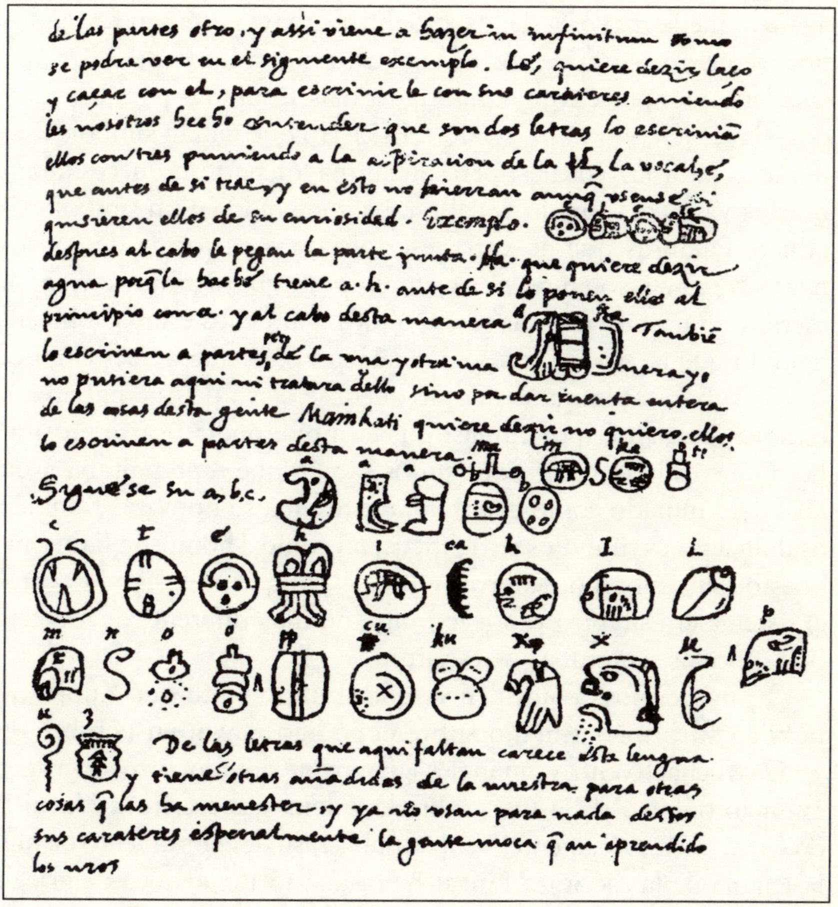

de las partes otro, y assi viene a hazer in infinitum como
se podra ver en el siguiente exemplo. Le, quiere dezir lazo
y caçar con el, para escrivirle con sus caracteres aviendo
les nosotros hecho entender que son dos letras lo escrivian
ellos con tres puniendo a la aspiracion de la h la vocal e,
que antes de si trae, y en esto no hierran aunque usen de
quisieren ellos de su curiosidad. Exemplo.
despues al cabo le pegan la parte junta. Ha que quiere dezir
agua porque la hache tiene a. h. ante de si lo ponen ellos al
principio con a. y al cabo desta manera. Tambien
lo escriven a partes, pero de la una y otra manera
no pusiera aqui ni tratara dello sino por dar cuenta entera
de las cosas desta gente. Ma in kati quiere dezir no quiero. ellos
lo escriven a partes desta manera.
Siguese su a, b, c.
De las letras que aqui faltan carece esta lengua
y tiene otras añadidas de la nuestra para otras
cosas que las ha menester, y ya no usan para nada destos
sus caracteres especialmente la gente moça que an aprendido
los nuestros

> De las letras que aquí faltan carece esta lengua y tiene otras añadidas de la nuestra para otras cosas que las ha menester, y ya no usan para nada de estos sus caracteres, especialmente la gente moza que ha aprendido los nuestros.[3]

Leídas con atención, las palabras de Landa son inequívocas y dan la clave para una correcta traducción de los textos mayas. Knorosov, que tenía una comprensión excepcionalmente amplia de sistemas lingüísticos, reconoció en seguida que el alfabeto de Landa no se componía de consonantes y vocales como nuestro propio alfabeto romano o como el sistema cirílico griego usado en Rusia, sino que, tal como lo dice el propio Landa, era silábico. Knorosov avanzó que la mayoría de los jeroglíficos mayas estaban formados por elementos compuestos de sílabas. Así, en lugar de tener una sola letra «l», por ejemplo, habría formas separadas para los sonidos «la», «le», «li», «lo» y «lu». Es cierto que tenían símbolos separados para las vocales, pero en su mayor parte no necesitaban usarlos ya que el sonido vocal estaba contenido en un símbolo silábico. Palabras que nosotros escribiríamos en forma de consonante-vocal-consonante, por ejemplo *pop*, que significa estera, la escribirían usando dos sílabas: p-o-p(o). Para ellos estaba sobreentendido que la «o» de la segunda sílaba no sonaba al leer el glifo. A veces, para asegurarse de que quedase claro de qué hablaban, también usaban criptogramas; por ejemplo, podía usarse un símbolo de encabezamiento que todos sabían que representaba a un dios determinado como determinante junto a su nombre. También usaban a veces símbolos jeroglíficos, tal como Thompson había supuesto. Sin embargo, Knorosov tuvo claro que en lo fundamental el sistema era silábico y, por lo tanto, no muy diferente de muchas otras formas tempranas de escritura.

Es una curiosa coincidencia que el mismo año que Knorosov publicó su primer trabajo sobre el código maya, en octubre de 1952, Michael Ventris, un inglés igualmente dotado, hizo su primer anuncio público en la BBC sobre la enigmática escritura Lineal-B de Creta. Al año siguiente, Ventris publicó su descubrimiento de que la lengua de la escritura Lineal-B era una forma arcaica de griego que empleaba una escritura silábica. Casualmente, aunque del todo diferente en lo visual de la escritura maya, tal como lo reveló Knorosov, los dos sistemas jeroglíficos funcionaban casi exactamente de la misma manera. Había buenos motivos para esto. La utilización de un silabario en lugar de un alfabeto podría parecer complicada, y en realidad lo es, pero tiene una ventaja indudable. Aunque el escriba necesita saber muchos más signos y símbolos que nosotros con nuestro alfabeto de veintiséis letras, a la hora de escribir palabras podía utilizar un número menor de ellos.

Cuando Knorosov publicó los resultados de su investigación de la escritura maya, tropezó al principio con la oposición de los eruditos ortodoxos, en especial de J. Eric Thompson. En parte se trató de una reacción política hacia un erudito soviético al que se suponía simpatizante del comunismo, pero también era el trasunto de un innegable miedo a lo desconocido. Si se demostraba que estaba acertado en su análisis, eso significaba poner patas arriba toda la mayalogía y hacer redundante gran parte de lo que Thompson pensaba que había conseguido en más de treinta años de estudio. Por desgracia, se trata de una respuesta frecuente de los arqueólogos ortodoxos frente a las ideas nuevas, en especial cuando provienen de fuentes no cualificadas. No obstante, esta postura suele fallar por la base porque al final las nuevas ideas y teorías triunfan sobre las antiguas siempre y cuando estén debidamente fundamentadas. Tal es la naturaleza del progreso y lo que da dinamismo a todas las ciencias, incluso cuando esa ciencia es la arqueología y su campo de investigación son los vestigios de civilizaciones antiguas.

Aunque Thompson y otros de su generación desecharon el trabajo de Knorosov por considerarlo una tontería, otras mentes más jóvenes se mostraron más abiertas. En cuanto sus trabajos se tradujeron al inglés y se aplicaron en Occidente, sus ideas ganaron partidarios. Al principio, los apoyos eran tímidos, ya que los arqueólogos que trabajaban en aquel campo conocían muy bien la influencia que tenían Thompson y su círculo y el efecto potencialmente catastrófico que tendría sobre sus oportunidades de promoción un entusiasmo excesivo. Sin embargo, sus ideas empezaron a concitar apoyos y a arraigar.

Una defensora decidida que aún no había entrado en la palestra fue Tania Proskouriakoff. Ella también era rusa, pero, al igual que Thompson, trabajaba bajo los auspicios de la Carnegie Institution. Aparentemente por lealtad a su colega, no respaldó abiertamente a su compatriota Knorosov hasta después de que Thompson se hubo retirado, pero ya en la década de 1950 empezó a hacer descubrimientos propios. El más importante surgió de un minucioso estudio de estelas en la ciudad maya de Copán.

La opinión reinante por entonces era que representaban a sacerdotes. Proskouriakoff consiguió demostrar que eran gobernantes y que cada colección de esas estelas consignaba las fechas y representaba diferentes etapas en la vida del gobernante: su nacimiento, su mayoría de edad, el ascenso al poder y la muerte. La importancia de este descubrimiento fue la de confirmar lo que Stephen y Catherwood habían propugnado sobre Copán la primera vez que habían visitado el yacimiento un siglo antes. Ellos habían sostenido que las inscripciones no eran meros ornamentos artísticos ni piezas indeterminadas de iconografía religiosa, sino que registraban la historia y los nombres de quienes habían construido la ciudad. Proskouriakoff consiguió demostrar que esto era cierto.

Entonces empezaron a darse cuenta de que reuniendo los descubrimientos de Knorosov y Proskouriakoff tendría que ser posible, una vez identificada la lengua exacta, leer los monumentos de los mayas y recrear su historia perdida.

No obstante, esto no fue más que el comienzo de lo que resultaría el momento más apasionante de la arqueología maya de todos los tiempos. En 1952, el mismo año en que Knorosov publicó su trabajo fundamental sobre los jeroglíficos mayas, Alberto Ruiz, un intrépido arqueólogo mexicano, hizo un descubrimiento realmente extraordinario dentro de la misma pirámide de las Inscripciones que un siglo antes había inspirado tanto a Stephens y Catherwood en su visita a Palenque. Examinando una de las piedras del suelo del templo, se dio cuenta de que había una extraña anomalía. Esta piedra en particular era diferente de todas las demás por cuanto tenía perforados una doble fila de agujeros, cada uno tapado con un taco. Sospechando que pudiera haber algo impor-

Figura 16: Vista frontal del ídolo de piedra de Copán.

Figura 17: Vista posterior del mismo ídolo.

tante oculto debajo, hizo que levantaran la piedra, y cuál no sería su sorpresa cuando descubrió lo que resultó ser una escalera cegada.

Llevó cuatro temporadas de trabajo despejar la escalera de escombros y dejar al descubierto una cámara secreta que había al fondo. En esta cámara había objetos funerarios y los esqueletos de seis adultos que, probablemente, eran víctimas de sacrificios. Esto ya era de por sí un gran descubrimiento, pero ahí no quedó todo. En el muro de la primera cámara, que Ruiz se dio cuenta de que estaba por debajo del nivel de la base de la pirámide, había lo que parecía ser una puerta triangular. Tras retirar todo lo de la primera cámara, Ruiz y sus hombres se pusieron a trabajar y consiguieron abrir la puerta. Al otro lado encontraron una segunda cámara secreta bastante grande, de aproximadamente dos por tres metros. A lo largo de sus paredes había representadas, en relieve al estuco, nueve figuras, todas ellas con atavíos ceremoniales. Sobre el suelo, exactamente como los habían colocado en el momento en que se selló la tumba, había numerosos elementos de interés arqueológico: dos figuras talladas en jade y dos cabezas bellamente moldeadas que representaban a dos hombres jóvenes. Sin embargo, y a pesar de su gran importancia, estos hallazgos eran casi insignificantes comparados con el auténtico tesoro que albergaba la cámara: un enorme sarcófago.

Dicho sarcófago, el más elaborado, con mucho, de todos los que se han encontrado en toda América, resultó contener una rica colección de objetos funerarios. Entre ellos había cuentas de jade, pendientes, collares y anillos. Lo más valioso de todo era una máscara extraordinaria, hecha también de piezas de jade, que cubría el rostro del ocupante del sepulcro. Aunque no quedaba nada de su carne o sus vestimentas, por los artículos encontrados en la tumba se veía claramente que se trataba de alguien importante: un *ahau*, o rey. El esqueleto pertenecía a un hombre excepcionalmente alto, sobre todo por comparación con los modernos mayas.

Más importante aún era la tapa del sarcófago. Mide 3,8 por 2,2 metros, pesa unas cinco toneladas y no es comparable con ninguna otra que se haya descubierto hasta el momento. Su superficie exterior, ricamente tallada, representa lo que pretende ser claramente una escena mitológica. En el centro hay lo que parece ser un hombre extrañamente vestido al pie de un árbol simbólico. El hombre da la impresión de estar cayendo hacia atrás, y el «árbol» tiene el aspecto de una cruz romana, cuyos brazos terminan en lo que parecen dos cabezas de serpiente. Enrollada en el árbol/cruz hay otra aparente serpiente con lo que parecen dos cabezas de dragón, una en cada extremo. Posado en la copa del árbol hay un curioso pájaro de cola bifurcada.

Éste era el apasionante panorama en 1953, el año en que Yuri Knorosov publicó su primer trabajo sobre su método de descodificación de la escritura maya. Fue un momento emocionante para la mayalogía, y aunque Ruiz no se dio cuenta entonces, Palenque seguiría siendo el epicentro de muchos otros descubrimientos. Ruiz hizo públicos sus descubrimientos y casi de inmediato provocaron una gran conmoción. Por el estado de los dientes y los huesos del ocupante del sarcófago, Ruiz calculó que debía de tener unos cuarenta años cuando murió. En cuanto a su identidad, por el momento seguiría siendo un misterio. De forma provisional, basándose en una inscripción que había en la tapa, Ruiz lo llamó «8 Ahau».

Como consecuencia del horror natural que produce el vacío, esto allanó el camino a la aparición de algunas teorías fantásticas. La más famosa fue la que publicó en 1967 un suizo, Erich von Däniken, en el primero y más famoso de sus libros: *¿Carros de los dioses?* En él exponía su teoría de que la Tierra había sido visitada por extraterrestres y que éstos eran los llamados «dioses» del mundo antiguo. Apuntaba a la Tapa de Palenque como evidencia de una de estas visitas ya que, según él, representaba a un hombre del espacio al mando de su nave. Aunque *¿Carros de los dioses?* fue recibido con escepticismo por la comunidad científica, gozó de gran popularidad entre un público ya habituado a la idea de los hombres del espacio y que esperaba con ansiedad el primer aterrizaje lunar. A diferencia de las áridas publicaciones académicas en las que los arqueólogos presentaban sus descubrimientos, llegó a lectores de todo el mundo. Hasta ese momento, la mayor parte de estas personas no había oído hablar jamás de la Tapa de Palenque y

Figura 18: Dibujo de la Tapa de Palenque.

tenía un escaso o nulo interés por la arqueología maya. Fuera lo que fuere lo que se dijera de Von Däniken –y a lo largo de los años se habían dicho cosas bastante malas–, no cabe duda de que *¿Carros de los dioses?* modificó todo eso. De repente, las ciudades en ruinas de los mayas, especialmente Palenque, se convirtieron en populares lugares de visita. No contentos con aceptar sin más la refutación de sus propuestas, todos querían seguir las huellas de Von Däniken y formarse su propia idea sobre los dioses espaciales.

En 1973, casi veinte años después de la publicación del documento fundamental de Knorosov, se celebró en Palenque una importante conferencia que habría de cambiar para siempre el curso de la mayalogía. La llamada Mesa Redonda de Palenque reunió a un grupo sorprendente de personas: artistas, epigrafistas y arqueólogos de todas las edades, aficionados y profesionales. Todos tenían en común su entusiasmo y un deseo de romper las barreras que obstaculizaban la investigación de los mayas. Sobre todo, querían establecer si la metodología de Knorosov realmente funcionaba y, de ser así, si podía aplicarse a la descodificación de muchos textos que cubrían edificios tan famosos como la pirámide de las Inscripciones. Aunque provenientes de campos diferentes y con perspectivas bastante distintas, fue como si todas las personas allí reunidas, muchas de las cuales no se conocían, fueran almas enviadas a la Tierra con la finalidad expresa de revelar la historia secreta de los mayas. Fue tal el impacto de esta conferencia y de las demás reuniones que seguirían a esa Mesa Redonda que no nos resistimos a pensar que los delegados eran mayas reencarnados que habían vivido vidas anteriores como escribas en Palenque. ¿Quién sabe? ¿Podrían haber trabajado juntos antes esculpiendo precisamente los textos que ahora querían descifrar? Habría sido interesante oír lo que Edgar Cayce podría haber dicho sobre esto.

Entre los asistentes había una joven artista llamada Linda Schele. Era profesora adjunta en la Universidad de Mobile, en el sureño estado de Alabama, y en su primera visita a Palenque en 1970 se había enamorado de la ciudad. También asistió Peter Matthews, un licenciado australiano de la Universidad de Calgary, en Canadá. El tutor de Peter allí era David Kelley, un notable erudito que, para disgusto de J. Eric Thompson, era un difusionista convencido y había estado trabajando calladamente sobre las bases sentadas por Knorosov. Bien instruido por Kelley, que no pudo asistir personalmente, Matthews venía pertrechado con un conocimiento enciclopédico de los jeroglíficos y con un libro de notas que contenía todas las fechas jeroglíficas conocidas inscritas en los monumentos de Palenque.

El encuentro de Schele y Matthews fue quizá el más fortuito de la historia de la investigación maya. Trabajando conjuntamente, se pusieron a la tarea de montar una historia dinástica de Palenque, algo que no había sido posible hasta entonces. El resultado de sus esfuerzos fue el primer árbol genealógico de una dinastía de los gobernantes mayas. Usando la metodología de Knorosov, desarrollada y modificada por otros eruditos, se dieron cuenta de que el nombre del hombre enterrado en la tumba no era 8 Ahau como había creído Alberto Ruiz, sino *Pacal*, un nombre que significa escudo. Su título era *Makina*, una palabra que significa gran señor del Sol. Subsiguientes investigaciones revelaron que este rey tenía un hijo llamado *Chan-Bahlum*, o víbora-jaguar, y que su madre era *Zac-Kuk*, o quetzal blanco. Ésta era hija de un Pacal anterior, al que entonces empezaron a referirse como Pacal I para distinguirlo de su nieto, Pacal II, o Pacal el Grande.

Fue un trabajo detectivesco sorprendente, aunque, por desgracia, los enfrentó a los arqueólogos consagrados representados por Alberto Ruiz, que era por entonces el jefe del I.N.A.H. de México, el departamento responsable tanto de la conservación de los monumentos antiguos como de la concesión de licencias para realizar excavaciones. Ruiz seguía empecinado en que el hombre de la tumba, al que seguía llamando 8 Ahau, sólo tenía unos cuarenta años cuando murió, y dio en llamar «fantasiosos» a los nuevos descifradores y en hacer todo lo posible por restar credibilidad a su trabajo.

J. Eric Thompson murió en 1975 y Alberto Ruiz en 1979. Con su desaparición de la escena, no quedaba nadie con estatura suficiente como para frenar la oleada de nuevo pensamiento que estaba cambiando la faz de los estudios mayas. Al cabo de unos años, la lingüística prácticamente había ocupado el lugar de la arqueología de excavación como forma de investigar sobre los mayas. La capacidad para leer y traducir textos jeroglíficos era ahora más importante que cualquier otra cosa. En 1990, Linda Schele y el arqueólogo David Freidel, que tenían conocimientos y habilidades complementarias, publicaron conjuntamente un libro titulado *Una selva de reyes*. Era una obra original, porque si bien las ideas de Schele eran conocidas dentro del estrecho círculo de los especialistas mayas, fue la primera vez que se presentaban con el fin de difundirlas entre el gran público. Lo tenía muy presente cuando, siguiendo adelante con mi viaje, también yo volví a Palenque.

VI

UNA NUEVA VISIÓN DE LA CREACIÓN MAYA

El autobús zigzagueaba por una estrecha carretera que corría entre tierras de pastoreo propiedad de los rancheros locales. La escena que discurría junto a mi ventanilla parecía curiosamente fuera de lugar. A intervalos se veían árboles dispersos. Se parecían mucho a los árboles de hoja caduca de mi tierra: abedules plateados, fresnos, hayas y robles. Ni remotamente lo que yo esperaba ver en las lindes de una selva. También los campos, verdes gracias a las lluvias tropicales, se parecían más a Kent que a Chiapas. Era como si estuviera soñando y en cualquier momento pudiera despertarme en casa, de pie ante un antiguo *pub* o un bonito salón de té.

En ese momento, con una brusquedad sorprendente, las explotaciones agrarias dejaron paso a una auténtica selva y nos encontramos en una oscuridad relativa bajo un dosel más alto que la nave de cualquier catedral. El autobús aparcó junto a la verja que daba acceso a lo que evidentemente era un parque, aunque como se encontraba en la cresta de una pequeña colina, todavía no podíamos ver lo que había al otro lado. A los lados de la carretera, en el trecho que quedaba hasta la verja, había puestos donde se vendían recuerdos: cualquier cosa desde camisetas y vestidos hasta pirámides en miniatura y carteles. Sin embargo, nada de esto llamó mi atención, que estaba fija en un reducido grupo de hombres apiñados justo al lado de la entrada. Iban vestidos de una manera diferente a la de los vendedores de los puestos. Llevaban largas batas blancas que les llegaban casi a los pies. Tenían el pelo negro, largo y suelto sobre la espalda, lo que acentuaba la impresión de que acababan de levantarse de la cama. Eran de baja estatura, piel rojiza y tan delgados que parecían al borde de la desnutrición. De pronto caí en la cuenta de que podían ser los indios lacandones sobre los que había leído en los libros pero hasta entonces no había visto personalmente.

Los lacandones, como los indios de la selva pluvial del Amazonas, todavía habitan en las selvas de Chiapas. Descienden de los antiguos mayas, cuyas ciudades y pirámides tanto nos fascinan hoy en día, y prefieren una vida de subsistencia en la jungla antes que dejarse absorber. Su férrea determinación de mantenerse separados de la corriente principal, de aferrarse a las antiguas costumbres de sus ancestros hacen que tengan gran interés para los turistas y también para los antropólogos. Sin embargo, por una de esas curiosas ironías de la vida, es esta curiosidad bien intencionada lo que hace que su independencia esté más amenazada que nunca. Los pocos dólares que ganan vendiendo chucherías a los turistas los gastan casi totalmente en comprar mercancías en las ciudades locales. Como consecuencia de ello, se van viendo gradualmente atraídos al seno de la economía global. Es posible que a los mayores no les guste, pero ¿quién puede culpar a los jóvenes lacandones si, habiendo visto lo que pueden ofrecerles las ciudades, abandonan la jungla en busca de unos ingresos más regulares? Es éste un dilema al que se enfrentan las comunidades tradicionales de toda América, pero en ningún lugar es más acusado que aquí, en lo que queda de los grandes bosques de Chiapas.

Dejando atrás a los lacandones atravesé la verja. Me encontré entonces en una pradera de hierba áspera bajo la sombra de una gran ceiba. Me embargó la alegría de estar otra vez en Palenque, esta vez más preparado para comprender y apreciar la maravilla que tenía ante los ojos. Frente a la ceiba estaba el edificio más famoso de Palenque: el templo pirámide de las Inscripciones. Como, de hecho, este edificio era la causa principal de mi regreso, sentí un estremecimiento de emoción. En realidad, me pareció incluso más alto e impresionante que en mi última visita. No sabía si se debía a que esta vez tenía menos prisa o a que sabía más sobre él. Fuera lo que fuese, era estupendo estar de vuelta para saborear una vez más la sensación de seguir las huellas de Del Río, John Stephens, Frederick Catherwood, el conde Jean Frederick Waldeck, Alfred Maudsley y todos los grandes pioneros de la mayalogía.

Como es un placer enorme contemplar la pirámide de las Inscripciones, pasé varios minutos a la sombra de la ceiba en muda contemplación. No es difícil descubrir de dónde proviene su atractivo, ya que está claro en las cifras dadas por Stephens sobre las dimensiones del templo: veintiséis metros de ancho por casi ocho metros de fondo. En otras palabras, su anchura representa tres veces su fondo. La proporción de tres a uno es naturalmente armoniosa, y aunque la pirámide es escalonada, su fachada es de forma triangular con una pendiente media uniforme en toda la pirámide de 60°. Cuando fue construida, el techo del templo que hay encima de la pirámide debía llevar alguna clase de «crestería». Ésta debía de ser un enrejado abierto de piedra cuya finalidad principal era dar peso y así estabilizar el techo. Aunque esta cresta ya no existe, como había ejemplos similares en otros edificios de Palenque, no me resultó difícil imaginar el aspecto que tendría. El vértice del triángulo que define la pendiente de los lados es casi seguro que determinaba el peso de la parte superior del techo-crestería actualmente perdido. Este triángulo implícito invisible es la razón principal, a mi entender, de que el edificio resulte tan atractivo a la vista. El hecho de que los antiguos mayas entendieran de proporciones armónicas y las usaran para su provecho es prueba de su inteligencia y de lo avanzado de su civilización.

Abandoné la sombra de la ceiba, caminé hasta la pirámide y subí la escalera de estrechos escalones que lleva desde la base hasta la entrada central del templo. No era nada fácil subir los veinticinco metros, especialmente en las condiciones de calor y humedad imperantes en Palenque. Cuando llegué arriba estaba sin aliento y el sudor hacía que la camisa se me pegara a la espalda. Me paré unos minutos a admirar el panorama y a examinar las tablas de inscripciones que tanto habían impresionado a Stephens y a Catherwood allá por la década de 1840. Sin embargo, no había subido hasta aquí sólo para ver las inscripciones; también quería volver a visitar la tumba de Pacal.

Tras las huellas de Alberto Ruiz, empecé la peligrosa bajada por la resbaladiza escalera. En medio de la oscuridad y con las paredes cubiertas de líquenes, encontré aquello todavía más húmedo de lo que me había parecido en mi visita anterior, unos dos años antes. Como no era mi primera vez, sabía qué me esperaba cuando llegara al fondo, y de hecho tuve la impresión de que no había cambiado nada. Debajo de una reja de hierro cerrada se podía atisbar la tumba y, en el centro de la misma, el gran sarcófago en cuyos laterales estaban talladas otras figuras ricamente adornadas, las que Linda Schele había identificado como los ancestros de Pacal, señor del Sol. Estaba cubierto por lo que es el descubrimiento más importante de la tumba: la famosa tapa. Como ya había estado antes allí, sabía lo que me encontraría. Sin embargo, esta vez, tras haber leído *Una selva de reyes*, sabía mucho más sobre ella.

El contexto habla a las claras de que la Tapa de Palenque tenía como objeto ilustrar las ideas religiosas mayas sobre la muerte y la otra vida. No obstante, sin las claves para descifrarlo, su mensaje más sutil estaba fuera del alcance de sus descubridores. Esto dejaba el campo despejado para que otros llenaran la brecha con sus propias interpretaciones, de las cuales la más famosa era la de los extraterrestres avanzada por Erich von Däniken en *¿Carros de los dioses?* Como ya hemos visto, según él, la figura que aparece en la tapa era un antiguo astronauta a los mandos de una exótica nave espacial. Voces más cautas señalaron que, puesto que los mayas eran básicamente un pueblo de la Edad de Piedra que ni siquiera tenían vehículos con ruedas y mucho menos la tecnología avanzada necesaria para hacer que un viaje espacial fuese siquiera una posibilidad, esto era improbable. Sin embargo, por imposible que fuera la explicación de Von Däniken, despertó la imaginación de la generación de la «era espacial» y su libro *¿Carros de los dioses?* se convirtió en uno de los éxitos de ventas más resonantes de todos los tiempos.

Maurice Cotterell, mi coautor de *Las profecías mayas*, tenía su propia teoría sobre la Tapa de Palenque. Sostenía que la tapa tenía un código secreto –o más bien un número de códigos secretos– que sólo podía apreciarse superponiendo esbozos de la tapa impresos en acetatos transparentes. Si se iban desplazando estos acetatos unos sobre otros, se descubrían imágenes que, según él, revelaban enseñanzas secretas de los mayas. Él creía que la figura humana del centro de la tapa no era un hombre, sino más bien una representación de la versión maya de Calchiuhtlique, la diosa del agua estancada. Sostenía además que el pájaro posado en la copa del árbol era el equivalente maya del dios azteca Ehecatl, que simbolizaba el viento como un aspecto de la Serpiente Emplumada, Quetzalcóatl. Al pie del árbol estaban las figuras que representaban a otros dos dioses aztecas: Tlaloc *(Chaac)*, el dios de la lluvia, y Tonatiuh, el dios del sol. Para él, la tapa, en su conjunto, es el equivalente maya de la piedra calendario azteca. En el momento en que escribimos *Las profecías mayas*, a mí me parecía posible esta interpretación. Ahora que sé bastante más de mayalogía, ya no creo que sea así.[1] En realidad, la verdad es mucho más apasionante.

A la primera Mesa Redonda celebrada en 1973 le siguieron muchas otras que tuvieron lugar, o bien en Palenque, o bien en Estados Unidos. Aplicando la técnica de Knorosov de descifrar los jeroglíficos descomponiéndolos en cifras, los eruditos pudieron, poco a poco, descifrar los complejos textos registrados en la pirámide de las Inscripciones y en otros edificios de Palenque. El resultado de esta extraordinaria colaboración fue una revolución absoluta del pensamiento. Quedó claro que Pacal, o señor del Escudo del Sol, nació el 26 de marzo de 603, subió al trono el 22 de marzo de 615 y murió el 31 de agosto de 683. Las inscripciones de los laterales de su sarcófago dan más detalles sobre sus ancestros hasta ocho generaciones antes. La verdadera tumba de Pacal, proyectada por él mismo pero terminada por su hijo, contiene muchas referencias a su árbol genealógico. Las figuras pintadas al estuco sobre las paredes y alrededor de la propia tumba y que antes se pensaba que eran representaciones de los Nueve Señores de la Noche, eran en realidad los ancestros de Pacal.

Éste es el contexto en el cual tenemos que estudiar ahora las imágenes de la Tapa de Palenque. La figura del centro no es ni uno de los hombres espaciales de Von Däniken ni la diosa del agua de

Cotterell. Las inscripciones dejan bien claro que representa al propio Pacal que, según Schele, está plasmado en el acto de caer en las fauces de la muerte. Un glifo de la tapa dice *och beh*: «entró en el camino». Schele dice que era una referencia a la Vía Láctea, a la que los mayas llamaban *sak beh*, «el camino blanco». Todo esto se apoya en la presencia del árbol en forma de cruz. Este árbol, con sus flores, pretende simbolizar a una ceiba gigante, que para los mayas representaba el Árbol de la Vida. A lo largo de su tronco hay espejos que todavía hoy cuelgan los mayas del equivalente cristiano de la ceiba: sus cruces decoradas. El gran descubrimiento que hizo Schele es que la ceiba tenía, en esencia, un significado cosmológico: había sido puesta ahí por el Primer Padre para sostener el «elevado cielo».

El nombre jeroglífico del enjoyado árbol cubierto de espejos era *wakah-chan*. Estaba escrito con el número seis como prefijo del signo fonético *ah* y el glifo correspondiente a «cielo» por los sonidos de *wak*; la palabra que significa «seis» y *ah* son homófonos de la palabra *wakah* que significa «elevado». El nombre del árbol significaba literalmente «cielo elevado». Los textos clásicos de Palenque nos dicen que el eje central del cosmos se llamaba «cielo elevado» porque el Primer Padre lo había elevado al principio de la creación para separar el cielo de la Tierra. Así pues, cada árbol del mundo era una representación del eje de la creación.[2]

Esta idea de un árbol en el centro del mundo que sostiene el cielo parece haber sido un elemento central de las creencias mayas, pero no es exclusivo de ese pueblo. En realidad, es casi universal. De hecho, muchas creencias mayas sobre las posiciones relativas de la Tierra, el mundo subterráneo y el mundo superior del cielo tienen una curiosa reminiscencia con las creencias germano-nórdicas de la época en que vivió Pacal. En la mitología germana, el árbol situado en el centro del mundo era conocido como *Yggdrasil*, el Fresno Sagrado.

> El padre de todas las cosas moraba en la profundidad y dispuso, y lo que él dispuso sucedió. Entonces creció el fresno Yggdrasil, el árbol del universo, del tiempo y de la vida. Las ramas se extendieron pene-

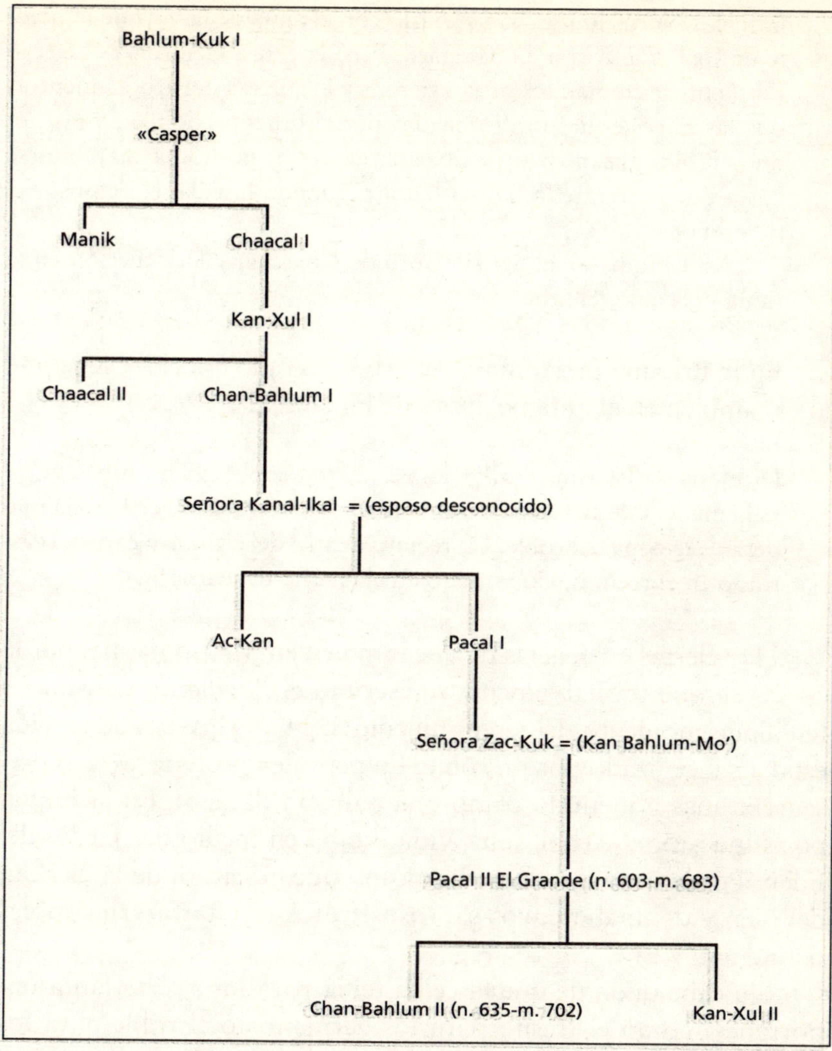

Figura 19: El árbol genealógico de Pacal (según *A Forest of Kings* de Linda Schele).

trando en el cielo. El punto más alto del árbol, *Lärad* (pacificador) extendió su sombra sobre *Walhalla*, la casa de los héroes. Sus tres raíces se hundieron hasta el oscuro *Hel*, hasta Jotunheim, la tierra de los Hrimthursos, y hasta Midgard, el lugar donde moran los hijos de los hombres. El Árbol del Mundo estaba siempre verde porque las fatídicas Norns lo regaban a diario con el agua de la vida de la fuente de Urd, que corría en Midgard. Pero la cabra Heidrun y el ciervo Eikthynir se comían los brotes tiernos y la corteza del árbol, mientras que las raíces eran mordisqueadas por el dragón Nidhögg y por innumerables gusanos: sin embargo, el fresno no podía marchitarse hasta que se librase la última batalla, cuando la vida, el tiempo y el mundo desaparecerían.

Así cantaba el águila su canto de Creación y Destrucción en la rama más alta del árbol.[3]

En la Britania prerromana, el árbol sagrado era el roble, como lo es también en el antiguo *Edda* de Finlandia:

> Dice una de las runas finlandesas: «Largo roble, ancho roble. ¿Qué es la madera de su raíz? Oro es la madera de su raíz. El cielo es la madera de la copa del roble. Un recinto dentro del cielo. Un carnero castrado en el recinto. Un granero en el cuerno del carnero.»[4]

Hay ciertas evidencias de que también en Mesopotamia, por la época en que probablemente se escribió el *Poema de Gilgamesh* (en algún momento del tercer milenio a. J.C.), el Árbol de la Vida estaba simbolizado por un roble. En períodos posteriores se representaba más a menudo como una palmera datilera. En la Biblia, por supuesto, el Árbol de la Vida estaba en medio del Jardín del Edén. Puede o no que fuese lo mismo que el «árbol de la ciencia, del bien y del mal», cuyos sabrosos frutos resultaron irresistibles para Adán y Eva.

No cabe duda de que la ceiba tenía para los mayas tanta importancia como el fresno para los germanos o el roble para los druidas. La importancia cosmológica de la ceiba fue puesta de relieve por el propio J. Eric Thompson: «De la ceiba, que todavía se considera un árbol sagrado, sobreviven muchas leyendas y supersticiones, por más que las antiguas creencias cosmológicas han desaparecido en gran parte bajo el impacto del cristianismo.»[5] Un motivo para el papel destacado de la ceiba, además de su enorme tamaño cuando alcanza su plena madurez, era su importancia económica. La madera se usaba para la construcción de canoas, y sus

Figura 20: Yggdrasil, el Fresno Sagrado.

frutos, que están llenos de fibras algodonosas, se siguen usando para rellenar colchones. La genialidad de Linda Schele fue su capacidad para ver más allá de esas propiedades prácticas, utilitarias, del árbol y llegar a los hechos astronómicos que subyacen a la mitología. La primera clave no se encontró en las inscripciones de las paredes de Palenque, sino en una vieja vasija. En realidad, la cerámica maya resultó ser una fuente clave de información relativa a la mitología de los antiguos mayas.

En 1971 se inauguró en el Grolier Club de Nueva York una exposición de vasijas mayas que fue la primera de su clase. Su objetivo inicial era exponer textos mayas, pero como la mayor parte de éstos están inscritos en bloques de piedra que pesan muchas toneladas, no había posibilidad de encontrar muchos de ellos en Nueva York. La inclusión de cerámica fue una idea de Michael D. Coe, que fue una figura decisiva para cubrir la brecha entre la antigua y la nueva forma de pensar. Como arqueólogo, había trabajado tanto con Thompson como con Morley, pero tenía una mentalidad lo suficientemente abierta como para abarcar la oleada de nuevas ideas representada por el trabajo de Yuri Knorosov y además le unía una gran amistad con los eruditos de la Mesa Redonda. Coe reunió una sorprendente selección de vasijas del Período Clásico, algunas de dudosa procedencia, que fueron prestadas para la ocasión por coleccionistas privados y por anticuarios. Se habían prestado con la condición de que fueran devueltas a sus propietarios al final de la exposición sin hacer preguntas sobre su posible origen. Puesto que lo más probable era que muchas de esas vasijas quedaran ocultas al público una vez terminara, la exposición era tal vez la única oportunidad que tendrían de ser contempladas. En lugar de crear una polémica sobre el tráfico privado de antigüedades, Coe se dio cuenta de que era mejor aprovechar esta oportunidad dorada para registrar la información que contenían en forma de inscripciones jeroglíficas y representaciones pictóricas. Fue así que lo dispuso todo para que un artista sacara copias a rodillo de las mismas. Estos dibujos fueron incluidos en un catálogo de la exposición que se publicó en 1973 con el título *El escriba maya y su mundo*.[6] Coe publicó más libros sobre las vasijas mayas, entre ellos *Lords of the Underworld: Masterpieces of Classic Maya Ceramics* (1978) y *The Hero Twins: Myth and Image* (1989). En 1980, su ilustrador, Justin Kerr, publicó por su cuenta un libro que habría de ser el primero de seis volúmenes.[7] Por otra parte, en 1981 Francis Robicsek y Donald Hales publica-

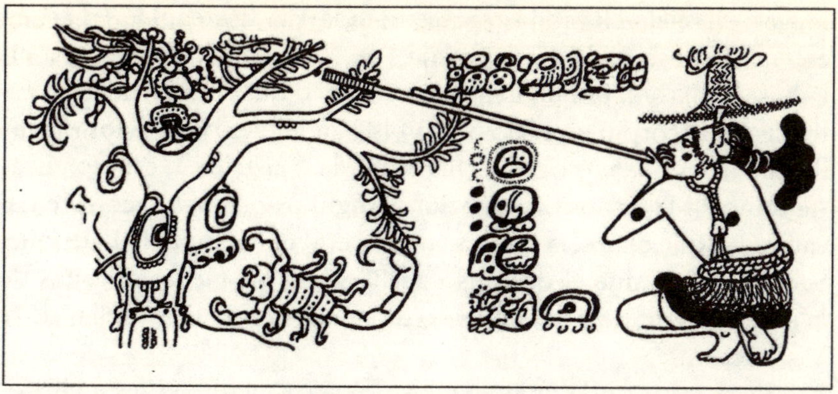

Figura 21: Hunahpu matando un pájaro, con un escorpión junto al árbol.

ron otra obra titulada *The Maya Book of the Dead: The Ceramic Codex*.

Fue así que cuando en noviembre de 1991 Linda Schele y su coautor David Freidel asistieron a una conferencia en Chicago, abundaban libros con fotografías de cerámica maya. Durante la conferencia, Freidel entró en contacto con un epigrafista llamado Bruce Love. Hablaron del *Códice de París* y de las imágenes que contiene de las constelaciones del Zodíaco, entre ellas una que parece un escorpión.[8] Freidel le mencionó esto a Schele y añadió que él recordaba haber visto una imagen de un escorpión en una vasija maya en la que aparecía un hombre que trataba de derribar con una cerbatana un pájaro posado en un árbol.[9] Se preguntaba si ese escorpión podría representar a la misma constelación que conocemos como Escorpio.

Al principio Schele se resistió a aceptar la idea, pero volvió sobre ella más tarde cuando recordó haber visto la constelación de Escorpio situada sobre el conjunto de templos de Palenque conocidos como el grupo de la cruz que quedan al sur de la pirámide de las Inscripciones y consultó un atlas astronómico para ver dónde se encuentra la constelación de Escorpio con respecto a otras constelaciones importantes. Fue entonces cuando hizo un descubrimiento sorprendente. En el mismo momento reparó también en la Vía Láctea. Schele se preguntó si podría ser que el *wakah-chan* de los mayas, el «cielo elevado» representara la Vía Láctea. De ser así, la escena representada en la vasija, de un escorpión colocado en la base del árbol, era un diagrama cósmico que simbolizaba las estrellas de Escorpio en relación con la Vía Láctea. Como los mayas llamaban *sak beh*, o camino blanco, a la Vía Láctea, esto explicaría también la curiosa inscripción jeroglífica *och beh*, «entró en el camino», que aparecía escrita en el lateral de la Tapa de Palenque. Schele razonó que el descenso de Pacal en las fauces abiertas de la muerte significaba el comienzo de su viaje hacia las estrellas de la Vía Láctea.

Siguiendo con la analogía cosmológica, planteó que si el propio árbol simbolizaba la Vía Láctea, entonces sus ramas, que se parecen a los brazos de un crucifijo, podrían representar al ecuador celeste. Enroscada en la parte superior de ese «árbol-cruz», recordando en cierto sentido a la historia de la Biblia en la que Moisés alza una cruz y una serpiente en el desierto, había una serpiente de dos cabezas. Schele sugirió que esto representaba la eclíptica: el camino que sigue el Sol en su recorrido anual por el cielo. Esto también tenía reminiscencias de la mitología europea, donde la eclíptica también se representaba a veces con una serpiente que se mordía la cola.

Schele se dedicó a considerar entonces la forma en que delineaban los mayas el espacio. En el relato del obispo Landa sobre las creencias de los mayas del Yucatán vemos que prestaban gran atención a los cuatro puntos cardinales. Cada dirección era representada con un color particular y se asociaba con su propio dios.

> Entre la muchedumbre de dioses que esta gente había, adoraban cuatro llamados *Bacab* cada uno de ellos. Éstos, decían, eran cuatro hermanos a los cuales puso Dios, cuando creó el mundo, a las cuatro partes de él sustentando el cielo (para que) no cayese. Decían también de estos *bacabes* que escaparon cuando el mundo fue destruido por el diluvio. Ponen a cada uno de éstos otros nombres y señálanle con ellos a la parte del mundo que Dios le tenía puesto teniendo el cielo y aprópianle una de las cuatro letras dominicales a él y a la parte que está [...].

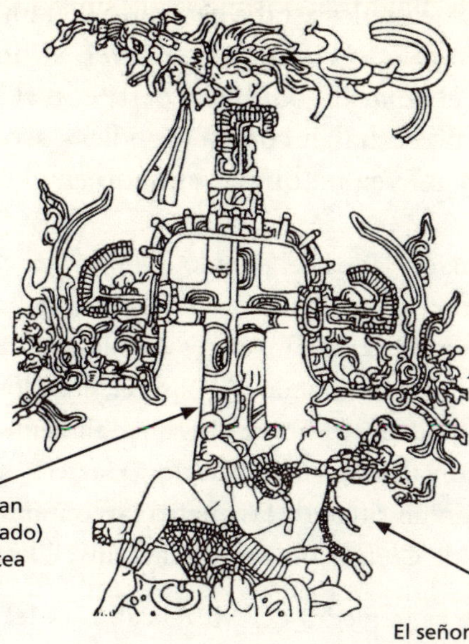

Figura 22: El árbol maya de la vida de la Tapa de Palenque, según definición de Linda Schele.

> La primera, pues, de las letras dominicales es *Kan*. El año que esta letra servía era el agüero del *Bacab*, que por otros nombres llaman *Hobnil*, *Kanabacab*, *Kan-pauahtun*, *Kanxibchac*. A éste señalaban a la parte de medio día. La segunda letra es *Muluc*; señalábanla al oriente y su año era agüero del *Bacab* que llaman *Cansicnal*, *Chacalbacab*, *Chacpauahtun*, *Chacxibchac*. La tercera letra es *Ix*, su año era agüero del *Bacab* que llaman *Zaczini*, *Zacalbacab*, *Zacpauahtun*, *Zacxibebac* y señalábanle a la parte del norte. La cuarta letra es *Cauac*: su año era agüero del *Bacab* que llaman *Hozanek*, *Ekelbacab*, *Ekpauahtun*, *Ekxibchac*; a ésta señalaban a la parte del poniente.[10]

Esta visión cuatripartita, es decir dividida en cuartos, del mundo parece estar extendida por toda Mesoamérica. La misma idea ocupaba un lugar central para los aztecas, tanto para su religión como para sus creencias, como puede verse en varios de sus libros postcoloniales, especialmente el *Códice Borgia*. En la tradición maya, cada uno de los puntos cardinales estaba asociado con un color particular. El este estaba asociado con el rojo *(chac)*, el norte con el blanco *(sak)*, el sur con el amarillo *(kan)* y el oeste con el negro *(ek)*. Según Eric Thompson, podía haber cuatro «árboles» asociados con los puntos cardinales, y tal vez un quinto situado en el centro:

> En cada uno de los cuatro lados del mundo (o tal vez en cada lado de uno de los cielos) había una ceiba sagrada (el árbol del algodón silvestre), conocida como Imix ceiba, y estos árboles también estaban asociados con los colores del mundo. Al parecer, eran los árboles de la abundancia, de los cuales se obtuvo el primer alimento de la especie humana; sus equivalentes en la mitología azteca ayudaban a aguantar los cielos, En un ritual de las cuatro direcciones del mundo que viene en el libro de *Chilam Balam* de Chumalyel, leemos:
>
> > «El pedernal rojo es la piedra del Muzencab rojo [el soportador del cielo que también hacía las veces de dios abeja]. La ceiba roja del monstruo dragón es su pérgola, que está instalada en el este. El árbol bala rojo es su árbol. La sapodilla roja, la vid roja... Rojizos son sus pavos amarillos. Granos rojos tostados son su maíz.»
>
> La rotación de las direcciones sigue este entrecomillado, cada una con deidades asociadas, flora y fauna del color requerido. En cada árbol hay posado un pájaro del color correspondiente. Hay razones para creer que en el centro había un quinto árbol verde.[11]

A esas alturas, convencida de que la cosmología era la clave para entender los extraños símbolos grabados en la tapa, Linda Schele se centró en otros elementos gráficos. El más importante era el pájaro, que aparece posado en la copa del árbol. Como ya he señalado antes, en *Las profecías mayas* Maurice Cotterell lo identificó como el equivalente maya de Ehecatl, el dios azteca del viento y una personificación del dios Quetzalcóatl. Schele tenía una opinión diferente. Ella lo identificó con *Itzam-yeh*, o dios pájaro que aparece en muchos contextos y que simbolizaba el poder mágico

Figura 23: Una típica casa maya (según R. Wauchope, *Modern Maya Houses*).

del alto dios *Itzamna* de los mayas. La palabra *itz* significa sustancia mágica, el equivalente maya de la palabra china *chi*, la palabra india *prana* o la griega *pneuma*. *Itzam* significa chamán o brujo, es decir, alguien que trabaja con *itz*. Itzamna, uno de los altos dioses de los mayas, era un arquetipo de gran brujo. Según Schele, el pájaro *Itzam-yeh* representaba el camino, o espíritu compañero, de Itzamna, más o menos como en el cristianismo la paloma representa al Espíritu Santo, o *pneuma hagion*, la fuerza divina emanada de Dios que dio a Jesús sus poderes curativos. Así, el pájaro posado en el árbol de la tapa de Pacal podría decirse que representa el poder chamánico dominante del dios Itzamna.

No obstante, éste no fue el único pensamiento que le inspiró la cuestión. Schele estaba intrigada por la conexión obvia establecida por los mayas modernos entre su concepción del universo y la estructura de sus casas. Éstas suelen tener forma ovalada y están orientadas hacia los cuatro puntos cardinales.

Dentro de la casa hay siempre un hogar encendido sobre el cual cocinan las mujeres. Éste es el corazón de cualquier casa y consta de tres piedras grandes colocadas formando un triángulo abierto (véase el pliego fotográfico). Schele descubrió que estas tres piedras tenían un equivalente cósmico. Una estela de Quiriguá, una ciudad maya clásica de la franja oriental de lo que es la actual Guatemala, contaba que la creación comenzaba con la colocación de estas tres piedras por los dioses. Una piedra –llamada «Piedra del Trono del Jaguar»– era colocada por dos dioses ancianos que los mayálogos denominan Jaguar Jugador de Pelota y Pastinaca Jugador de Pelota. Una segunda piedra, la «Piedra del Trono de la Culebra», era colocada por un dios llamado *Ek-Na-Chak*. La tercera, la «Piedra del Trono del Nenúfar», era colocada por el propio Itzamna. Consultando la traducción de Dennis Tedlock del *Popol-Vuh*, encontró otra referencia a la colocación de esta piedra. Según las fuentes de Tedlock, las tres piedras del hogar equivalían a las tres estrellas más australes de Orión: Alnitak, Saiph y Ribel. Éstas forman un gran triángulo de forma similar al lar maya que hay en el centro de todas las casas. El vértice de este triángulo es la estrella Alnitak, que es también la más austral de las tres que componen el Cinturón de Orión. Es evidente que los mayas comparaban estas estrellas con la primitiva forma de encender el fuego mediante la frotación de dos maderas. Por debajo de ellas, en el centro de su hogar cósmico, hay un grupo de estrellas al que hoy llamamos la Espada de Orión. En este grupo de estrellas está la M42: la nebulosa Cabeza de Caballo. Vista a través de un poderoso telescopio, esta senda brumosa es uno de los objetos más hermosos del cielo. Actualmente sabemos que esta zona del cielo es una región de formación estelar, pero para los mayas era el fuego humeante situado en el centro de un hogar cósmico.

El mito de la creación de los mayas y su conexión con la constelación de Orión avanzó un paso más cuando otro de los alumnos de Schele le preguntó sobre una posible conexión con un mural de uno de los templos del yacimiento maya clásico de Bonampak. Esto hizo que sus investigaciones tomaran otra dirección. El mural en cuestión, compuesto por las que tal vez sean las pinturas mayas más hermosas que han llegado hasta nosotros, presenta una «escena del juicio» que conmemora una batalla que tuvo lugar el 6 de agosto del 792 de nuestra era. Por encima del propio mural hay

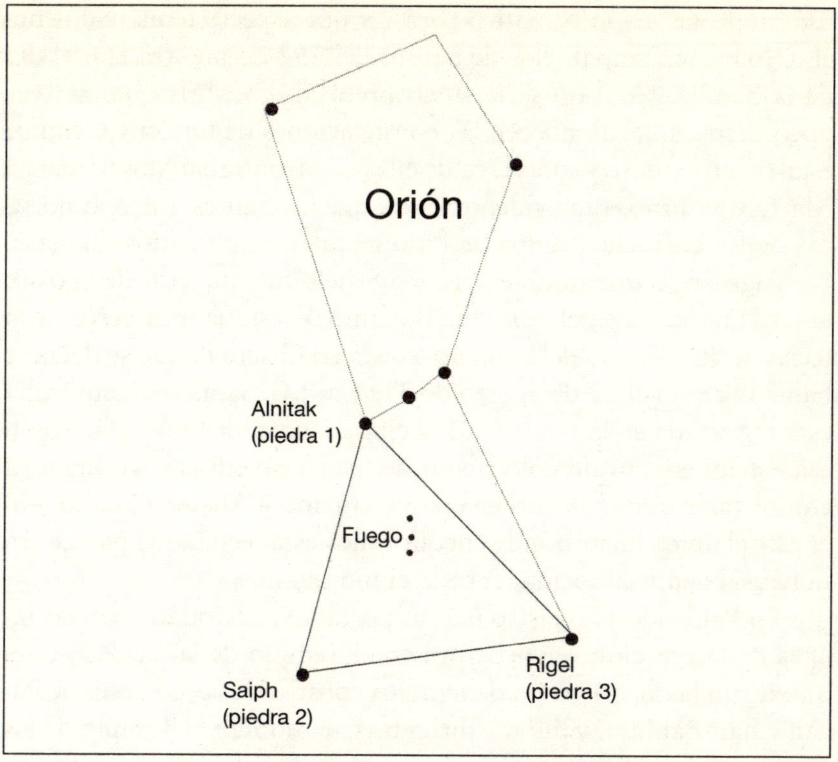

Figura 24: Dibujo de Orión con las estrellas del lar resaltadas.

una fila de enigmáticos cartuchos. El primero de ellos representa a dos pecaríes, o jabalíes americanos, en el acto de copular. El último muestra a una tortuga marina con tres estrellas sobre el caparazón.

Había cierta confusión en los círculos académicos respecto del significado de estos cartuchos. Según algunas fuentes, los pecaríes representaban a la constelación de Géminis, y la tortuga marina al Cinturón de Orión. Otros sostenían lo contrario: que Orión era los pecaríes y Géminis la tortuga marina. En cualquier caso, como Géminis y Orión son constelaciones vecinas, estaba claro para Schele que los cartuchos tenían que ver con esa parte del cielo. Esto le hizo pensar que los dos cartuchos intermedios, que eran antropomórficos, también tenían un significado cosmológico. Se pensó que tal vez fueran dioses estelares. Intrigada por lo que podría encontrar, usó un programa informático para ver qué aspecto tenía realmente el cielo en Bonampak el 6 de agosto del 792 de nuestra era: el día de la batalla. Cuál no sería su sorpresa al descubrir que ese día, poco después del amanecer, las constelaciones de Orión y Géminis estaban en ascenso y que cerca de ellas se encontraban dos planetas: Marte y Saturno. Era evidente, pues, que las figuras antropomórficas de los cartuchos centrales representaban a estos dos planetas.

Algo en lo que también reparó Schele fue que el 6 de agosto, la fecha indicada en el mural de Bonampak, estaba muy cerca de la fecha de aniversario del comienzo de la edad actual, que se decía se había iniciado el 12 de agosto de 3114 a. J.C. Sabía que esta fecha está registrada en la estela C de la ciudad maya de Quiriguá. Según esa estela, el acto de colocación de las tres piedras tuvo lugar al completarse trece baktuns en un día llamado 4 Ahau 8 Cumku. No es éste el único lugar donde encontramos esta fecha, que parece era universalmente conocida en todo el mundo maya.

En Palenque, el registro más importante relacionado con las fechas de la creación se encuentra en el Templo de la Cruz. Éste es uno de un pequeño grupo de templos construidos por el hijo de Pacal, Chan-Bahlum, y allí me dirigí tras abandonar el Templo de las Inscripciones. Al llegar al pie de la pirámide sobre la que se levanta este templo, comprobé aliviado que, aunque se estaba realizando una excavación arqueológica, la estructura principal seguía abierta a los visitantes. La mujer que dirigía la excavación era muy amable y le pregunté qué esperaban encontrar.

–Oh –me contestó–. No estamos muy seguros, pero tenemos la esperanza de descubrir la tumba del propio Chan-Bahlum. Después de todo, en algún sitio tuvieron que enterrarlo, y éste es su edificio más importante. Conmemora su acceso al trono. Por supuesto, podría ser que ni siquiera lo hubieran enterrado en Palenque. Hay pruebas de que fue tomado prisionero durante una guerra con otra de las ciudades-estado. De ser así, es probable que lo hayan mantenido con vida algunos años y entonces, cuando Venus se encontrase en el lugar adecuado, lo hubieran sacrificado ritualmente. Si fue esto lo que sucedió, entonces es poco probable que lo hayan traído de vuelta a Palenque.

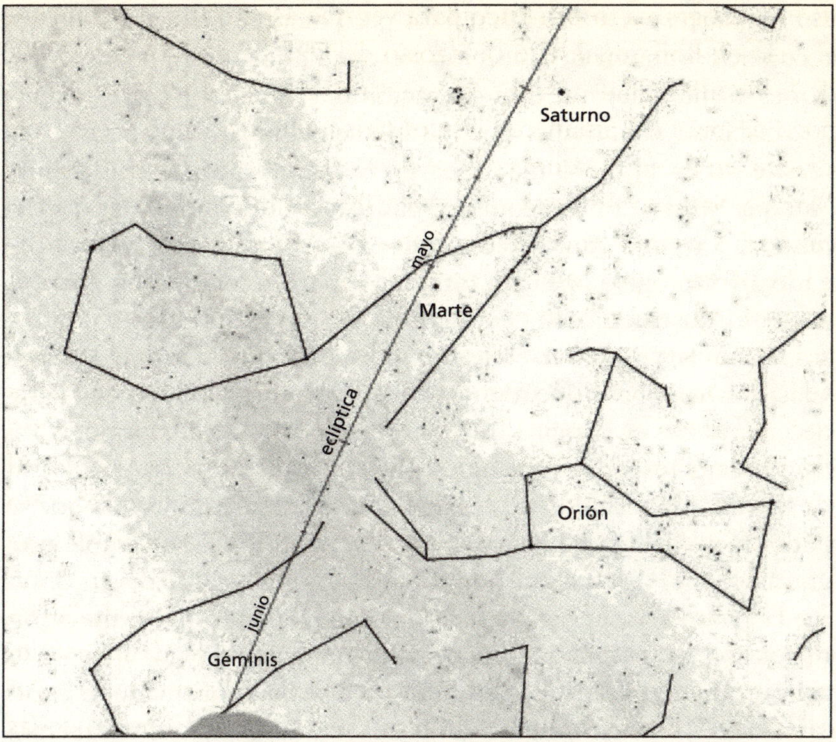

Figura 25: Aspecto que tenía el cielo en el momento del crepúsculo en Bonampak el 6 de agosto de 792 d. J.C.

–¿Qué pasa en aquella otra pirámide, la acordonada que está al lado de la pirámide de las Inscripciones? –pregunté.

–Allí estamos acabando nuestras excavaciones. Resultó apasionante, probablemente el descubrimiento más significativo que haya tenido lugar en Palenque desde el descubrimiento de la tumba de Pacal en 1952. También contiene un enterramiento y un sarcófago, aunque éste no está decorado. No sabemos con total certeza quién era la enterrada allí, pero es indudable que era una mujer. Debía de ser de la realeza para haber merecido semejante entierro. Teniendo en cuenta la fecha probable de la construcción y la proximidad entre su pirámide y la de Pacal, estamos razonablemente seguros de que era su madre: Zac-Kuk. Ya ve, Palenque nos reserva todavía muchas sorpresas. Con un poco de suerte, tal vez encontremos a Chan-Bahlum, pero aunque no sea así, hemos recuperado una gran colección de quemadores de incienso. Eso por sí mismo hace que esta operación haya valido la pena.

Era interesante saber que posiblemente habían encontrado a la madre de Pacal, pero me embargó la piedad por Chan-Bahlum. Aunque no tan famoso como su padre, sin duda fue el más importante de los gobernantes de Palenque desde el punto de vista del legado arqueológico que dejó tras sí. Me pareció un destino horrible para un constructor tan prodigioso el de ser sacrificado en una tierra lejana. Sea o no éste el destino que corrió, lo cual en el Período Clásico no era en modo alguno inusual, tenemos mucho que agradecerle. Él fue el principal responsable de haber transformado Palenque en el tesoro arqueológico que es hoy en día. Porque además de terminar la pirámide de las Inscripciones y asegurarse de que su padre fuese debidamente enterrado, emprendió un admirable programa propio de construcción. La más impresionante de sus obras fue el grupo de templos de la Cruz que, por estar ricamente adornados con textos e imágenes, permite indagar en la vida maya. Fue sobre todo gracias a estos edificios que se ha confirmado la conexión entre la religión maya del Período Clásico y lo que sabemos de textos más tardíos como el *Código de Dresde* y el *Popol-Vuh*.

Dejé que la arqueóloga siguiera con su trabajo y subí las escaleras hasta coronar la pequeña colina en la que se alza el propio templo de la Cruz. Era casi tal como lo recordaba de mi visita anterior, aunque me pareció algo más grande. El interior del templo resultó un grato refugio contra el ardiente sol del exterior. Hice una pausa momentánea para examinar el techo sostenido por ménsulas. Resulta extraño pensar que lleva en pie más de 1 300 años, lo cual significa que es más antiguo que casi cualquier iglesia de Gran Bretaña. Por una puerta de esta cámara exterior se accedía al santuario interior, el sanctasanctórum del edificio. A uno y otro lado de esta entrada había unos relieves casi de tamaño real. El de la izquierda representaba al propio rey Chan-Bahlum, vestido con sus mejores galas. La del otro lado era la figura inconfundible del «dios fumador» al que los mayálogos suelen referirse como dios L.

El dios L se asocia con el reino subterráneo de Xibalba y en cierto modo también presidió el día de la creación de la edad actual: 4 Ahau 8 Cumku. Tanto Chan-Bahlum como «el humeante» miraban hacia adentro, de modo que tuve que atravesar su línea visual para tener acceso al sanctasanctórum. La pared ante la que me encontré estaba dominada por un relieve pictórico mucho más grande flanqueado a ambos lados por paneles cubiertos de textos jeroglíficos. En el relieve de mayor tamaño había una escena que recordaba a la Tapa de Palenque. En ella se veía al rey Chan-Bahlum de pie a la derecha de un árbol que parecía casi una réplica exacta del de la Tapa. A la izquierda del árbol había una figura mucho más pequeña. Estaba vestida con todo el refinamiento propio de un rey y, según Schele, se la podía identificar con el padre de Chan-Bahlum, Pacal.

Dejé atrás el templo de la Cruz y me dirigí el cercano templo de la Cruz Foliada muy similar al otro en su diseño, aunque no tan bien conservado. Tenía también un sanctasanctórum con una gran imagen en relieve y el texto correspondiente. En el centro de la imagen también había un «árbol» con el mismo tipo de pájaro posado encima. Sin embargo, esta vez el árbol no estaba representado como una ceiba sino como una planta de maíz. Las mazorcas de este árbol eran cabezas humanas, una referencia al mito maya según el cual los dioses hicieron a la raza actual de seres humanos de pasta de maíz. También en este caso, Chan-Bahlum y su padre aparecían de pie a ambos lados del árbol, pero esta vez sus posiciones estaban invertidas.

Formando ángulo recto con el templo de la Cruz y directamente frente al templo de la Cruz Foliada, está el tercer edificio del grupo: el templo del Sol. También éste tiene una placa central en un santuario interior, pero presenta diferencias significativas respecto de los otros dos. Mientras que los dos reyes, Chan-Bahlum más grande y Pacal más pequeño, aparecen otra vez a la derecha y a la izquierda, no hay ningún árbol entre ellos. En lugar de eso, en el centro de la escena hay un escudo de guerra con la cara de un dios. Schele identifica a este dios como «GIII», uno del trío de Palenque y considerado generalmente un dios del Sol. Detrás del es-

Figura 26: El Dios Fumador del templo de la Cruz, Palenque.

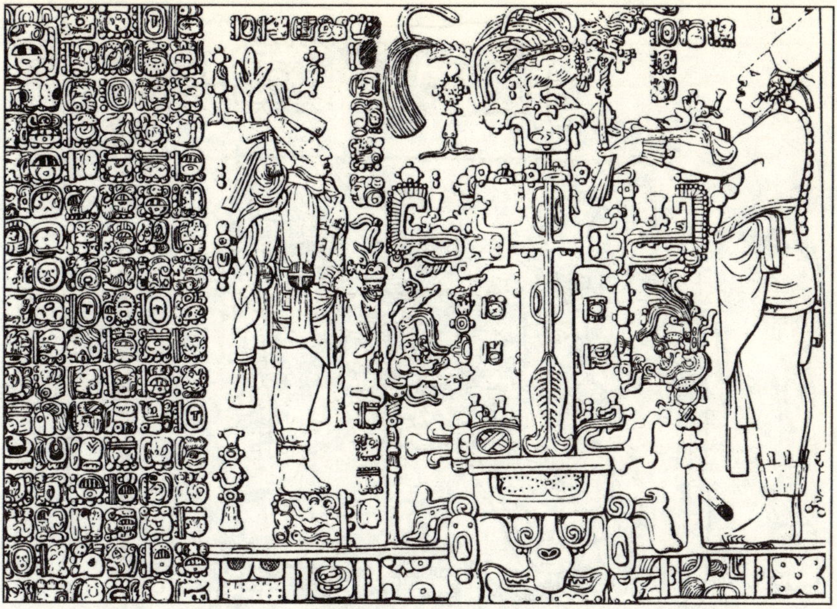

Figura 27: Tablilla de la pared del fondo del templo de la Cruz.

cudo, como las armas expuestas en las paredes del castillo de algún noble escocés, había dos lanzas cruzadas con punta de pedernal. Debajo había un relieve de un trono apoyado sobre las cabezas de dos ancianos reyes. Estaban sentados con las piernas cruzadas y las cabezas inclinadas hacia adelante, y uno de ellos era evidentemente «L», o Itzamna.

Todavía se sigue discutiendo el significado implícito en el simbolismo de las placas contenidas en los tres templos, y los eruditos no se ponen de acuerdo sobre todos los detalles. Sin embargo, la teoría de Schele (aceptada actualmente por la mayoría de los mayálogos) es que fueron construidos por Chan-Bahlum como parte de una campaña de propaganda que pretendía consolidar su posición como *ahau* o rey.

Chan-Bahlum tenía un problema de sucesión por vía paterna. Aunque era sin duda hijo de su padre, Pacal, su abuelo paterno no era de sangre real. Tanto él como Pacal basaban su legitimidad en la línea femenina: la madre de Pacal, Zac-Kuk. Si bien ella era hija

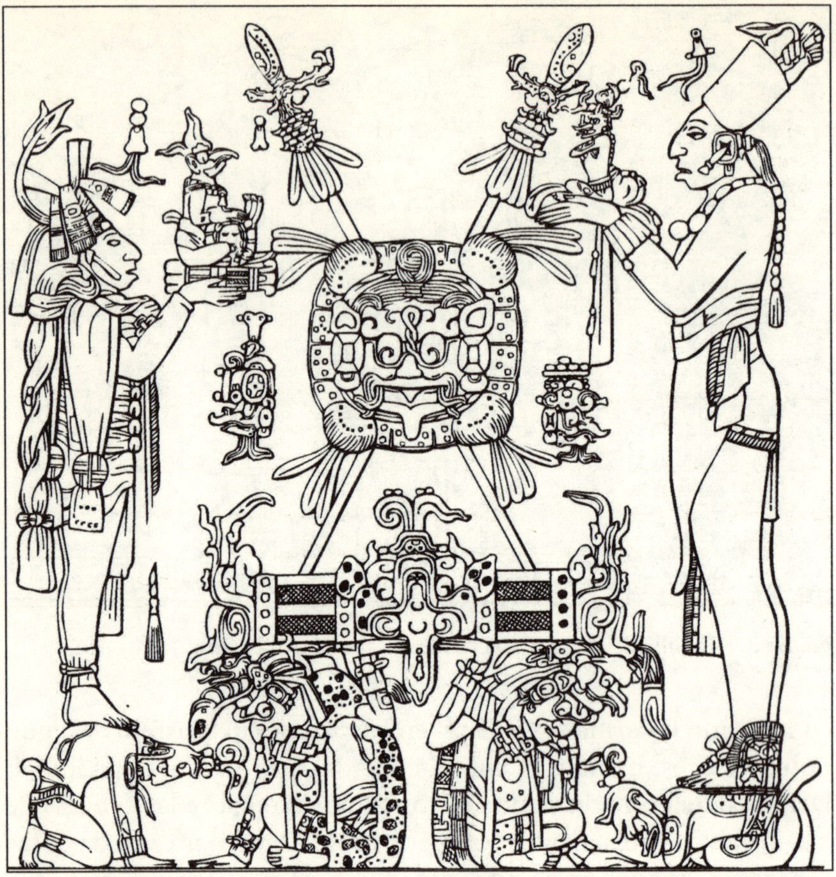

Figura 28: Una placa del templo del Sol (según Del Castillo).

de rey y, a falta de hermanos vivos podía reclamar la legitimidad como reina, no podía decirse lo mismo de su hijo Pacal, porque su padre era de un linaje diferente, no real. Seguramente esto planteó un interrogante sobre su legitimidad como rey, al menos hasta el momento en que se hubo consolidado como gobernante capaz. Es evidente que se habían tomado medidas para acallar la oposición y para asegurar que la sucesión de su propio hijo, Chan-Bahlum, fuese lo más tranquila posible. La forma en que esto se llevó a cabo fue, cuando menos, ingeniosa. Para sortear el problema de la sucesión matrilineal en una sociedad patriarcal, Pacal y Chan vincularon sus pretensiones a la mitología religiosa. Según Schele, las inscripciones de las placas del templo de la Cruz tenían como objetivo presentar a Pacal y a Chan-Bahlum actuando de acuerdo con la voluntad de los dioses.

Las inscripciones nombran a la «Señora Animalillo», la «Primera Madre», como la diosa que dio origen a los mayas y dice que había nacido el 7 de diciembre de 3121 a. J.C. Su consorte, el «Primer Padre», había nacido el año anterior: el 16 de junio de 3122 a. J.C. Unos ocho años después de su nacimiento, el 13 de agosto de 3114 a. J.C., llegó a su fin el decimotercer baktun de la tercera edad y empezó la era actual, la cuarta. Dos años después de esto, el Primer Padre, a quien los estudiosos llaman dios G1, subió al cielo.

Según las inscripciones, a la edad de ochocientos quince años, la Señora Animalillo dio a luz a los tres dioses principales de Palenque: GI, GII y GIII. Chan-Bahlum usó esa historia para ilustrar cómo su propia abuela, la señora Zac-Kuk, que gobernaba como reina de Palenque cuando Pacal era un niño, tuvo una trayectoria paralela a la de la Primera Madre. Siendo así, la legitimidad de Pacal (y por lo tanto la suya) como rey de Palenque no debía cuestionarse. El salto en la línea paterna no hacía sino repetir un prototipo divino.[12]

El hecho de que Schele y los demás miembros de la Mesa Redonda pudieran llegar hasta aquí y traducir con éxito las inscripciones jeroglíficas de las paredes de los templos de Palenque, fue un logro notable. Sin embargo, el trabajo de Schele no se quedó ahí. Igualmente importantes, aunque más controvertidas, fueron sus ideas sobre arqueoastronomía, que, como veremos, dan claves para una comprensión más profunda no sólo de las inscripciones de Palenque, sino también de toda la filosofía de los mayas que dio lugar a sus profecías sobre el fin de los tiempos.

VII

ASTRONOMÍA Y LA MUERTE DE VUCUB CAQUIX

Uno de los descubrimientos más extraordinarios de las últimas décadas ha sido que gran parte de lo que los mayas y otros pueblos centroamericanos registraron en forma de mitos tiene que ver con la astronomía. También en este caso fue Linda Schele, antigua profesora de arte de la Universidad de Austin, la fuerza impulsora de esta línea de investigación. Como hemos visto, Schele, que murió en 1997, formaba parte del selecto grupo de estudiosos que, trabajando juntos en las décadas de 1970 y 1980, consiguieron traducir muchos de los textos dejados por esta civilización perdida. Con ciertas reservas, creo que su trabajo sobre el significado astronómico que subyace a los mitos y rituales mayas fue extraordinario. No sólo parece más próximo al alma de los antiguos mayas, sino que abre paso a una manera totalmente nueva de poner en contexto las profecías mayas sobre el final de la edad.

Schele se dio cuenta de que algunos mitos mayas están representados pictóricamente en paneles de estuco, estelas y cerámicas. Estudiando las costumbres de los mayas modernos y relacionándolas con estas imágenes, pudo demostrar que los mitos descritos a menudo tenían un significado cosmológico. Y no sólo eso. También descubrió que representaban historias que estaban plasmadas en palabras en el *Popol-Vuh*, la gran epopeya de la creación que ha resultado ser una auténtica mina de información sobre las creencias cosmológicas de los antiguos mayas.

Anteriormente se había considerado que el *Popol-Vuh*, traído a Europa por primera vez por Brasseur de Bourbourg en 1857, tenía un origen demasiado reciente para aplicarlo a la comprensión de la era clásica de los mayas. Sin embargo, a medida que se fueron traduciendo más y más textos de los monumentos, ha quedado claro que, lejos de ser una creación moderna, se basa en tradiciones que se remontan al menos a la era clásica (100-900 de nuestra era) y tal vez a mucho antes. Comienza con la historia de cómo los dioses crearon el mundo y a todos los animales. Por desgracia, los animales que habían creado ni siquiera eran capaces de hablar. A su parecer, esto no era satisfactorio, ya que ansiaban un ser que pudiera hablarles y cantar sus alabanzas. En consecuencia, los animales fueron condenados a servir como alimento para su siguiente creación: el hombre. Una vez más, sus dos primeros intentos de crear seres humanos sensibles resultaron fallidos. Los primeros hombres, hechos de barro, se desmoronaron. Los del segundo lote, hechos de madera, eran rígidos, mudos y no tenían memoria de su origen. Sólo en el tercer intento, cuando hicieron hombres de pasta de maíz, tuvieron éxito por fin.

El *Popol-Vuh* pasa a explicar a continuación cómo al final de la tercera edad –la anterior a la aparición de la raza actual de humanos–, una extraña criatura con aspecto de pájaro llamada Vucub Caquix quiso ocupar el lugar del Sol. Siete Guacamayo se jactaba de su majestad y usurpó el papel del Sol como fuente de luz:

> Estaba nublado y el crepúsculo reinaba sobre la faz de la tierra. Todavía no había ningún sol. Sin embargo, había un ser llamado Vucub Caquix que estaba muy pagado de sí mismo.
>
> El cielo y la tierra existían, pero los rostros del sol y de la luna estaban tapados.
>
> Y él [Vucub Caquix] dijo: «Realmente, son claros ejemplos de aquéllos que fueron ahogados, y su naturaleza es la de seres sobrenaturales.
>
> »Ahora seré grande, por encima de todos los seres creados y formados. Yo soy el sol, la luz, la luna –exclamó–; grande es mi esplendor. Por mí, los hombres andarán y conquistarán. Porque mis ojos son de plata, brillantes, resplandecientes como piedras preciosas,

como esmeraldas; mis dientes brillan como piedras perfectas, como la faz del cielo. Mi nariz brilla desde lejos como la luna, mi trono es de plata y la faz de la tierra se ilumina cuando pasa delante de mi trono. Así pues, yo soy la luna, para toda la especie humana. Y así será porque puedo ver muy lejos.»

Así habló Vucub Caquix. Pero él no era realmente el sol; sólo se vanagloriaba de sus plumas y de sus riquezas. Y sólo podía ver hasta el horizonte, y no podía ver todo el mundo.[1]

En una historia relacionada con ésta, la creación de la verdadera raza de seres humanos empieza con la creación de dos pares de «héroes gemelos». El segundo de estos pares, Hunahpu y Xbalanque, humillaron a Vucub Caquix derribándolo de un disparo de su cerbatana de la copa de un frutal en la que estaba posado.

Vucub Caquix tenía un gran árbol nantze y comía sus frutos. A diario iba al árbol y se subía a su copa. Hunahpu y Xbalanque habían visto que esta fruta era su alimento y le tendieron una emboscada al pie del árbol, escondiéndose entre las hojas. Vucub Caquix vino derecho a su alimento de nantzes.

De inmediato fue herido por un disparo de la cerbatana de Hunahpu, que le dio directamente en la mandíbula. Gritando cayó a tierra de cabeza desde la copa del árbol.[2]

Tras ser derribado del árbol, Vucub Caquix sufre de dolor de muelas. Para aliviar el dolor ruega a los gemelos que le saquen los dientes, pero al extraérselos pierde su grandeza. Humillado y sin poder enorgullecerse de su belleza, muere. Su esposa, llamada Chimalmat (una palabra que Tedlock creía que significaba «estrellas escudo») también muere. Les sobreviven sus dos hijos. El mayor de ellos es un gigante llamado Zipacná, cuyo nombre se dice que proviene de un animal mitológico con los rasgos de un cocodrilo. El otro, llamado Cabracán, o terremoto, es un gigante que derriba montañas. Tras haber matado a Vucub Caquix, los jóvenes gemelos tuvieron otras aventuras mientras perseguían a estos dos gigantes. Esto pone fin a la tercera edad y deja el camino abierto para la cuarta: la Edad del Jaguar.

Tras describir la creación de la raza humana en términos generales y la muerte de Vucub Caquix y sus hijos en la transición entre la tercera y la cuarta edad, el *Popol-Vuh* vuelve atrás para explicar cómo nacieron Hunahpu y Xbalanque. La historia empieza con una generación anterior de gemelos llamados –lo cual resulta equívoco– Uno Hunahpu y Siete Hunahpu. Son hijos de una anciana pareja, Xpiyacoc y Xmucane, tan ancianos que más parecen abuelos que padres. La actividad favorita de Uno Hunahpu y Siete Hunahpu es jugar a un juego de pelota. Por desgracia, el ruido que hace su pelota de goma al rebotar en el suelo irrita tanto a los dioses de Xibalba, el mundo subterráneo, que son convocados a presentarse allí. Son engañados y asesinados, y la cabeza de Uno Hunahpu es colgada de un árbol de calabaza. La cabeza es visitada por una joven, la hija de uno de los dioses del submundo que, desobedeciendo las órdenes de su padre, se acerca al árbol para comer su fruto. La cabeza le habla y la joven queda embarazada después de que aquélla le escupa en la mano. Como resultado de esta extraña relación da a luz un par de gemelos: los héroes que más tarde matan a Vucub Caquix. Estos dos, llamados Hunahpu (Uno Señor) y Xbalanque (Pequeño Sol del Jaguar) resultan mucho más listos que su padre y su tío.

A continuación de sus aventuras con Vucub Caquix y sus hijos, los héroes gemelos aceptan un reto de los xibalbanes para jugar también ellos a la pelota. Sin embargo, tal vez porque su propia madre era una xibalbana, son mucho más prudentes que sus predecesores al enfrentarse a estos señores demoníacos. Valiéndose de tretas, superan la serie de pruebas en las que fracasaron su padre y su tío, e incluso ganan el juego de pelota. Sin embargo, lo que los xibalbanes no saben es que ellos tienen un as en la manga: tienen el poder de resucitar después de la muerte. Sabedores de esto, en un momento dado se permiten morir saltando a un horno. Los dioses del submundo, aparentemente victoriosos, están encantados. Muelen los huesos de los gemelos y arrojan la harina resultante, parecida al maíz, a un río. Pero esto no es el final de la historia, ya que, valiéndose de sus poderes mágicos, los gemelos resucitan. A continuación engañan a los jefes de los xibalbanes para que se dejen matar con la promesa de que también ellos van a resucitar, pero una vez muertos abandonan a los dioses en ese estado y no los devuelven a la vida.

Tras haberse librado de los malvados xibalbanes, los gemelos buscan la tumba de su padre. Como les han dicho que el Primer Padre yace enterrado en medio del campo del juego de pelota, usan sus poderes mágicos para volverlo a la vida. Por desgracia, el padre sufre demencia y no puede recordar más que unas cuantas palabras, por lo que tiene que quedarse en el campo del juego de pelota. Sin embargo, es transformado en el dios del maíz, y bajo esta forma será honrado por todas las futuras generaciones de seres humanos. Tras realizar su trabajo, Hunahpu y Xbalanque suben al cielo donde se convierten en señor del Sol y señor de la Luna respectivamente.

Ésta es, en esencia, la historia de la creación de la edad actual tal como se expone en el *Popol-Vuh*. Linda Schele tuvo algunas ideas brillantes sobre el significado cosmológico de estos mitos. Le vinieron a la cabeza después de que David Freidel, en colaboración con quien escribiría su libro más conocido, *Una selva de reyes*, le hiciera aquel comentario al pasar sobre el escorpión junto a un árbol que aparecía en una vasija de cerámica que tal vez representara a la constelación de Escorpio (véase la figura 19). También sugirió que el pájaro tal vez representara a Vucub Caquix,[3] las señales de cuya muerte, al final de la tercera edad, debían interpretarse como una alegoría astronómica.[4]

Tal como hemos visto, inspirada por la observación de Freidel, Schele buscó otras correspondencias que pudieran vincular las imágenes representadas en esta vasija con la astronomía. Aplicando una deducción transversal, conjeturó que si el escorpión de la vasija tenía la finalidad de representar a la constelación de Escorpio, entonces tal vez el árbol en que estaba posado el pájaro representara a la propia Vía Láctea. Esta idea la condujo a un profundo y fructífero estudio de la astronomía de la Vía Láctea, que creía era el trasfondo de muchos de los mitos mayas. Trabajando con mapas del cielo no tardó en descubrir que, en el curso de la noche, la Vía Láctea sufre transformaciones en su posición respecto del horizonte. Su posición en el cielo a cualquier hora del día varía según la estación, pero en mayo, a la hora del crepúsculo, se ve a lo largo de la línea del horizonte, desde donde se va elevando gradualmente a medida que avanza la noche. A medianoche, forma un arco que cruza el cielo y vuelve a formar un anillo alrededor del horizonte al amanecer. Schele empezó a preguntarse entonces si, puesto que la Vía Láctea estaba simbolizada por un árbol, ¿acaso sería la elevación de lo que los mayas llamaban el wakah-chan, o árbol del «cielo elevado» lo que estaba simbolizado en la tapa del sepulcro de Pacal? ¿No podría ser que el árbol que se cierne sobre él mientras aparentemente cae de espaldas en las fauces de la muerte representara a la Vía Láctea, o el camino blanco por el cual haría su viaje al cielo?

Linda Schele estaba convencida de que era así, aunque estas ideas no encajaban muy bien con otras tradiciones relacionadas con el árbol de la vida que ella misma había suscrito anteriormente. Sin embargo, sus ideas coincidían bastante con lo registrado por el primer mayálogo del mundo, el obispo Landa de Yucatán.

El universo cuatripartito de los mayas

En su libro *Relación de las cosas de Yucatán* de 1570, el fraile (y después obispo) Diego de Landa describe en detalle los festivales del Nuevo Año celebrados en el Yucatán en sus tiempos. Éstos guardan un sorprendente parecido con los que celebran todavía hoy los mayas, donde la orientación adecuada de los cuatro cuartos se sigue considerando de la máxima importancia. Linda Schele lo descubrió cuando, en 1989, ella y David Freidel asistieron a una ceremonia maya de la lluvia en Yaxuna, en el corazón del Yucatán. Antes de que pudiera realizarse la ceremonia propiamente dicha, se consideraba necesario que los mayores construyeran un altar de postes y vides. Esta estructura improvisada se orientaba hacia las cuatro direcciones de la brújula, de modo que pudiera tener lugar una invocación adecuada de los dioses de la lluvia. En esencia, la misma filosofía que sustenta la construcción de ese altar maya hoy

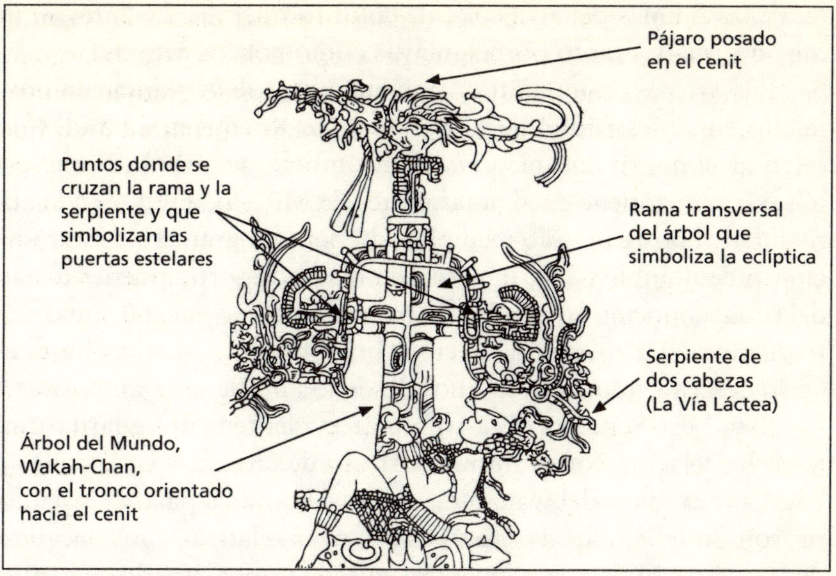

Figura 29: Tapa de Palenque con el árbol del «cielo elevado» interpretado como la Vía Láctea.

en día, se aplicaba en la época clásica a la construcción de templos. Por aquel entonces, los mayas consideraban sumamente importante que las «casas espíritu» se orientaran hacia los cuatro cuartos. De hecho, el obispo Landa nos dice que en los tiempos postclásicos orientaban de esta manera ciudades enteras, reconsagrándolas todos los años con ceremonias especiales. Las cuatro direcciones –norte, sur, este y oeste– se regían por cuatro bacabes, o más bien bacabobes.[5] Los ídolos que los simbolizaban se colocaban junto a las puertas de las ciudades yucatecas, cuyas avenidas principales también estaban orientadas hacia los puntos cardinales.

Otras fuentes nos dicen que los mayas concebían la Tierra como una tortuga marina de dos cabezas que nadaba en el mar del espacio. Según estas fuentes, el bacabob estaba sobre el caparazón de la tortuga marina y aguantaba el dosel del cielo en las esquinas. En el centro del caparazón había un árbol gigante que formaba un eje central. Este árbol se asociaba con el color turquesa o azul verdoso y en él estaba posado el pájaro *kukul*, conocido como quetzal por los aztecas, las plumas de cuya cola, de color turquesa iridiscentes, eran muy apreciadas tanto por los mayas como por los aztecas.

Los aztecas, como antes mencionamos, solían plantar un poste alto en su festividad de Año Nuevo de Xocotlvetzi. La idea de celebrar el nuevo año plantando un símbolo del árbol del mundo todavía se mantiene en algunas partes de México, aunque en la actualidad el poste ha sido reemplazado por una gran cruz. La tradición precolombina está también detrás de la sorprendente danza del ritual conocido como «los aztecas voladores» que, tal como antes hemos descrito, consta de cinco hombres que «vuelan» hasta el suelo describiendo trece círculos desde lo alto de un gran poste.

Esta pervivencia azteca-totonaca evidentemente guarda una estrecha relación con el mismo sustrato de creencias en las que se basa la idea maya del wakah-chan. Los «hombres-pájaro» voladores son un reflejo de las enseñanzas mayas relativas a los bacabob de las cuatro direcciones, mientras que el tambor situado en lo alto del poste es como el kukul o quetzal que se posa sobre el árbol del mundo. Las trece vueltas de las cuerdas también tienen un significado. El número trece era sagrado para todos los pueblos de América Central y genera el ciclo sagrado de doscientos sesenta días conocido por los mayas como el Tzolkin. También es el número de semanas de un trimestre. Como $4 \times 13 = 52$ semanas, el vuelo de los cuatro hombres simboliza un año completo: el tiempo que tardan en pasar las cuatro estaciones. El hecho de volver a ascender a lo alto del poste inaugura el comienzo de un nuevo año, que para los aztecas y los mayas se producía entre mediados de julio y principios de agosto, dependiendo de la latitud en la que vivían.

Es evidente que Linda Schele tenía conocimiento de estas ideas al menos en la época en que ella y David Freidel estaban escribiendo *Una selva de reyes*. En la página sesenta y siete de dicho libro hay un diagrama que muestra el tipo de disposición cuatripartita de los bacabob que había descrito Landa. En el centro de dicho diagrama hay un árbol al que llaman *Wakah-Chan*, «el Árbol del Mundo». Está representado exactamente igual que el del panel central del templo de la Cruz de Palenque. Como en el original, el árbol tiene un elaborado pájaro similar al de la Tapa posado encima. A éste lo llamaban «el pájaro del eje central» (véase la figura 28).

Observando este diagrama se ve claramente que Schele y Freidel originalmente pensaban que el árbol debía verse como si se alzara verticalmente desde el suelo, muy parecido al poste al que subían los muchachos aztecas en el festival de verano de Xocotlvetzi, que, según Bernardino de Sahagún, se celebraba cerca de comienzos de agosto. Sin embargo, cuando Schele escribió *El cosmos maya*, publicado tres años más tarde, en 1993, evidentemente había cambiado su forma de pensar. Habida cuenta de que los mayas dividían el espacio en ocho direcciones –norte, nordeste, este, sureste, sur, suroeste, oeste y noroeste– observó que concebían los cielos como si fueran una casa con ocho particiones y lo llamaban *yotot xaman*, o casa del norte. La dirección norte es, por supuesto, de especial importancia ya que es la dirección del polo en torno al cual parecen dar vueltas las estrellas. Esto llevó a Schele a la conclusión de que el eje de la creación de los mayas –simbolizado por el árbol wakah-chan– no se veía como si estuviera plantado y, por consiguiente, dirigido hacia el cenit, sino más bien apuntando hacia el Polo Norte (véase la figura 29).

Ahora estaba convencida de que el árbol simbolizaba el eje que pasaba por este polo y lo vinculaba al punto del suelo donde tenía

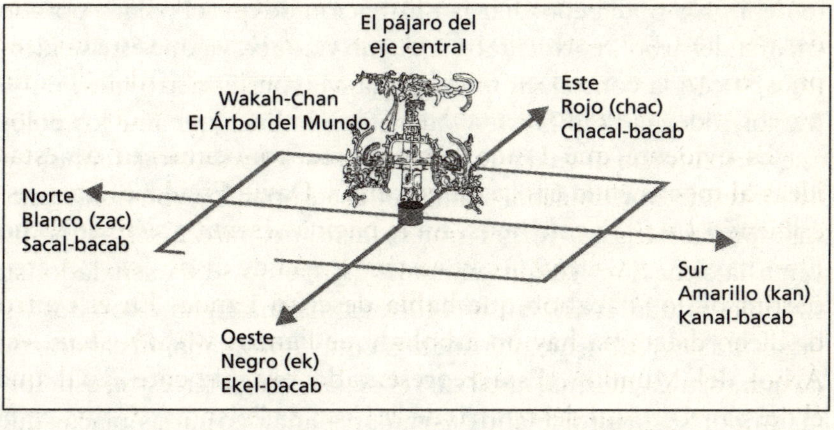

Figura 30: El Árbol del Mundo en el centro de los cuatro bacabob.

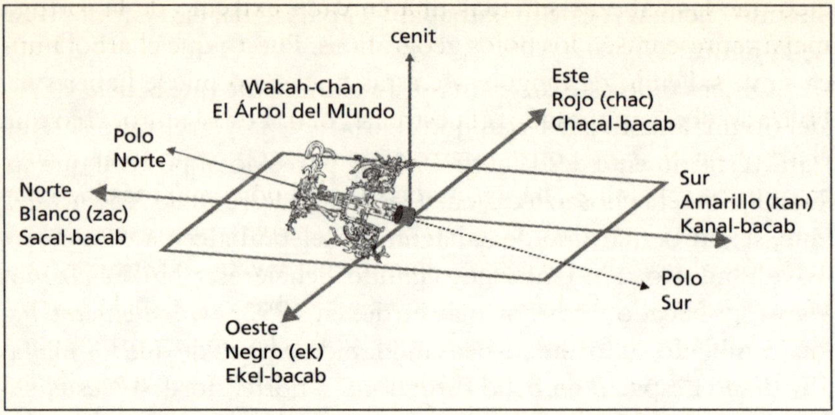

Figura 31: Árbol del «cielo elevado» orientado hacia el Polo Norte.

lugar la ceremonia de «elevar el cielo». Así, de forma que resulta difícil visualizar, ella veía este eje con una inclinación de entre 70° y 74° respecto de la vertical y, por lo tanto, en las latitudes mayas, donde el Polo Norte aparece cerca del horizonte, apenas elevado.

Cuando leí por primera vez sobre la idea de Linda Schele de que el tronco del Árbol del Mundo era un símbolo de la Vía Láctea, esto pareció cobrar sentido. Sin embargo, cuanto más pensaba en esto en relación con su opinión de que el árbol señalaba a la estrella Polar, más patente se me hacía que su argumento tenía un punto débil. No podía conciliar la afirmación de que el pájaro posado encima del árbol representaba a Vucub Caquix, ya que éste se identificaba con la constelación de la Osa Mayor. Es cierto que la Osa Mayor rodea el Polo Norte y que, como la línea que une los polos es el eje en torno al cual gira el mundo, esto podía estar simbolizado en teoría por un árbol similar al usado por los voladores aztecas. Sin embargo, a juzgar por su arte, no parece ser así como veían la situación los antiguos mayas. Como se ha señalado, su símbolo para la Tierra era una tortuga marina gigante con dos cabezas, que es realmente una analogía muy apropiada. El caparazón de una tortuga marina, igual que el de la tortuga terrestre, está formado por segmentos planos irregulares análogos a las placas que forman la corteza terrestre. Siguiendo esta analogía, parece más lógico que las cabezas situadas una en cada extremo de la tortuga maya representasen los polos geográficos. Puesto que el árbol nunca se ve saliendo de ninguna de estas bocas, no puede haber simbolizado el eje apuntando a la estrella Polar. Por lo tanto, creo que el árbol, en medio de otros cuatro alineados con respecto a los cuatro puntos cardinales, no apuntaba hacia el polo sino más bien hacia el cenit. De hecho, no creo que los mayas prestasen mucha atención al Polo Norte celeste. Puesto que vivían en latitudes tropicales, los mayas lo habrían percibido tan bajo en el cielo que sería prácticamente irrelevante. Lo que a ellos les importaba eran los ciclos del Sol, la Luna y los planetas, el ascenso y descenso de las estrellas y, por encima de todo, lo que culminaba en el cenit.

Tampoco tenía sentido la afirmación de Schele de que la Vía Láctea era el «árbol elevado del norte». Debido a la forma en que el plano de nuestra galaxia forma ángulo respecto de la eclíptica, no se eleva –ni se ha elevado nunca– a una posición norte-sur en el cielo. Lo que sucede, en realidad, es que se retuerce de tal modo que en primer lugar una mitad se eleva para formar un arco que va más o menos en dirección sudoeste-noreste y luego, al girar la Tierra, esta mitad se pone y la otra se eleva hasta formar un arco que va en dirección sureste-noroeste. Así pues, vincular el movimiento de la Vía Láctea con el «árbol del mundo del norte» es claramente erróneo, ya sea desde el punto de vista terminológico o astronómico. En cuanto a la Osa Mayor, no ocupa ni ha ocupado jamás la posición del Polo Norte ni sus estrellas forman parte de la Vía Láctea.

Como no podía ver por qué Schele estaba tan convencida de que Vucub Caquix simbolizaba la Osa Mayor, decidí seguir investigando la cuestión. Descubrí que Schele basaba su afirmación en un trabajo atribuido a Dennis Tedlock, el traductor de lo que hoy se considera la edición definitiva en inglés del *Popol-Vuh*. La referencia que daba Schele en una nota al pie en *El cosmos maya* era de la página 360 de la edición de Tedlock de 1985 del *Popol-Vuh*.

Como casualmente lo tenía en mi propia biblioteca, decidí ver por mí mismo lo que tenía que decir al respecto. Resultó que ésta no era precisamente la fuente acreditada que Schele decía. Tedlock admitía que el *Popol-Vuh* no especificaba qué constelación (si la

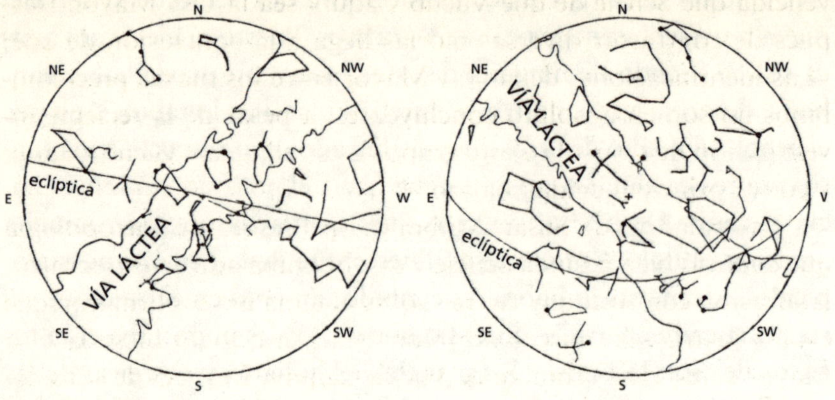

Figura 32: Dos posiciones de la Vía Láctea cuando describe un arco en el cielo.

había) representaba Vucub Caquix. Sin embargo, afirmaba que una de sus fuentes, a la que señalaba con la inicial «A», indicaba que era la Osa Mayor, porque sus estrellas más brillantes (las que conforman la constelación de la Osa Mayor o el Carro) eran siete.

Tras leer esto decidí buscar la identidad de la misteriosa «A» que era la fuente de Tedlock para identificar Vucub Caquix con las estrellas de la Osa Mayor. Resultó ser Miguel Alvarado López, autor de un diccionario médico quiché-español. Como me pareció una fuente bastante endeble para servir de base a toda una teoría de correspondencia arqueoastronómica, decidí ver lo que decían otros sobre la cuestión. Me resultó bastante sorprendente que no hubiera nada sobre la correspondencia entre Vucub Caquix y la Osa Mayor en el ya clásico texto de Aveni sobre astronomía centroamericana, *Observadores del cielo en el México antiguo*. Karle Taube, en su libro *Mitos aztecas y mayas*, narra la historia de Vucub Caquix, pero señala que en las representaciones en cerámica de esta historia el pájaro no es un guacamayo sino más bien una criatura mítica posiblemente basada en un zopilote real. No hace mención alguna de una conexión con la Osa Mayor. Susan Milbraith, cuya obra *Star Gods of the Maya* ofrece un útil compendio de teorías enfrentadas, también cita a Tedlock con respecto a la identidad de Vucub Caquix, aunque ella se muestra menos convencida que Schele de que Vucub Caquix sea la Osa Mayor. Después de contrastar diversas teorías llega a la conclusión de que: «Las identificaciones de la Osa Mayor entre los mayas precolombinos no son en absoluto concluyentes, a pesar de la reciente investigación que vincula a este grupo de estrellas con Vucub Caquix y con la principal deidad pájaro.»[6]

Las palabras de Susan Milbraith –profesora de antropología que conoció bien a Linda Schele y que ha trabajado en estrecha colaboración con Anthony Aveni– sobre el tema me confirmaron que estaba justificado buscar otra constelación que no fuese la Osa Mayor como representante de Vucub Caquix. Después de considerar todas las pruebas, llegué a la conclusión de que el Árbol del Mundo era vertical y señalaba al cenit. Esto significaba que Vucub Caquix debía de posarse en el cenit. Esto tenía sentido, ya que los mayas, al igual que los aztecas, estaban mucho más interesados en el cenit que en el polo y es éste el punto del cielo, situado directamente sobre nuestras cabezas, lo que ellos siguen llamando *y hol gloria*, el agujero de la gloria.

Posteriores indagaciones revelaron que el punto cenital era considerado como una especie de portal a un mundo subterráneo. Era a la vez «el corazón elevado del cielo» *(Wak-chan-ki)* y una especie de canal de nacimiento del que salían cordones umbilicales. Aunque, debido a que el cielo rota, ciertos puntos de la Vía Láctea cruzan este «agujero» del cenit, en Mesoamérica la Osa Mayor (conocida también como el Carro), que ni siquiera está en la Vía Láctea, jamás lo hace. No sólo eso, sino que además esta constelación está muy alejada de la Vía Láctea. Así pues, en mi opinión es difícil imaginar cómo podrían haber visualizado a la Osa Mayor como un pájaro posado sobre el wakah-chan si éste era el equivalente de la Vía Láctea.

Tras una minuciosa consideración de este problema, ahora creo que se trata ni más ni menos que de un encaje erróneo de las piezas en el rompecabezas maya. En cuanto se acepta que originalmente no se identificó a Vucub Caquix con la constelación de la Osa Mayor, entonces las piezas empiezan a encajar debidamente y los problemas se diluyen. Volveré sobre esto en breve.

Había una doble razón para que los mayas estuvieran interesados en el cenit. En primer lugar, para cualquiera que viva en los trópicos es notorio que hay dos días en el año en que el Sol atraviesa este punto a mediodía y que un pilar vertical no proyecta sombra. Cuáles son esos días depende, por supuesto, de la ubicación: cuanto más al norte (y por lo tanto más cerca del trópico de Cáncer), tanto más cerca estarán estos días del solsticio de verano. Sobre el propio trópico de Cáncer, el Sol realiza esta magia sólo un día, el que se corresponde exactamente con el solsticio de verano. A la inversa, en lugares situados en el ecuador, el Sol pasa por el cenit exactamente en los equinoccios. Los territorios mayas se extienden desde aproximadamente 14° 30' N en el sur de Guatemala, hasta 21° N en el extremo septentrional del Yucatán. Es lógico entonces que las diferentes ciudades mayas hayan observado el segundo tránsito solar en distintos días dependiendo de la latitud, entre el 16 de julio y el 13 de agosto.

La astronomía y la caída de Vucub Caquix

El interés por el tránsito por el cenit que tenían los mayas (y otros pueblos tropicales como los aztecas, los zapotecas y los olmecas) no se conjuga bien con la idea de que Vucub Caquix representaba a la Osa Mayor. Tal como afirmé más arriba, ahora creo que esta identificación es errónea. Como hemos visto, el mito fundacional de los aztecas tenía que ver con una visión de un águila luchando con una serpiente. Esta historia que es algo así como una fábula, aparece ilustrada en el *Códice Mendoza*, un libro postcolonial de los primeros tiempos. Aquí se ve a un águila posada encima de un cactus saguaro y una serpiente que trepa por la roca en la que crece. En otro libro, la serpiente aparece colgando del pico del águila. El águila luchando con la serpiente sigue siendo el símbolo primordial de la nación mexicana y en la actualidad ocupa el centro de la bandera de México. Hay una buena razón para ello. Si se examina atentamente la imagen del *Códice Mendoza*, se ve que el cactus es el equivalente azteca del árbol maya de la vida. Aparece enmarcado en un cuadrado dividido en cuatro segmentos. Esto llevaría a pensar que el águila es equiparable al Vucub Caquix de los mayas. Que la historia del derribo de Vucub Caquix no fue un invento de los mayas queda señalado por su presencia en monumentos de Izapa, una ciudad premaya próxima a donde se encontraron las primeras fechas de cuenta larga. El interrogante que se nos plantea ahora es: ¿Qué representaba este pájaro si no simbolizaba a la Osa Mayor?

Una de las cosas de que se acusa a Vucub Caquix es de querer suplantar al Sol. Se vanagloria: «Yo soy grande. Mi lugar es ahora más elevado que el de la creación humana, el del designio humano. Soy su sol y soy su luz y también soy sus meses...» Estas palabras molestaron a los héroes gemelos, quienes vieron el mal en su intento de autoelevación ante el «Corazón del Cielo». Ahora bien, como hemos visto antes, el «Corazón del Cielo» es el punto cenital y no el Polo Norte en torno al cual gira la Osa Mayor. ¿Cuál podría ser entonces el significado de estas palabras?

Encontré una respuesta a esta pregunta consultando mi ordenador, más específicamente un programa llamado *Starry Night* (Noche Estrellada) que es capaz de recrear el aspecto que tendría el cielo durante la cuarta edad de los mayas, es decir, del 3114 a. J.C. hasta el 2012 d. J.C. Teniendo en cuenta el movimiento de las estrellas causado por la precesión de los equinoccios, es capaz de mostrar qué estrellas ascendían y cuáles culminaban en cualquier lugar de la Tierra. Recordando el episodio de Hunahpu dando caza a Vucub Caquix con su cerbatana y cómo Linda Schele había identificado al escorpión representado a menudo con este incidente como la constelación de Escorpio, examiné primero esa parte del cielo. Inmediatamente se me hizo la luz sobre todo ello. Junto a Escorpio está la constelación de Sagitario, el arquero que tal vez representaba a Hunahpu. Siguiendo hacia arriba en el «árbol» de la Vía Láctea, estaba la constelación del Águila. Como el águila azteca, *Aquila* se representa tratando de alcanzar una serpiente: la larga y serpenteante constelación de la Serpiente. Lo más extraordinario de todo era que en la mitología europea el Águila también está agonizante. En realidad ha sido herida por una flecha y en muchos mapas medievales de los cielos la constelación de Sagitta (la

Figura 33: Portada del *Códice Mendoza.*

flecha) aparece atravesándole un ala. En la mitología europea, la flecha es disparada por el héroe Hércules, cuya constelación está próxima y que, como Hunahpu, tiene un héroe gemelo (volveré sobre esto más adelante). La clave, por lo que a mí respecta, es que la esposa de Vucub Caquix se llamaba *Chimalmat*, un nombre que según Tedlock significa «escudo». La identificación que se ha hecho de ella con la Osa Menor parecía inventada para encajar con la idea, errónea a mi parecer, de que Vucub Caquix era la Osa Mayor. Sin embargo, me pareció demasiada coincidencia que en los mapas estelares europeos aparezca, justo debajo del Águila, la constelación de *Scutum* que significa escudo en latín.

Al lado del Águila, y cerca de sus pies, está la cola de la constelación de la Serpiente. Por debajo de ésta, un poco hacia el norte del aguijón de Escorpio, hay otro punto del cielo sumamente significativo. Es el punto en el que la eclíptica, el camino que sigue el Sol, cruza por encima del plano medio de la Vía Láctea. Esta coordenada celestial, a la que me refería en *Las profecías mayas* con la «puerta estelar» meridional, o de Escorpio, es la homóloga de otra puerta estelar y sobre la cual, por su importancia desde el punto de vista de la profecía bíblica, escribí extensamente en mi libro *Señales en el cielo*. Sin embargo, la puerta estelar de Escorpio es también sumamente importante, ya que coincide con el centro mismo de nuestra galaxia.

Tomando en cuenta todas estas cuestiones, me pareció probable que la Tapa de Palenque quisiera mostrar al rey Pacal cayendo de espaldas y a punto de entrar en la otra vida a través de esta puerta. El árbol que se yergue por encima de él representa a la gran ceiba –árbol del mundo– que simbólicamente asciende hasta el punto cenital. Sin embargo, no creo que wakah-chan signifique «cielo elevado», sino más bien «serpiente elevada»: la palabra chan (o *kan/can*) es homófona y tiene un significado dual en las lenguas mayas como «cielo» y «serpiente». Esa «serpiente elevada» no es difícil de encontrar. Es la serpiente que está enroscada en la parte más alta del árbol en la tapa del sarcófago de Pacal y que Linda Schele creyó que representaba la eclíptica (véase la figura 33).

Una vez más me encontré poniendo en tela de juicio su criterio al asociar esta serpiente con la eclíptica. Me parecía mucho más probable que simbolizase a la propia Vía Láctea. Esto explicaría las curiosas nudosidades a lo largo del cuerpo de la serpiente. En otras manifestaciones del arte maya y azteca, esas nudosidades simbolizaban estrellas. Claro que en la eclíptica también hay estrellas, pero en ningún lugar las hay en tal abundancia como en la Vía Láctea. Tenía la impresión de que hacer que la serpiente se mantuviera en lo alto junto al árbol tenía como finalidad reflejar exacta-

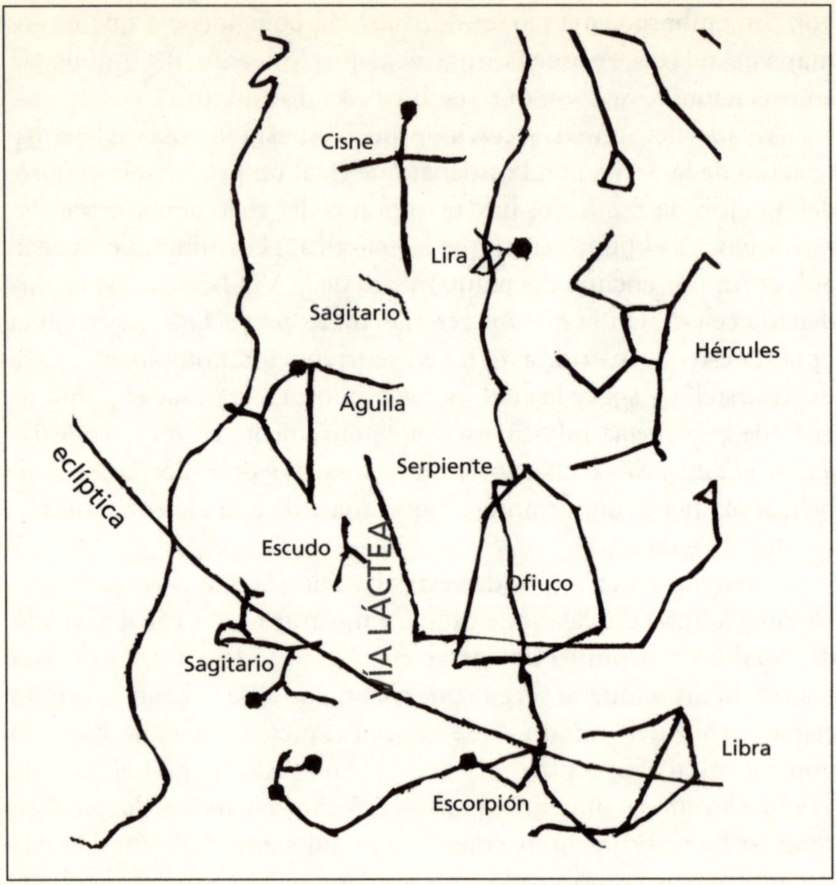

Figura 34: Configuración astronómica de parte del cielo con el Águila, la Serpiente, Sagitario, etc.

mente el momento en que la Vía Láctea atraviesa el cielo y pasa por el cenit. De ser así, las dos «cabezas de dragón» en las que termina la serpiente podrían simbolizar las puertas estelares: es decir, las posiciones en el cielo donde la eclíptica se une con la Vía Láctea. No obstante, esto no quiere decir que la eclíptica no fuera importante para los mayas. Es evidente que lo era. Sin embargo, creo que está simbolizada por el crucero del árbol que es en sí mismo una barra en forma de serpiente de dos cabezas. Los estudiosos creen que las barras en forma de serpientes de dos cabezas, que con frecuencia aparecen representadas en bajorrelieves y esculturas, simbolizan la eclíptica. Formaban parte de los atributos reales, más o menos como el cetro es símbolo de la realeza en Europa. Siendo así, las dos cabezas de serpiente de los extremos de estas barras muy probablemente representaban las posiciones sobre la Eclíptica en las cuales el Sol transita el cenit.

Estas ideas me llevaron a retocar sutilmente el diagrama de Schele, volviendo a colocar el árbol de pie para que pudiera aguantar la Vía Láctea mientras el Águila (Vucub Caquix) cruzaba el cenit. Por lo que respecta a mi interpretación del dibujo de la vasija, el pájaro representa claramente al Águila, y las ramas extendidas del árbol (no el tronco) tal vez simbolicen la Vía Láctea. El escorpión que está en la base sí es Escorpio, mientras que la figura de Hunahpu posiblemente sea el Sol en Sagitario.

Para poner a prueba esta hipótesis decidí mirar cuándo y dónde estaban transitando el cenit las estrellas del Águila en el momento en que los mayas creían que había empezado la edad actual: 3114 a. J.C. Esto no es difícil de hacer, ya que el *Popol-Vuh* dice que al comienzo de la edad actual la gente se reunió en la oscuridad en un lugar llamado *Tulun Zuyua* o Siete Cuevas, Siete Caños. La ubicación de Tulun ha sido muy discutida en el pasado, pero al parecer hay pocas dudas de que, al menos en los tiempos clásicos, en toda Mesoamérica se creía que era Teotihuacán. Ésta era la ciudad más grande de América, tenía una red de siete cuevas ocultas tras su pirámide de mayor tamaño y, como una Jerusalén centroamericana, atraía a peregrinos de todas partes.

Aceptando por el momento la premisa de que Teotihuacán era la Tulun Zuyua original, preparé mi programa informático para que me mostrara cómo habían estado las estrellas en 3114 a. J.C. en ese lugar. A continuación usé el programa para «mover» el cielo hora por hora y minuto por minuto. Descubrí sorprendido que el 12 de agosto, el día inicial del ciclo actual, el «ala herida» de la constelación del Águila, la superior, se habría visto pasando por el cenit justo después de la puesta del Sol. La hubiera seguido casi inmediatamente la pequeña constelación de Sagitario –la flecha– que en la mitología occidental es disparada por Hércules al Águila.

Figura 35: Árbol y serpiente como la Vía Láctea alzados en el cenit.

Esto podría equipararse al disparo de cerbatana de Hunahpu contra Vucub Caquix. O sea que, de una manera muy gráfica, las estrellas encima de Teotihuacán contaban el mismo mito que el *Popol-Vuh*: que nuestra edad actual empezó con el desplazamiento del Águila desde su posición «usurpada» de tránsito por el cenit.

Intrigado por este descubrimiento, a continuación usé el mismo programa para ver cuándo la constelación del Águila empezaba a transitar el cenit. Descubrí que su estrella más meridional, *Theta Aquilae*, que corresponde a la cabeza del pájaro, estaba transitando el cenit alrededor del 7395 a. J.C., es decir, 4281 años antes de 3114 a. J.C. Esto coincidía bastante con la narración azteca contenida en el *Vatico Latin Codex*, que dice que la edad anterior duró 4081 años.

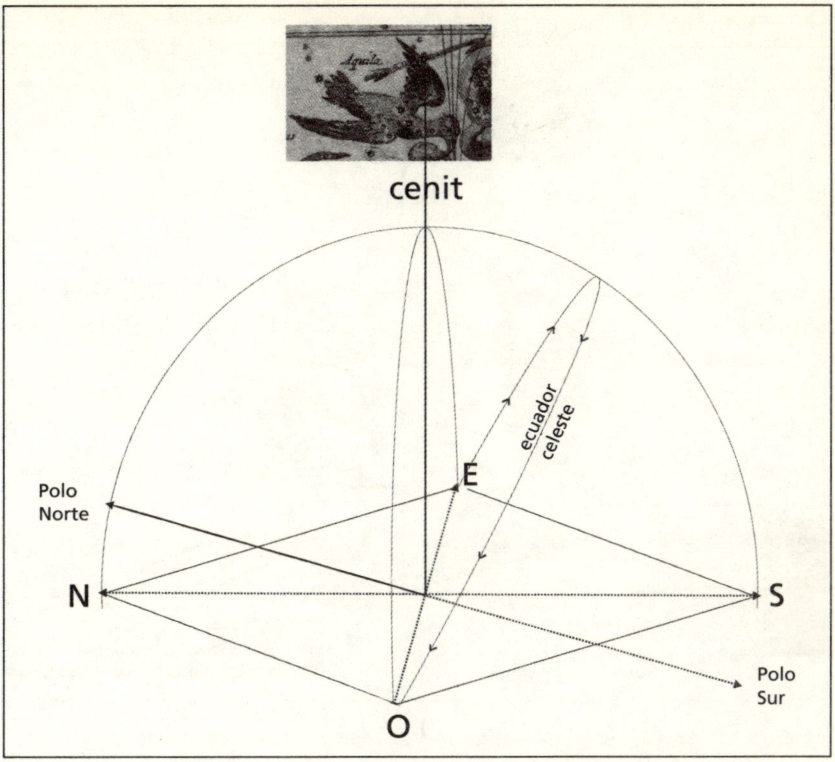

Figura 36: Ala herida del Águila transitando por el cenit en 3114 a. J.C.

Lo que parecía decir todo esto es que la tercera edad –la previa a la nuestra– correspondía al período en el que el Águila estaba transitando el cenit por encima de Teotihuacán. Misteriosamente, no se trataba sólo de que gente de una época muy posterior recordaba aparentemente que Teotihuacán era un lugar de suma importancia, sino que tanto los mitos mayas como los aztecas vinculaban sus cimientos con una deidad pájaro a la que reconoceríamos representada por la constelación del Águila. Sin embargo, aquí no acababa todo en lo que respecta al calendario, al cenit y a Teotihuacán. Todavía me quedaba por descubrir que había más astronomía que conectaba el mito de los hijos de Vucub Caquix con la destrucción de Teotihuacán en el siglo VIII de nuestra era.

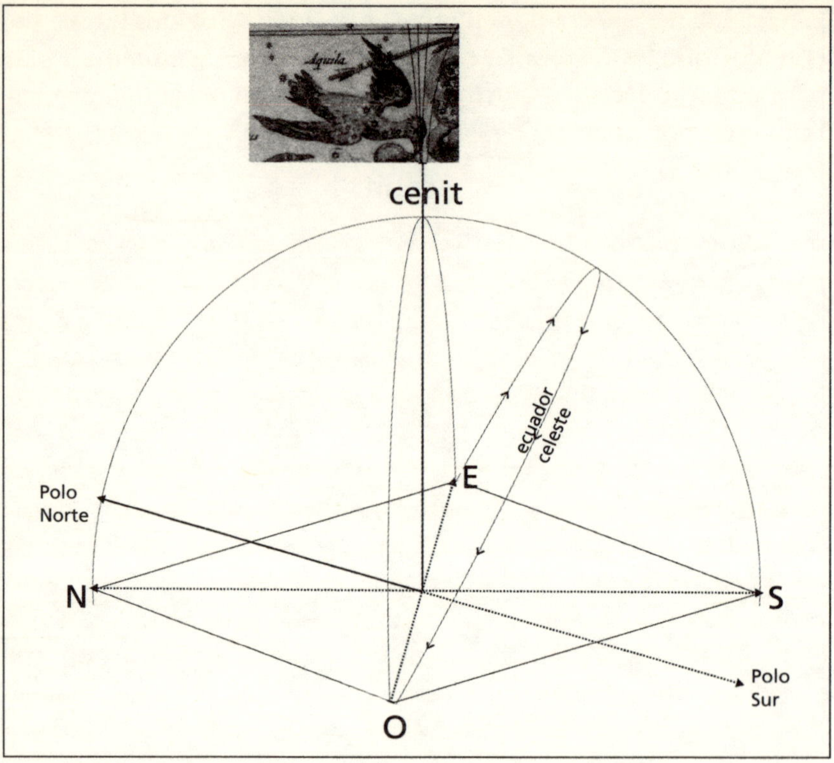

Figura 37: Cabeza del Águila transitando por el cenit en 7395 a. J.C.

Los hijos de Vucub Caquix y el cenit de Teotihuacán

La historia de Vucub Caquix no acaba con su muerte. Deja tras de sí dos hijos, Zipacná y Cabracán, que corren sus propias aventuras antes de morir finalmente a manos de los héroes gemelos. El mayor de los dos es Zipacná, un gigante con forma de cocodrilo que recorre el mundo y que, al menos en sus comienzos, trata de hacer el bien. Al igual que su padre, está lleno de orgullo y afirma que es un hacedor de montañas. Sus aventuras comienzan cuando, sentado en la costa, ve a un grupo de cuatrocientos muchachos que arrastran un madero que pretenden usar como dintel en una casa que están construyendo. Al ver el esfuerzo que les cuesta moverlo,

Zipacná lo transporta por ellos hasta la aldea. Movidos tal vez por el temor que les inspira su fuerza, los muchachos urden un plan para matarlo. Deciden que lo mejor es atraerlo hacia una trampa. Empiezan por cavar un agujero en el cual se va a enterrar el pilar central de la casa, y a continuación lo convencen de que se meta dentro para cavar aún más hondo. Su plan consiste en dejar caer sobre él el gran tronco de árbol que van a usar como pilar. Pero Zipacná no es tan tonto. En lugar de cavar hacia abajo, excava hacia un lado creando un espacio donde meterse. Es así que cuando los muchachos dejan caer el tronco, evita ser aplastado haciéndose a un lado. Creyendo haber matado a Zipacná, los jóvenes organizan una fiesta para consagrar su nueva casa. Zipacná espera en el agujero hasta que están todos borrachos y entonces levanta el palo. La casa se derrumba y mueren todos y sus almas van al grupo de estrellas de las Pléyades.

En un momento dado, Zipacná es derrotado por los héroes gemelos Hunahpu y Xbalanque. Enterados de que el cangrejo es su alimento favorito, le preparan una trampa. Primero hacen un cangrejo falso con algunas flores de bromelia y una piedra. Lo esconden en una cueva en la profundidad de un barranco y convencen a Zipacná para que vaya a por él. Éste así lo hace y queda atrapado en la cueva transformándose en roca. Dejándolo allí, se dedican a su hermano menor que, como el resto de su familia, tiene un concepto exagerado de su propia importancia. Mientras que Zipacná se jactaba de poder crear montañas, Cabracán afirma que puede derribarlas. Los gemelos matan unos pájaros con sus cerbatanas y hacen fuego con dos palos. Asan uno de los pájaros para Cabracán, recubriéndolo muy bien con tierra. Éste se lo come, pero el recubrimiento de tierra lo despoja de su fuerza. Aprovechándose de su estado de debilidad, los gemelos lo atan de pies y manos y lo entierran en el suelo. Esto pone fin a la dinastía de Vucub Caquix y deja el camino expedito para el nacimiento de una nueva edad.

Al leer esto tuve la certeza de que en cierto modo se trataba de una parábola, es decir una historia que trataba de explicar otro descubrimiento sumamente extraño. La historia de cómo Zipacná, un ser gigantesco parecido a un cocodrilo, fue convertido en piedra, podría tener una explicación muy simple. En México se han encontrado muchos fósiles del cretácico, entre ellos el albertosaurio, un pariente cercano del más famoso *Tiranosauros rex*. Sabemos que al menos algunos de los primeros mayas vivían en cavernas. Por ejemplo, las cuevas de piedra caliza de Loltun (cerca de Labna, en el Yucatán) son muy extensas y se sabe que han sido ocupadas por los humanos desde por lo menos el 2000 a. J.C. y es posible que mucho antes.[7] Estas cuevas, y muchas otras en Yucatán, son el resultado de la erosión causada por ríos subterráneos. Del mismo modo que se han encontrado los huesos del mamut lanudo en Loltun, no es imposible que los antiguos mayas dieran con otros fósiles. Algunos de éstos podrían haber pertenecido al cretácico, cuando se estaban formando las rocas calizas donde están excavadas estas cuevas. Dependiendo del estado de conservación, si encontraron los huesos de un albertosaurio, los mayas podrían haber llegado a la acertada conclusión de que, pese a ser tan gigantesco como era, pertenecía a la familia del cocodrilo. Semejante descubrimiento habría dado lugar a la historia de los héroes gemelos que llevaron a Zipacná con engaños a una cueva y lo convirtieron en piedra.

Curiosamente, aunque la historia de Hunahpu y Xbalanque atrapando a monstruosos saurios es un mito, el papel que desempeñó México en la extinción masiva de dinosaurios no lo es. Actualmente se cree que dicha extinción fue causada por el impacto de un asteroide en la península de Yucatán hace unos 65 millones de años. Éste fue realmente el final de una era –la de los dinosaurios– y el comienzo de otra, la de los mamíferos. Llama la atención que si bien es poco probable que los mayas supieran que la desaparición de los dinosaurios se había producido hacía tanto tiempo, dieron en el clavo al identificar la extinción de criaturas con aspecto de cocodrilos con el fin de toda una era. Además, la vinculación familiar entre Zipacná y criaturas con aspecto de pájaros con dientes (Vucub Caquix) también pertenece a la era de los dinosaurios. En la actualidad no hay ningún pájaro que tenga dientes, pero se han encontrado en México huesos de pterodáctilos, dinosaurios voladores. ¿No podría ser que una memoria intuitiva de estos gigantes del aire diera lugar a la historia de Vucub Caquix? O también ¿podría ser que haya habido un «mundo perdido» mexicano en el que los seres humanos primitivos se enfrentaran a los pterodáctilos y los derribaran de los árboles? Esto parece improbable, especialmente porque el impacto del asteroide que se piensa causó la extinción de los dinosaurios se produjo allí cerca, en el Yucatán. Sin embargo, aunque me parece más probable que los mayas construyeran su mitología para explicar los huesos de dinosaurios desaparecidos y no las de los vivos, no podemos desechar del todo la posibilidad de un contacto. Aunque es posible que nunca conozcamos con seguridad la respuesta, la humildad nos exige mantener una mentalidad abierta con respecto a esta posibilidad. Tal vez los dinosaurios no se hubieran extinguido del todo en el 3114 a. J.C., cuando los mayas afirman que empezó nuestra edad actual. Eso al menos podría explicar la fascinación que ejercen los dragones sobre culturas tanto orientales como occidentales. Después de todo, se parecen mucho a los dinosaurios, y algunos incluso vuelan.

Dejando a un lado estas disquisiciones, yo era consciente de que en la historia de Zipacná podía haber algo más que un recuerdo racial de conflicto humano con el último de los dinosaurios. Puesto que la historia de Vucub Caquix evidentemente tenía un significado relacionado con la astronomía, estaba casi seguro de que lo mismo era aplicable a la de Zipacná. La historia es muy interesante desde el punto de vista de la astronomía cenital. Según Schele y otros eruditos, además de su descripción en función del árbol del «cielo elevado», o wakah-chan, la Vía Láctea también se visualizaba como un cocodrilo gigante invertido. Esta versión de la Vía Láctea como un cocodrilo aparece en la última página del más famoso de los códices mayas: el *Códice de Dresde*.

Aquí aparece la Vía Láctea, con signos planetarios en el cuerpo, vertiendo a su paso la inundación que destruyó la última edad del hombre. Las «fauces» abiertas de ese cocodrilo eran equiparadas por los mayas con la oscura grieta del centro de nuestra galaxia, donde la luz de las estrellas se ve oscurecida por nubes de polvo. Esta región se extiende hacia arriba desde las proximidades de Sagitario, pasando la Serpiente y el Águila para terminar junto a

Deneb, la estrella más septentrional del Cisne. El cocodrilo invertido se refiere, pues, a la misma región del espacio que aparece señalada en el incidente de la cerbatana.

Otra clave para saber lo que está sucediendo es que los aztecas identificaban el comienzo de la edad actual con un sacrificio hecho por sus dioses en Teotihuacán. Está perfectamente establecido hoy en día que el Camino de los Muertos, la avenida principal de Teotihuacán, tenía una conexión metafísica con la Vía Láctea. El que la recorría emulaba el viaje del alma que recorre el camino sembrado de estrellas que conduce a las puertas del renacimiento. Sin embargo, saber que la Vía Láctea también era concebida como un cocodrilo gigante, implica que el Camino de los Dioses también representaba el cuerpo postrado de éste.

Frente a esto, también debemos tener en cuenta que esta avenida que atraviesa el centro de la ciudad está alineada con el volcán extinguido Cerro Gordo, y que en modo alguno es un reflejo de la Vía Láctea. En realidad, según Anthony Aveni, el eje este-oeste (perpendicular a la avenida) estaba alineado hacia el punto en que se ponían las Pléyades. Aveni afirma que este grupo de estrellas se elevaba heliacalmente (es decir que hacía su aparición justo antes del amanecer tras un período de invisibilidad) el día que el Sol hacía su primer tránsito cenital del año.[8] Ahora bien, puede que esto haya sido así en algún momento de la historia de la ciudad, pero en el 100 a. J.C., la fecha asignada por los arqueólogos a su fundación, la diferencia entre la salida de las Pléyades y la del Sol es de aproximadamente una hora y tres cuartos. Incluso aceptando que el Sol ilumina el cielo del amanecer antes de salir, esta diferencia parece grande. Con el paso de los siglos, la demora entre la salida de las Pléyades y la del propio Sol se debe de haber acortado. Aproximadamente en 750 d. J.C., cuando la ciudad fue abandonada, debe de haber sido sólo de alrededor de una hora y diez minutos. Para el lego, esto significa que si las Pléyades hacían realmente su primera aparición al amanecer en Teotihuacán el día del primer tránsito solar, no habrían hecho lo mismo cuando la ciudad fue abandonada en el año 750 de nuestra era. A la inversa, si salían heliacalmente en esa fecha, no lo harían en el 100 a. J.C., cuando

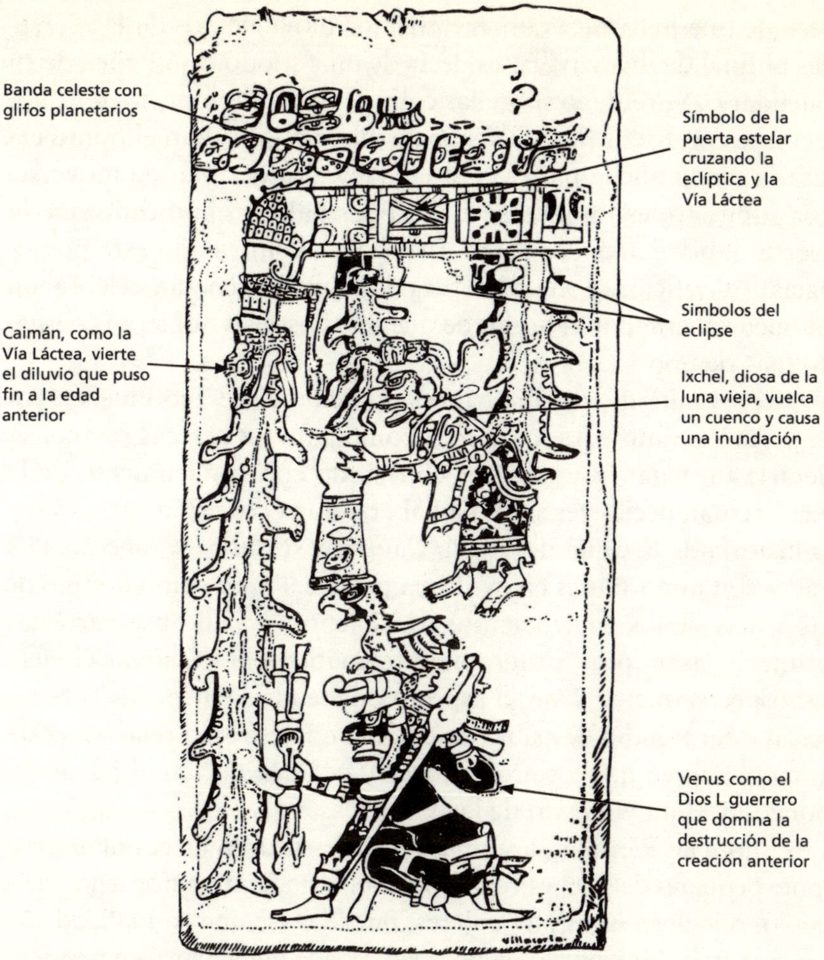

Figura 38: El diluvio en la última página del *Códice de Dresde*.

la ciudad fue construida. De todos modos, esto debe de haber sido motivo de desasosiego para los sacerdotes astrónomos de la ciudad, y sospecho que puede haber tenido algo que ver con el abandono de la misma. También creo que el movimiento de las Pléyades guarda una estrecha relación con la historia que aparece en el *Popol-Vuh* sobre Zipacná y los cuatrocientos muchachos.

Tal como hemos visto, fray Bernardino de Sahagún, el cronista español de las tradiciones mexicanas, dejó constancia en sus libros de que los aztecas observaban los movimientos de las Pléyades al final de una gavilla, es decir de un período de 52 años de su calendario. Se reunían sobre las colinas un día de comienzos de noviembre con todos los fuegos apagados y observaban el punto cenital a medianoche para ver si las Pléyades dejaban de moverse. Por supuesto, eso nunca sucedía, pues habría significado que la Tierra había dejado de rotar. Tras haber confirmado este punto, hacían sacrificios, encendían fuegos y, por lo general, celebraban su buena suerte por el hecho de que los dioses les hubieran otorgado más tiempo.

Consciente de que la abandonada ciudad de Teotihuacán era importante tanto para los mayas como para los aztecas por considerarla un lugar íntimamente conectado con el nacimiento de la edad actual, decidí ver si podía haber alguna conexión entre esto y la historia de la caída de Vucub Caquix y sus hijos. Como las Pléyades son importantes en la última parte del mito como destino de las almas de los cuatrocientos muchachos, decidí observar éstas primero. Usando un programa informático para rastrear el cielo retrospectivamente y ver el aspecto que tendría en épocas anteriores, me sorprendió descubrir que había una estrecha relación entre el momento en que los arqueólogos dicen que la ciudad fue abandonada y el movimiento de las Pléyades.

Ahora las Pléyades, a simple vista, constituyen un conjunto bastante pequeño de siete estrellas. Sin embargo, con un pequeño telescopio, o incluso unos binoculares, puede verse que en realidad son muchas más. Hay por lo menos cien, puede que incluso cuatrocientas: una por cada uno de los muchachos. A pesar de todo, es un grupo muy compacto que abarca apenas un par de grados en cualquier dirección. Consultándolo en el ordenador, pude comprobar que durante el período comprendido aproximadamente entre el 725 y el 850 de nuestra era, se habría visto a las Pléyades atravesando el punto cenital, correspondiendo la primera fecha al tránsito de Maia, la más septentrional de las estrellas brillantes, y la última al de Merope, la más meridional. Así pues, una fecha media del 800 d. J.C. se correspondería con el tránsito del centro del grupo. El tránsito completo del grupo de estrellas sólo duraría cuatro minutos.

Ahora bien, el período entre el 725 y el 800 de nuestra era es muy interesante, ya que los arqueólogos afirman que por entonces fue abandonada Teotihuacán. Como no tenemos constancia escrita sobre el motivo, se supone que fue por razones pragmáticas como una guerra, un desastre medioambiental, una revolución o tal vez una combinación de todos esos factores. Sea lo que sea, parece que alrededor del 750, cuando las Pléyades estaban empezando a transitar el cenit sobre Teotihuacán, la ciudad, que ya estaba en decadencia, fue ritualmente quemada. Los arqueólogos no tienen claro por qué se hizo, pero yo creo que basta con que examinemos las testimonios mayas y aztecas para entender el porqué. Sabemos que contaban el tiempo en ciclos de 52 años de duración. Al final de uno de esos períodos solían quemar los muebles, destruir las vasijas y renovar las pirámides. ¿No podría ser que los teotihuacanos hicieran lo mismo?

Ahora bien, aunque esto no es más que una conjetura, me parece que es una posibilidad. Sabemos por las crónicas coloniales que el último festival azteca del fuego tuvo lugar en noviembre de 1507. Si contamos hacia atrás catorce ciclos llegamos a una fecha del 727 d. J.C. Si la medianoche del 20 de noviembre de ese año los teotihuacanos miraron hacia arriba, vieron Taygeta, una de las estrellas menos brillantes de las Pléyades, transitando el cenit. En ese momento, los teotihuacanos contemplaron la Vía Láctea formando un arco que cruzaba el cielo de sureste a noroeste. En el horizonte occidental estaría el extremo superior del espacio negro que marcaba la boca del cocodrilo. Nos encontramos representado en el cielo el escenario de Zipacná, con la boca abierta, desapareciendo dentro de la Tierra mientras el árbol del mundo se alza sobre un poste en cuyo punto más alto están los cuatrocientos muchachos de las Pléyades. Por lo tanto, esta disposición astronómica visible explica perfectamente la historia del *Popol-Vuh*.

Que las Pléyades transitaran exactamente por el cenit era algo que no había sucedido nunca antes en Teotihuacán. Sin embargo, sabemos que las Pléyades ya eran un grupo de estrellas importante por lo que respecta a los teotihuacanos pues cuando construyeron la pirámide del Sol, la estructura más grande de la ciudad, lo hicie-

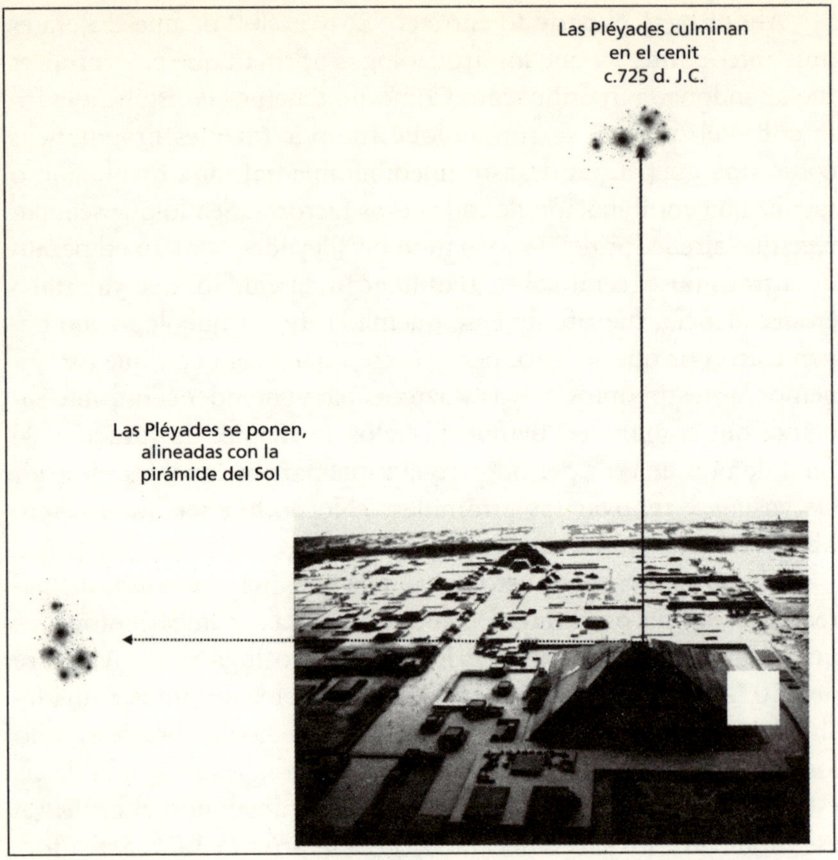

Figura 39: Tránsito por el cenit de las Pléyades sobre Teotihuacán.

ron de frente al punto en que se ponía este grupo. Verla transitar por el cenit en lugar de salir heliacalmente con el Sol el día del primer tránsito cenital solar habrá sido un augurio importante para ellos, y tal vez ése fue el motivo de que destruyesen la ciudad con el fuego. A continuación, enterraron lo que quedaba de su ciudad y se trasladaron a otra parte. Este escenario que ahora considero verdadero no nos aclara por qué había llegado a tener tanta importancia la ciudad.

La razón por la cual Teotihuacán fue tan importante es uno de los grandes enigmas de la historia. Sin embargo, reuniendo los anales aztecas y mayas, creo que podemos encontrar una respuesta a este misterio y empezar a entender su significado. Teotihuacán llegó a su máximo de población –unos 200 000 habitantes– alrededor del 600-700 d. J.C. y tuvo una importancia considerable tanto para los mayas como para los aztecas posteriores. Sin embargo, aunque los arqueólogos nos dicen que las principales plazas, pirámides y avenidas fueron construidas aproximadamente entre el 100 a. J.C. y el 300 d. J.C., los mayas sin duda creían que el lugar era mucho más antiguo. Más adelante trataré de encontrar pruebas de que esto realmente es verdad.

VIII

VIAJES DESDE EL ESTE

Tras haber dejado atrás el valle de México, me encontré una vez más en un avión, flotando por encima de las nubes. Una hora después aterrizábamos en Villahermosa, una de las ciudades de México de más rápido crecimiento y capital de su floreciente industria petrolífera. Sin embargo, esto no era atractivo suficiente para visitar una caricatura de la moderna América urbana. Yo tenía una razón para estar allí totalmente diferente de la de la mayoría de los demás pasajeros, casi todos en viaje de negocios: iba a visitar un parque.

En compañía de otros miembros del grupo de excursionistas dejé el hotel y me dirigí a pie hacia lo que a primera vista parece ni más ni menos que un zoo bastante anticuado. Ya había estado allí antes, de modo que sabía lo que nos esperaba, pero para los demás miembros del grupo fue una sorpresa. Al otro lado de los tornos había jaulas de pájaros, algunas de ellas tan grandes que se podía entrar y pasear por ellas. En estas jaulas había aves tropicales, entre ellas un par de quetzales exóticos, el pájaro sagrado de los mayas.

El hábitat natural de estas aves, que tienen aproximadamente el tamaño de una paloma, son las selvas cubiertas de nubes situadas a grandes altitudes. Desgraciadamente, como la mayor parte de su hábitat ha sido talado en los últimos años, el número de quetzales ha disminuido muchísimo y es raro verlos en la actualidad en México fuera de los parques zoológicos. Es una suerte que queden bastantes en las junglas relativamente vírgenes de El Salvador, pero aun así, no son fáciles de ver a menos que se sepa lo que hay que buscar. Aunque tienen un plumaje iridiscente, están perfectamente adaptados a vivir como moradores del bosque y tienden a fusionarse con el medio. Como suele suceder entre los pájaros, el macho es más vistoso. Con su pecho rojo y el lomo verde-turquesa, resulta todo un espectáculo. Su característica más distintiva es un par de plumas en la cola de unos sesenta centímetros de largo que ondean en el aire mientras vuelan. Como muchos pájaros, los quetzales hacen sus nidos en los árboles, y el macho y la hembra se turnan para incubar los huevos, aunque son tan largas las plumas de la cola del macho que no puede recogerlas dentro del nido. Cuando se mete en el nido las deja colgando fuera del agujero hecho en el árbol, y a todas luces parecen hojas de helecho. Para desgracia del quetzal, no todos se dejan engañar, y mucho menos los mayas, para quienes estas plumas eran muy preciadas. Las usaban en sus vestimentas ceremoniales y más tarde eran objeto de comercio con los aztecas. En la actualidad se puede ver en el Museo Británico una corona azteca hecha con las plumas de docenas de quetzales que es casi seguro se trata de la que Moctezuma le regaló a Cortés.

No tuvimos suerte, ya que los quetzales debían de estar dormidos el día de nuestra visita, de modo que tuvimos que conformarnos con las cacatúas. Dejando atrás su ruidosa cháchara, me dirigí a un estanque donde había tortugas de agua dulce y a otro bajo cuya cenagosa superficie flotaban pequeños caimanes. El olor que despedían no era muy agradable y debe de ser todavía peor en pleno verano. Tampoco olía nada bien otra jaula cercana. Allí había un jaguar viejo y venido a menos con un aspecto muy deslucido. Evidentemente desquiciado por el encierro en una jaula que no debía de medir más de seis por seis metros, parecía un veterano de guerra afectado por las bombas de la batalla de Verdún, y no hacía más que mover la cabeza de un lado a otro. Me dio pena, sobre todo porque su grave situación era, en cierto sentido, emblemática de la del antiguo México que yo había venido a ver. Si hay una criatura representativa de los ideales de la antigua civilización maya, ésa es el jaguar. Como símbolo de realeza, las pieles de jaguar se usaban para los mantos de los sacerdotes y para cubrir los tronos en los que se sentaban sus reyes. El dios jaguar estaba relacionado con el Sol y con la Luna y era considerado un protector de las dinastías reales. Los jaguares vivos, al igual que los leones en África, eran tratados con respeto, como criaturas imbuidas de un poder divino. Qué lejos parecía todo aquello de la situación de ese viejo felino, encerrado en una jaula diminuta para que los turistas lo admiraran boquiabiertos.

Dejamos al jaguar y, avergonzados del trato que los seres humanos siguen dando a la vida salvaje, abandonamos el zoo para buscar inspiración en la parte del parque a la que debe su nombre. Aquí, colocados a intervalos estratégicos a lo largo de una senda abierta en la jungla, hay una colección peculiar de esculturas. Provienen de La Venta, una de las tres ciudades principales del mundo olmeca, que se cree que se remonta a alrededor del 1000 a. J.C. Por desgracia, los olmecas construyeron su ciudad encima de lo que ha resultado ser un campo petrolífero sumamente productivo. El descubrimiento de este petróleo en la década de 1970 puso en peligro los restos de La Venta. Sin embargo, no todos estaban ciegos a la importancia cultural de lo que corría el riesgo de perderse para siempre. Fue así que alrededor de 31 esculturas fueron sacadas de la ciudad y trasladadas a su actual santuario en el Parque Museo de La Venta de Villahermosa.

La vista de estas esculturas despertó en mí emociones encontradas: tristeza por no poder verlas en su contexto adecuado, pero al mismo tiempo alegría de que las hubieran salvado de la destrucción colocándolas en un parque y no en un museo. Al menos aquí era posible admirarlas en un medio algo parecido al original, en un medio que simulaba la selva. Atravesando la verja recorrí el pequeño sendero que llevaba a un conjunto de lajas basálticas que formaban la cabeza de un jaguar. Es probable que en tiempos de los olmecas sirviera como espacio sagrado para la iniciación en el culto del jaguar. Era una lástima que aquí, en el parque, la presencia de cientos de turistas la despojaran de toda sensación de misterio. Aunque interesante desde un punto de vista arqueológico, era difícil en medio de los *flashes* de tantas cámaras imaginar qué rituales podrían celebrarse sobre estas piedras hace más de 2 000 años.

Cerca de allí había lo que a primera vista parecía una pequeña cabaña de troncos. Sólo al acercarse se notaba que los «troncos» de los que estaba construida no eran en absoluto de madera sino que en realidad eran cilindros hexagonales de basalto solidificado. Como cada uno de ellos pesaba varias toneladas, era evidente que este edificio, que al parecer había hecho las veces de tumba, representaba todo un logro. El empleo de un material de construcción tan sólido no sólo lo hacía prácticamente indestructible sino que además resultaba casi inexpugnable para los ladrones de tumbas, tanto animales como humanos.

Un poco más adelante me encontré con la primera de varias cabezas gigantescas. Se han encontrado por lo menos diecisiete de estas cabezas, entre ellas dos que se conservan ahora en el Museo de Antropología de Ciudad de México. Son monumentos independientes cuya finalidad, desgraciadamente, se desconoce. Al mirar la cabeza me sorprendieron una vez más sus enormes proporciones: más de 1,8 metros de altura, y eso que la llanura de Tabasco, donde los olmecas construyeron sus ciudades, es una zona pantanosa en la que no hay ni vestigio de piedra. El basalto empleado para tallar esas cabezas y otras estatuas, por no mencionar los cilindros usados en la tumba inexpugnable, debieron venir de otra parte. Los arqueólogos creen que provienen de las montañas de Tuxtla que se encuentran a unos doscientos veinticinco kilómetros al oeste de La Venta, aunque algo más cerca de otros centros olmecas como los Tres Zapotes. Cómo pueden haber transportado los olmecas, sin ayuda de grúas ni de los modernos sistemas de transporte, unos bloques de basalto que pesan hasta veinte toneladas desde semejantes distancias es uno de los grandes enigmas de la historia. Hay una teoría según la cual las piedras fueron traídas desde la montaña río abajo y después transportadas por mar y a continuación río arriba hasta su emplazamiento final. De ser cierto, diría mucho de la capacidad de navegación de los olmecas, por no hablar de su fuerza bruta.

Le puse a la cabeza el mote de «cara de niño» por sus rasgos angelicales, y al parecer, esta estimación de la edad del sujeto no fue demasiado errada. Observé cómo el artista había dado a la cara una característica particular. No era una pieza de serie tallada siguiendo una fórmula establecida, sino que claramente pretendía ser el retrato de una persona en concreto. Este individuo era un hombre joven, entre la adolescencia y los veinte años, de cara redonda, labios carnosos y por cuya boca entreabierta asomaban unos dientes pequeños como los de un niño. Cara de niño no estaba sola, ya que allí cerca había otras cabezas similares. Sin embargo, saltaba a la vista que ninguna de las demás se le parecía. Evidentemente, todas eran un retrato de una persona diferente. El que tenía delante, a pesar de su cara de niño, era un hombre fuerte, en nada parecido a la generalidad de los mayas actuales. Si era un olmeca típico, no resulta tan difícil imaginar a equipos de gigantes tan robustos colocando los bloques de basalto. Sin embargo, hay en él algo extraño, y varios de los que me acompañaban lo comentaron. Con su cabeza redonda y su nariz achatada no se parece en nada a los nativos americanos, sino que más bien tiene rasgos negroides. Una vez más se planteaba la curiosa cuestión de si los olmecas, como los ancestros de los americanos negros, provendrían de África.

Aunque para los departamentos de arqueología de hoy en día éste es un tema tabú, no es una idea nueva en absoluto. Sin duda era lo que pensaban muchos de los primeros exploradores de Palenque para los cuales las ruinas del lugar indicaban una influencia de África. La primera persona que escribió sobre Palenque, el padre Ordónez, decía haber encontrado un libro según el cual Palenque había sido fundada por gentes llegadas del otro lado del Atlántico. En su propio libro *Una historia de la creación del Cielo y de la Tierra*, dice que su jefe se llamaba Votan y que provenía de una ciudad llamada Valum Chivim. Aunque su versión suele no ser tenida en cuenta actualmente por considerarla una ficción, al menos explicaría en parte las curiosas similitudes entre la civilización maya y la cultura del mundo antiguo. Si estaba en lo cierto y había llegado gente a América desde África, resultaría sorprendente que ninguno de estos inmigrantes fuera de piel negra. Eso explicaría por qué algunas de las cabezas olmecas, incluida la que tenía ahora ante mí, tenían lo que generalmente se considerarían rasgos típicamente negroides.

Más recientemente se han publicado numerosos trabajos de investigación en internet donde se presentan evidencias de que los olmecas eran mandeanos, descendientes de inmigrantes que llegaron a América desde el oeste de África. Se afirma que las inscripciones olmecas, que se encuentran sobre todo en pequeños objetos, como unas hachas pequeñas y lisas, están escritas en un dialecto del mandeano. La evidencia de una inmigración de este tipo me parece firme, pero todavía queda más trabajo por hacer antes de que esta teoría merezca un reconocimiento general.

La gente que esculpió las cabezas no se daban el nombre de «olmecas» sino de *xi*. De hecho, el nombre olmeca significa «gente de goma» y fueron los aztecas los que pusieron este nombre a los habitantes de la región de Tabasco. Los llamaron olmecas porque Tabasco era la región donde crecían los árboles de los cuales se sacaba el látex. Puesto que se han encontrado pelotas de goma y restos de primitivas canchas de pelota en varios yacimientos olmecas, es evidente que la tecnología del látex es muy antigua. Se supone que fueron los olmecas los que inventaron el ubicuo juego de pelota que ocupaba un lugar destacado en la vida y en las ceremonias de la mayor parte de las culturas mesoamericanas posteriores. Como las cabezas gigantes van adornadas con algo parecido a los cascos deportivos, también se ha sugerido la posibilidad de que representen a famosos jugadores. Sea cual sea la verdad a este respecto, no cabe duda alguna de la habilidad de los olmecas como escultores. El basalto es un material sumamente difícil de trabajar, y la talla de las cabezas tiene que haber sido un trabajo muy duro.

En 1999 tuve ocasión de hablar de estas cuestiones con el profesor Glynn Williams, jefe del departamento de escultura del Royal College of Art de Londres. Este artista, que tiene obras expuestas en todo el mundo, no sólo es uno de los escultores más destacados de nuestra época, sino también un experto en historia del arte. En 1998 fue invitado por la BBC para intervenir en un programa relacionado con la escultura de los olmecas. La propuesta del programa era simple: consistía en invitar a un equipo de voluntarios a arrastrar un gran bloque de basalto a lo largo de cien metros y a continuación el profesor Williams esculpiría en él algo similar a una cabeza olmeca. Aunque parecía algo bastante sencillo, la tarea resultó mucho más difícil de lo que se había previsto. Tras dos semanas de rebajar la piedra con instrumentos de la Edad de Piedra el profesor Williams quedó exhausto y casi no dejó huella sobre el bloque de basalto.

Habían pasado unas semanas de su regreso a Londres cuando él y yo nos encontramos en el grato ambiente de la cantina del Royal College. Mientras comíamos me contó sus experiencias con el programa de la BBC y que había tenido el privilegio de ver dos nuevas esculturas que acababan de ser descubiertas. Como había tomado fotografías de ellas, pudo mostrarme el aspecto que tenían antes de que salieran en el programa. También eran de basalto, pero en lugar de las cabezas que nos resultaban tan familiares, representaban a sacerdotes olmecas de rodillas. Las estatuas estaban en tan buen estado que daba la impresión de que acabaran de tallarlas y no de que tuvieran más de 2 500 años de antigüedad. Las figuras llevaban tocados de jaguar, tenían unas hermosas proporciones y eran suaves al tacto. Sin embargo, lo que le interesaba al profesor Williams no eran tanto las propias estatuas como lo que representaban como manifestación artística. Me lo explicó en palabras comprensibles para un lego en la materia.

–Dos semanas de trabajo duro con las que supusimos eran el tipo de herramientas que podrían haber usado apenas dejaron un pequeño surco en el bloque en el que estuve trabajando. No sólo eso, sino que descubrí que hasta un cincel de acero perdía rápidamente el filo al trabajar en el basalto. Es evidente que tenían técnicas para trabajar la piedra que hoy desconocemos. Además, el bloque en el que estuve trabajando era de una variedad especialmente dura. Con más tiempo y pudiendo encontrar un trozo de piedra algo más blanda, es posible que el experimento hubiera tenido éxito. Pero mira, Adrian –me dijo–, lo que realmente me desconcierta del arte olmeca no es sólo la dificultad de trabajar un material tan duro como el basalto. –Hizo una pausa y me miró con un destello de complicidad en la mirada–. Como les dije en su momento, tallar una pieza de basalto no es la cuestión más interesante. La dificultad real que yo veo, es que la arqueología no haya sido capaz de encontrar una secuencia de evolución que desemboque en esculturas como los sacerdotes del jaguar y las cabezas olmecas. Es como si de repente Miguel Ángel hubiera hecho su *David* sin una tradición de escultura griega y romana de la que partir. Como historiador del tema, puedo decirte que la escultura no funciona así. Los romanos copiaron a los griegos, pero la escultura de éstos tampoco surgió de la nada. Fue precedida por la de Egipto, la de Mesopotamia y el Asia Menor. Los escultores griegos que tallaron los frisos del Partenón tal vez fueran los mejores del mundo, pero heredaron una tradición que se remontaba a dos mil años antes.

»Lo mismo puede decirse de los olmecas. Lo que yo vi en México era sensacional desde el punto de vista de un escultor. La ejecución era exquisita y precisa. Esto no sucede por casualidad. Tiene que haber habido un proceso evolutivo que desembocara en este nivel de complejidad artística. Sin embargo, si bien podemos ver fácilmente la influencia del arte olmeca en todo lo que viene después, especialmente en la escultura de los aztecas y de los mayas, ¿dónde están los antecedentes de las cabezas olmecas? Son demasiado buenas para haber sido las primeras esculturas de las Américas, pero todas las esculturas olmecas que se han encontrado tienen el mismo nivel. ¿Por qué no encontramos ejemplos mucho más primitivos correspondientes a un período anterior de esta civilización?

Jamás había oído expresar antes estas ideas. El hecho de oírlas de boca de un profesor de escultura, un hombre muy respetado no sólo por su propia obra sino por su conocimiento de la historia del arte, daba una importancia añadida a sus comentarios.

En el parque de La Venta hay numerosas esculturas además de las cabezas. Entre ellas hay algunos ejemplos de lo que hoy llamamos «altares», aunque tal vez hayan cumplido alguna otra función. No son tan altos como las cabezas, y al igual que ellas están tallados de un solo bloque de basalto alargado. Si cabe, son todavía más enigmáticas que las de las fotos del profesor Williams.

Me dirigí hacia la primera de ellas, que medía aproximadamente 2,4 metros de largo y 1,2 de ancho por otro tanto de alto. Como otras de su tipo, parecía representar una cueva o gruta en cuya entrada había un sacerdote sentado. Éste llevaba como sombrero una cabeza de jaguar y estaba sentado en una postura de medio loto. También observé que el motivo del jaguar se repetía en muchas de las estatuas, o bien como tocado o bien tallado por separado, a modo de una deidad protectora. En un bloque incluso aparece un hombre jaguar: una curiosa criatura con aspecto de esfinge mitad humana y mitad jaguar.

El otro animal que ocupa un lugar destacado en el arte de los olmecas es la serpiente de cascabel. Uno de los altares, por ejemplo, tenía una serpiente gigantesca que lo rodeaba, la cabeza en un extremo y el cascabel en el otro. Que la serpiente de cascabel era muy importante en la religión de los mayas está fuera de toda duda, pero las esculturas que rinden homenaje a estas víboras son muy anteriores al Período Clásico.

Al menos en uno de los altares había una «banda celeste», una cinta de glifos representativos de diferentes estrellas y planetas que posiblemente simbolizaron a la eclíptica o a la Vía Láctea. Esto establece con claridad que tampoco éstas eran de origen maya sino que se remontaban a los albores de la civilización mesoamericana. También son indicativas de otra cosa: de que los olmecas eran consumados astrónomos. De esto daba testimonio también otra escultura que no se parecía mucho al resto, ya que representa a un mono o, posiblemente, un hombre-mono. Lo habían retratado en una postura francamente incómoda, muy erguido y mirando directamente hacia lo alto, al punto cenital. Que esa postura le producía incomodidad queda claro por la forma en que se sujeta la parte posterior del cuello con las manos, en una posición que se suele adoptar para estudiar el cielo durante algún tiempo. Al verlo le puse el mote de «el mono astrónomo», no muy consciente por entonces de lo acertado que podía ser el nombre.

Antes de abandonar el parque, volví para echar otra ojeada a un grupo de estatuas –o más bien relieves– situados muy cerca de la entrada. Ya los mencioné en *Las profecías mayas*, donde esbozaba la idea de que el primero de ellos (conocido como «el andarín») podía ser una representación de Orión, y que las demás, en las que al parecer se veía a guerreros transportando niños, tal vez evocaban alguna gran catástrofe. En lo que no había reparado entonces, aunque tal vez debería haberlo hecho, fue en la similitud entre algunos símbolos, ahora bastante desgastados, tallados en la piedra del andarín y los jeroglíficos mayas. Es cierto que sólo hay tres de ellos y están todavía sin descifrar, pero sirven para desmentir la idea de que los olmecas no tenían escritura. Es evidente que sí la tenían. Nuestro problema es que de esa escritura no nos ha llegado casi nada. Lo que ha sobrevivido es una estela que hay en Chiapa de Corzo, en la región de Chiapas Central, en México, que, aunque algo más al sur de las tierras de los olmecas en Tabasco, suele considerarse como epi-olmeca. En dicha estela está registrada una fecha de cuenta larga del 7 de diciembre del 36 a. J.C., que es la fecha de cuenta larga más antigua que se ha descubierto. Esto nos hace pensar que o bien los mayas aprendieron de la cuenta larga de los olmecas o, lo que en mi opinión es más probable, que los olmecas eran en realidad una rama de los pueblos mayas.

Esto daría una explicación al hecho registrado de que el pueblo nativo que vivía en la región de Tabasco hablaba una lengua maya en el momento en que llegaron los conquistadores. Si los olmecas realmente fueron ancestros de los mayas, entonces es más fácil entender por qué éstos adoptaron tantas de sus costumbres, como la construcción de pirámides, el juego de pelota, los cultos del jaguar y de la serpiente de cascabel, las bandas celestes, etcétera. Puede que no fueran tanto «préstamos» de los olmecas como características culturales comunes compartidas por todos los pueblos de América Central desde mucho antes del surgimiento de la civilización olmeca alrededor del 1100 a. J.C. Estos elementos de la herencia maya parecen ser de cosecha propia, pero otros, como el conocimiento de la argamasa con base de cal, es mucho más probable que fueran importaciones culturales. De ser esto así, ¿de dónde las habían importado?

Buscando una respuesta a esta pregunta, mis pasos me llevaron a visitar la sorprendente ciudad maya de Comalcalco. Esta ciudad está a unos cuarenta y cinco kilómetros al nordeste de Villahermosa, una distancia adecuada para una excursión en el día. Yendo en el autobús pasamos por varias aldeas de *bungalows* de madera. La mayoría de éstos tenían una terraza también de madera en el frente donde la gente podía sentarse a la sombra de una galería. Sin embargo, estas terrazas también tenían una finalidad más práctica: se usaban para secar el grano de cacao. Como jamás había visto algo así, le pregunté al conductor si podíamos detenernos para echar una mirada. En lugar de molestar a unos absolutos desconocidos, dijo que nos llevaría a visitar a un amigo suyo que tenía su propia fábrica de chocolate.

No era lo que yo me temía, es decir, un gran complejo industrial, sino más bien una hacienda. El propietario resultó ser un hombre afable ya entrado en los sesenta años. Nos explicó cómo había construido su empresa de la nada hasta llegar a lo que ahora era, un puntal importante de la economía local. Nos invitó a entrar y nos llevó a recorrer la fábrica, explicando cómo se convierten los granos de cacao en una barra de chocolate. Después, cuando nos sentamos en la galería y bebimos unos refrescos, nos trajo algunas barras de chocolate y también una muestra de la materia primera de que están hechas: vainas de cacao. Eran de color amarillo, parecidas a un pequeño melón cantaloupe por el tamaño y la forma. Abrió una y me mostró que contenía docenas de granos blancos del tamaño de una castaña comestible.

–Coja uno –me dijo ofreciéndome la vaina abierta. Con cierta dificultad conseguí separar un grano del meollo blanquecino y pegajoso–. No lo muerda, simplemente chúpelo –insistió–, y dígame qué le parece.

Con cierto reparo me metí un grano en la boca, no muy seguro de lo que podía esperar. Me sorprendió su sabor intensamente dulce, muy delicado, similar al de los *lychees*. Sonriendo al ver mi expresión, siguió adelante con su lección.

–Éste es uno de los secretos del grano de cacao –dijo–. Los antiguos mayas solían chuparlos recién recogidos para conseguir un subidón de energía. Actualmente remojamos los granos frescos en agua junto con el meollo. Fermentamos ese líquido y después lo destilamos para producir el licor al que llamamos cacao. Es un subproducto valioso y contribuye a que la fábrica sea rentable.

–¿Y qué hacen con los propios granos? –pregunté.

–Por aquí, en las aldeas vecinas, mucha gente tiene árboles de cacao en sus huertos o en pequeños campos. Cosechan los granos y los ponen a secar extendidos sobre los techos o los porches de sus casas. Al sol, los granos maduran y se vuelven marrones. Hay quien los conserva para su propio consumo y quien los trae a la fábrica donde lo convertimos en chocolate. En una escala mucho mayor, eso es lo que hacen también los grandes fabricantes de chocolate.

–¿Eso es lo que hacían los antiguos mayas?

–No exactamente. Los antiguos mayas solían moler los granos y usarlos para hacer una bebida. No tenían azúcar para endulzarla y tampoco tenían leche. En lugar de eso solían mezclar la pasta de chocolate con frijoles molidos y agua para hacer una bebida. Debía de ser bastante picante y amarga, pero les gustaba. Solían llevar jarras a los campos cuando iban a trabajar. Les daba energía y eran totalmente adictos a ella. Dicho sea de paso, ¿sabe que usaban los granos de cacao como dinero?

–Sí, lo había oído.

–No sólo intercambiaban granos entre ellos, sino también con los aztecas, que también eran adictos a la bebida de chocolate. Fueron los aztecas los que la introdujeron entre los españoles, que llevaron granos de cacao a Europa. No pudieron cultivar cacao en España pues el clima no es apropiado, pero consiguieron mantener el monopolio sobre el negocio del cacao con América durante un siglo antes que otros, como los ingleses, consiguieran romperlo. De hecho, la palabra chocolate proviene de la palabra con que denominaban los aztecas a la bebida que consumían: *chocolatl*.

Abandonamos la fábrica de chocolate y volvimos a montar en el autobús que nos llevó a nuestro verdadero destino, la antigua ciudad de Comalcalco. Resultó muy diferente de lo que yo esperaba, con un centro de visitantes muy moderno que daba entrada a la zona arqueológica que está en medio de un parque muy verde. Después de andar unos cien metros, llegamos a nuestra primera pirámide, muy diferente de todas las que había visto antes. Es curioso, pero mi impresión inmediata fue que parecía una versión antigua de la central eléctrica de Battersea, un edificio de la década de 1930 actualmente en desuso frente a la que, de niño, solía pasar en el tren para ir al centro de Londres. Hoy, al igual que las pirámides de Comalcalco, la central eléctrica de Battersea está abandonada; es un enorme cascarón vacío. Nadie sabe qué hacer con ella, pero no pueden demolerla porque es un icono de su época, construida en estilo Art Nouveau. La pirámide me recordó a la antigua central en parte por su tamaño, pero sobre todo por la gran extensión de pared de ladrillo sin ventanas que hace que ambas destaquen en sus respectivos entornos. Por supuesto, ya sabía que lo que hace que Comalcalco sea diferente de todas las demás ciudades mayas es que las pirámides y los templos están hechos de ladrillo. Sin embargo, no iba preparado para lo que significaba esto en la práctica. Al mirar esta pirámide, tan grande, si no más, que cualquiera de las de Palenque, tuve una extraña sensación de familiaridad. Aunque la ciudad de Comalcalco es más o menos de la misma época y puede que incluso su fundación haya sido anterior a la de Palenque, el hecho de que estuviera hecha de ladrillo hacía que pareciera de construcción mucho más reciente.

La sensación se agudizó cuando me dirigí a otro edificio de gran tamaño al que ahora llaman el Palacio. Este edificio, situado en lo alto de una pequeña elevación del terreno, tiene habitaciones, columnas de ladrillo e incluso algunas pequeñas arcadas que parecen servir a fines puramente decorativos. En conjunto, el efecto recordaba mucho a las ruinas romanas que he visto en Richborough, Wroxeter y Wall, en Inglaterra. No es extraño, pues, que muchos consideren que Comalcalco es la prueba del contacto entre América y el Imperio romano.

Además de las apariencias superficiales, hay otras razones para pensarlo. En primer lugar, no se trata sólo de que las pirámides y los templos de Comalcalco estén hechos de ladrillo, sino que además son ladrillos de barro cocido al horno. Estos ladrillos, mucho más fuertes y duraderos que la arcilla cocida al sol, se usaron en todo el Imperio romano. Incluso después de la caída del Imperio de Occidente, en el siglo V de nuestra era, esos ladrillos siguieron fabricándose en Europa. Como son un material tan útil y duradero, la tecnología para fabricarlos se sigue aplicando aún hoy. Aunque puede sostenerse que es una circunstancia meramente fortuita que esta tecnología surgiera también en México, es curioso que sólo se usara en Comalcalco. Y todavía lo es más que el único lugar donde se encuentran evidencias del uso de ladrillos cocidos sea una ciudad cerca de la costa de fácil acceso por río. Si los romanos comerciaban con los mayas, éste es el tipo de lugar al que deben de haber llegado.

Ya hemos dicho que ésta es una cuestión muy controvertida entre los arqueólogos mexicanos, muchos de los cuales, aunque sólo sea por orgullo nacionalista, son reacios a admitir cualquier tipo de contacto cultural entre el Viejo y el Nuevo Mundo antes de la llegada de unos cuantos vikingos a la costa de Canadá y al litoral atlántico norte de EE UU.

¿Hay, pues, alguna otra evidencia de contacto romano en Comalcalco? Sí que la hay, pues no sólo se trata de ladrillos de tamaño similar a los usados por los romanos, sino que también se mantenían unidos con una argamasa con base de cal. Fueron los romanos los que inventaron el cemento. Calentaban la piedra caliza o el yeso a altas temperaturas y a continuación mezclaban la cal resultante con agua y, o bien arena, o bien ceniza volcánica. Este último ingrediente consiste en un compuesto vítreo que contiene dióxido de silicona: el mismo compuesto que se encuentra más comúnmente en la arena pero en partículas más finas. Los mayas de Comalcalco usaban una tecnología muy parecida. Hacían la cal tostando conchas de ostra trituradas. En lugar de ceniza volcánica, hacían lo que hacemos hoy en día y simplemente mezclaban la cal resultante con arena y agua. La fórmula, aunque no exactamente como la que usaban los romanos para el cemento, emplea la misma base química.

Por lo que respecta a los ladrillos de Comalcalco, contienen evidencias adicionales de contacto cultural, ya que muchos de ellos llevaban estampaciones o inscripciones previas a la cocción. Cerca de la entrada al yacimiento arqueológico hay un museo, pequeño pero moderno y con algunas piezas interesantes. Entre éstas hay varias muestras de ladrillos con inscripciones que se han encontrado durante la restauración de pirámides y templos. Como estaban en vitrinas de cristal, no pude examinarlos de cerca, pero parecían tener entre cuarenta y cinco y sesenta centímetros de largo por unos veinticinco centímetros de ancho y alrededor de cinco centímetros de alto. En realidad, parecían más bien baldosas, y es esta similitud la que da al lugar su nombre actual de Comalcalco, que significa «Casa de planchas» en la lengua náhuatl indígena de México. Escribí sobre todo esto en *Las profecías mayas*, pero fue una cosa muy distinta verlo con mis propios ojos.

A comienzos de la década de 1960, un reconocimiento preliminar del yacimiento de Comalcalco permitió descubrir dos ladrillos con inscripciones. Cuando en 1976-1978 el Instituto Nacional de Antropología e Historia de México (INAH) inició excavaciones más minuciosas, se examinaron otros 4 600 ladrillos con inscripciones. La mayor parte de dichas inscripciones se reconocieron como jeroglíficos mayas, pero había unas cuantas diferentes que dieron lugar a especulaciones. Tras la muerte de Salazar en 1980, la colección fue fotografiada y catalogada por el arqueólogo y epigrafista Neil Steede. Éste le enseñó las fotos al profesor Barry Fell, por entonces fundador y alma de la Sociedad Epigráfica. Algunos ladrillos le inspiraron tanto entusiasmo que en su libro original titulado *América BC* escribió que uno de ellos era una reproducción del calendario lunar cartaginés y que otro podría ser obra de un beréber del norte de África, ya que llevaba una inscripción que decía «Jesús Protector» en escritura libia.

Fell publicó también una serie de trabajos sobre la cuestión de los ladrillos para la publicación de la Sociedad Epigráfica: ESOP, o *Epigraphic Society Occasional Papers*. En un documento titulado «The Comalcalco Bricks: Part 1, the Roman Phase», que fue publicado en el volumen 19, llamó la atención sobre lo que él llama marcas de albañiles. De los 4 600 ladrillos examinados, unos 1 500 tenían este tipo de marcas. Lo interesante de estas marcas era su similitud con las marcas de los albañiles romanos encontradas en ladrillos similares de Inglaterra y de otros lugares. Los romanos usaban esas marcas para llevar la cuenta de la productividad individual. A cada uno de los esclavos de sus obras se les exigía producir unos doscientos ladrillos al día. Al marcar los ladrillos que hacía con su símbolo personal, el esclavo podría demostrar que estaba trabajando a pleno rendimiento.

La teoría de que México fue visitado por navegantes del Imperio romano no es nueva. En 1933 se encontró en Calixtlahuaca, a unos sesenta kilómetros al oeste de Ciudad de México, una pequeña escultura de una cabeza. Lo que esta cabeza tiene de especial es que era de un tipo fácilmente identificable como romano del período de Septimio Severo (192-211 d. J.C.). Como fue descubierta durante una excavación arqueológica y fue localizada muy por debajo de dos capas que antecedían al saqueo de Calixtlahuaca por los aztecas en 1510, tenía que preceder a la llegada de Cortés a México en 1519. Aunque en teoría es posible que fuera traída a América por los vikingos y por algún medio llegara a Calixtlahuaca a través de rutas comerciales, parece más probable que fuese traída por los propios romanos.

Aunque la posibilidad de que los pueblos del valle de México comerciaran con Europa antes de Colón es algo que en general niegan los arqueólogos mexicanos; en los escritos de los propios conquistadores hay elementos abundantes que apoyan esta idea. Probablemente la fuente más autorizada sobre lo que sucedió durante la invasión de Cortés de 1519 sea un libro escrito veinte años antes por uno de sus soldados: Bernal Díaz del Castillo. En la primera parte de su narrativa relata cómo, al ver determinado yelmo español, un embajador indio de Moctezuma afirmó que sus propios antepasados les habían legado a ellos uno similar:

> Y paresce ser que un soldado tenía un casco medio dorado y aunque mohoso; e viole Tendile, que era más entremetido indio quel otro, y dijo que le quería ver, que parecía a uno que ellos tenían que les ha-

bían dejado sus antepasados e linaje donde venían, lo cual tenían puesto a sus dioses huychilobos, e que su señor Montezuma se holgaría de lo ver.[1]

Más adelante, Díaz nos cuenta que este mismo embajador, Tendile, acudió a rendir cuentas a Moctezuma y llevó consigo un dibujo muy fiel de Cortés. Moctezuma quedó atónito al descubrir que Cortés tenía un sorprendente parecido con uno de sus propios jefes:

> E ya ido Tendile, alcanzamos a saber que, después de ser indio de grandes negocios, fue el más suelto peón que su amo tenía. El cual fue en posta y dio relación de todo a su señor, y le mostró todo el debujo que llevó pintado y el presente que le envió Cortés; e diz que el gran Montezuma, desque lo vio, quedó admirado y recibió por otra parte mucho contento, y desque vio el casco y el que tenía su huychilobos tuvo por cierto que éramos de los que le habían dicho sus antepasados que venían a señorear aquella tierra... Y estando en esto vino Tendile una mañana con más de cien indios cargados; y venía con ellos un gran cacique mejicano, y en el rostro y faiciones y cuerpo se parescía al capitán Cortés, y adrede le envió el gran Montezuma, porque, según dijeron, que cuando a Cortés le llevó Tendile dibujado su misma figura, todos los principales questaban con Montezuma dijeron que un principal que se decía Quintalbor se le parescía a lo propio a Cortés, que ansí se llamaba aquel gran cacique que venía con Tendile, y como parescía a Cortés, ansí le llamábamos en el real, Cortés, acá; Cortés, acullá.[2]

Los retratos de Hernán Cortés, incluso la litografía que tengo como portada en mi ejemplar del libro de Díaz, lo muestran como un hombre típicamente europeo: cara alargada, nariz aguileña, ojos hundidos y un mentón bastante prominente con una perilla. Parece cualquier cosa menos indio. Así pues, no hay que descartar que Quintalbor y tal vez algún otro cacique azteca fueran descendientes, al menos en parte, de mercaderes europeos o incluso romanos. ¿Podrían haber sido descendientes de romanos llegados a México en el siglo III d. J.C. trayendo consigo la cabeza de Calixtlahuaca y un yelmo muy parecido al español que Cortés le envió a Moctezuma? Es posible que nunca lleguemos a saber la respuesta a esa pregunta, pero indudablemente es una posibilidad que no podemos rechazar con la evidencia de que disponemos.

La idea de que los romanos mantuvieran comercio con los nativos americanos es respaldada además por el descubrimiento de algunos tesoros de monedas en diferentes lugares de EE UU. La pena es que como se dio con ellos accidentalmente y no bajo las condiciones controladas de una excavación arqueológica, por lo general, la comunidad arqueológica no les presta atención. Esto no cambia el hecho de que se hayan descubierto y de que tiendan a validar la idea de que los romanos visitaron América. Uno de esos descubrimientos se hizo en 1963 en el marco de unas obras en las orillas del río Ohio. Un contratista encontró un tesoro de monedas romanas que guardó en su mayor parte basándose en que lo que uno encuentra es suyo. Por suerte, aunque se trasladó llevándose consigo las monedas y su identidad, le regaló dos a un ingeniero. Éstas pasaron a su viuda, que más tarde las depositó en la cámara acorazada del Museo de Ohio, en Clarksville, Indiana. Allí fueron identificadas como monedas de bronce romanas: una del reinado de Claudio II (260-268 d. J.C.) y la otra de la época, o bien de Maximiano I (235 d. J.C.) o bien de Maximiano II (312 d. J.C.).

Este hallazgo es interesante no sólo por las propias monedas, sino por el lugar donde estaban. El río Ohio es un afluente del Mississippi, y ese río desemboca en el golfo de México, en Nueva Orleans. Según los registros, los primeros europeos se establecieron en el condado de Clark allá por el 1797. Eran pioneros y es poco probable que se dedicaran a coleccionar monedas romanas. Lo que se deduce de esto es que algún romano o europeo posterior al año 260 d. J.C. trajo las monedas consigo cuando remontó el Mississippi hasta Ohio. La ubicación de este hallazgo también es importante ya que se trata del valle de Ohio, donde hay una gran concentración de montículos artificiales que, según algunos, fueron hechos por britanos posromanos.[4]

El profesor Barry Fell ofrece evidencia adicional de contactos transatlánticos en la época de los romanos. Hace constar que detectores de metal encontraron monedas romanas de los reinados de cuatro emperadores consecutivos –Constancio II (337-361 d. J.C.), Valentiniano I (364-375 d. J.C.), Valente (364-368 d. J.C.) y Graciano (367-383 d. J.C.)– dentro de un espacio de un metro cuadrado en una playa de Beverly, en Massachusetts.[5] Siempre existe la posibilidad de que las monedas fueran colocadas en la playa por un bromista o que se le cayeran a alguien que casualmente llevaba semejante tesoro en el bolsillo mientras paseaba al perro. Sin embargo, estas dos posibilidades parecen menos probables que la propuesta de Fell de que un barco romano se fuera a pique frente a la costa durante una tempestad y las monedas fueran arrastradas a la playa.

Fell también cuenta que en 1972 se encontraron ánforas cartaginesas en el lecho marino frente a la costa caribeña de Honduras, y que en 1982 unos submarinistas descubrieron ánforas romanas (también datadas en el siglo III d. J.C.) frente a la costa de Brasil, en la bahía de Guanabara, cerca de la actual Río de Janeiro. Las ánforas son vasijas de gran tamaño que los romanos, y antes que ellos los cartagineses y los etruscos, usaban para transportar productos valiosos como vino, aceite y sal. Se han encontrado muchos barcos hundidos que transportaban esas ánforas en el Mediterráneo, pero éstas fueron las primeras que salieron a la luz al otro lado del Atlántico. Por desgracia, parece ser que, una vez más por razones políticas, el descubrimiento de ánforas en las aguas de Honduras o de Brasil se considera inaceptable. Sólo cabe esperar que dentro de un tiempo, cuando los países que antes eran colonias y ahora democracias independientes maduren, esta actitud de aislacionismo cultural se modifique.

Fell encontró abundante evidencia de contactos culturales a través del Atlántico en tiempos aún más remotos. Según Barry Fell y sus colegas, la llamada escritura micmac que usaba antiguamente la tribu wabanaki de Maine, está basada evidentemente en los jeroglíficos egipcios.[6] En el mismo libro, *America BC*, Fell demostró que una tablilla conmemorativa llamada «Estela Calendario de Davenport», que se encontró en un túmulo funerario de Iowa en 1874, es una especie de piedra Rosetta. Las inscripciones están en tres escrituras. Cita un artículo de S. D. Peet que fue publicado en 1892:

> La Estela Calendario de Davenport la encontró en un túmulo funerario de Iowa en 1874 el reverendo M. Gass, junto a otros numerosos objetos de origen o relación norteafricana e ibérica. La inscripción está hecha en tres lenguas: jeroglíficos egipcios en la parte superior, ibérico-púnico de derecha a izquierda a lo largo del arco superior y libio de derecha a izquierda siguiendo el arco inferior. Las inscripciones en libanés e ibérico-púnico dicen lo mismo, que los jeroglíficos de la parte superior contienen el secreto para regular el calendario. Los jeroglíficos dan esta información indicando que un rayo de luz da sobre la piedra llamada el «Vigilante» en el momento de la salida del Sol del día de Año Nuevo, que es definido como el equinoccio de primavera en marzo, cuando el Sol pasa por el primer punto de Aries. Esta estela, durante mucho tiempo tachada de falsificación sin significado, es, en realidad, una de las estelas más importantes que se hayan encontrado jamás, ya que es la única en la que hay un texto trilingüe en las lenguas egipcia, ibérico-púnica y libia. Se encuentra en el Museo Putnam de Davenport, Iowa, depósito de otros tesoros nacionales de incalculable valor descubiertos por Gass.[7]

Champollion presentó su trabajo de desciframiento de los jeroglíficos egipcios a la Academia Francesa en 1822, de modo que en 1874 la cuestión estaba consolidada. ¿Cabría la posibilidad de que algún lingüista genial que viviera en Ohio en 1874 pudiera dominar los jeroglíficos mucho antes de esa fecha y creara y escondiera un fragmento de una estela con inscripciones de aspecto extraño en egipcio demótico, ibero-púnico y libio? A cualquiera que tenga una mente abierta esto tiene que parecerle mucho menos aceptable que la posibilidad de que la estela, cuya imagen aparece reproducida en el libro de Fell, sea auténtica y que fuera enterrada en la antigüedad.

La única duda debe estar en si los egipcios eran o no capaces de navegar hasta América, cosa no tan improbable como pueda parecer. En 1970, a los escépticos les asestó un buen golpe el renombrado marino y antropólogo noruego Thor Heyerdahl. En su

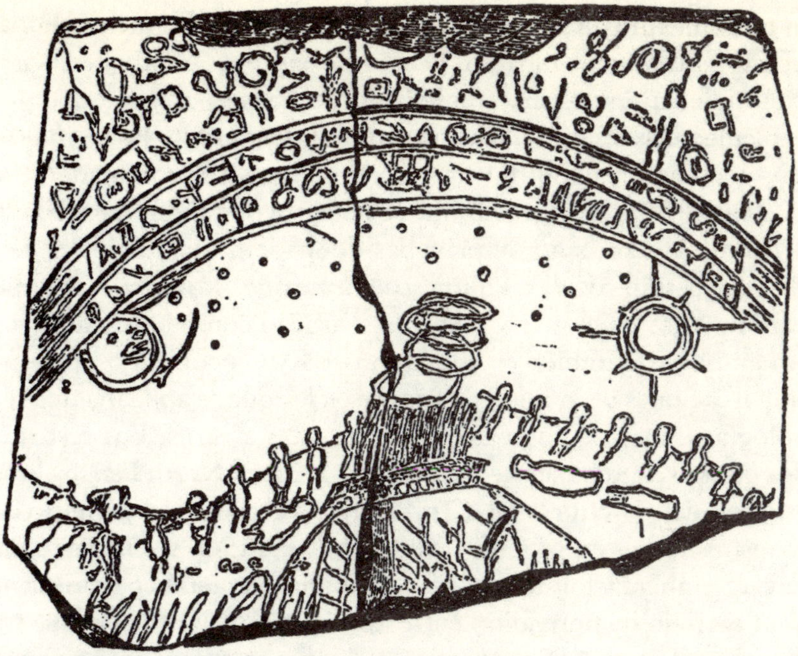

Figura 40: Estela Calendario de Davenport (según S. D. Peet, *The Mound Builders*, 1892).

segundo intento, usando una nave hecha de papiros egipcios unidos al modo tradicional, él y su tripulación zarparon del puerto de Sai, en Marruecos, y llegaron a la isla de Barbados. El viaje duró cincuenta y siete días.[8]

Es cierto que semejante viaje, realizado con modernos instrumentos de navegación, no prueba que los egipcios ni nadie más hicieran la misma travesía en el pasado. Sin embargo, sirve al menos para demostrar que era posible. Si Heyerdahl y sus amigos pudieron cruzar el Atlántico en una embarcación hecha de juncos de papiro, también podrían haberlo hecho los antiguos. De hecho, habría sido incluso más fácil para ellos. Mientras que Heyerdahl tuvo que basarse para el diseño de su barco en los murales de las tumbas egipcias, los egipcios estaban perfectamente acostumbrados a esos barcos. Seguramente conocían secretos sobre la construcción y el manejo de sus embarcaciones que hoy se desconocen.

Además, los egipcios no necesariamente habrían tenido que cruzar el Atlántico en barcos hechos de papiros. Al lado de la Gran Pirámide, en Egipto, hay un edificio de aspecto extraño que probablemente es el museo más inverosímil del mundo. En su interior hay una embarcación fluvial que se remonta a aproximadamente el 2500 a. J.C., la época en que se construyó la pirámide. No está hecha de juncos, sino de planchas de madera que, en lugar de ir clavadas, están cosidas. Podría sostenerse que este barco no es apto para navegar en el mar y que sólo se utilizó como barcaza fluvial. Sin embargo, también en Inglaterra se han encontrado partes de embarcaciones de la Edad de Bronce en las que se aplicaba una tecnología similar de coser las planchas unas a otras. Los restos de dos de estos barcos se encontraron en 1937 en North Ferriby, en el estuario del río Humber, en Yorkshire. El carbono 14 permitió datar estos barcos entre 1940-1680 a. J.C. En 1960 se encontró una tercera embarcación todavía más antigua que éstas, perteneciente a un período comprendido entre 2030 y 1780 a. J.C. Aunque son bastante planos, esos barcos tienen un diseño complejo, con proas levantadas, y con capacidad para unas veinte personas. Estaban hechas de planchas largas cosidas unas a otras con un «hilo» hecho de mimbres de tejo.

Ahora bien, aunque podría sostenerse que también éstas eran embarcaciones de río, usadas para navegar arriba y abajo por el río Humber, no puede decirse lo mismo de un descubrimiento aún más reciente: un barco de la Edad de Bronce encontrado en Dover. Este barco, hallado por los arqueólogos en 1992, estaba hecho, como los demás, de maderos cosidos con mimbres de tejo. Tenía por lo menos 14,5 metros de largo y 2,5 metros de ancho. Su antigüedad estimada es de unos 3 000 años, lo que lo hace ligeramente más reciente que los de Ferriby, pero de todos modos, dentro de la Edad de Bronce. Lo más importante es que no hay duda de que tenía condiciones para navegar por mar y solía transportar mercancías a través del canal de la Mancha de Francia a Inglaterra. Aunque los hallazgos son pocos y hay una gran distancia entre unos y otros, no cabe duda de que por todo el noroeste europeo se usaban embarcaciones similares a ésta, un antecedente lejano de los barcos vikingos.

Aunque todavía tenemos que encontrar un ejemplar que haya sobrevivido, no es descartable que los británicos de la Edad de Bronce tuvieran también barcos más grandes, algunos de ellos capaces de atravesar no sólo el canal de la Mancha, sino también el Atlántico. Lo que sí sabemos por documentos antiguos es que los fenicios, los mayores navegantes de su época, solían rodear España hasta Cornualles. Allí compraban los lingotes de estaño que se necesitaban en todo el Mediterráneo para la fabricación del bronce que dio nombre a esa edad. Llegar a Cornualles desde España significa navegar por el golfo de Vizcaya, que es conocido por tener uno de los mares más embravecidos del mundo. Si pudieron hacer esta travesía satisfactoriamente en repetidas ocasiones, podemos estar seguros de que sus barcos eran capaces de navegar por el Atlántico. Puesto que hablaban el púnico (o incluso el ibero-púnico en el caso de la colonia fenicia de Cádiz), no hay razón alguna para descartar la autenticidad de la Estela Calendario de Davenport simplemente por la distancia que hay entre América y España. Los fenicios tenían los barcos, los conocimientos náuticos y el deseo de comerciar, que son los ingredientes necesarios para hacer con éxito la travesía a México. Así pues, no es tan improbable como pudiera parecer que, o bien ellos o bien sus sucesores, los cartagineses y los romanos, hubieran visitado Comalcalco y hubieran transmitido a los mayas locales la tecnología para la fabricación del ladrillo.

De más está decir que el análisis de las inscripciones de Comalcalco es tan controvertido como la equiparación de la Estela Calendario de Davenport con la piedra Rosetta. En vista de todo esto, tenía curiosidad por ver si alguno de los ladrillos que tenía ante mí eran los que él había descrito. Como era de esperar, no fue así. Aunque había expuestos algunos ladrillos con inscripciones, las figuras y la escritura de casi todos eran claramente de inspiración maya. En uno estaba representada la imagen de un anciano desdentado que muy probablemente representaba a la deidad envejecida a la que los estudiosos denominan «Dios L». Otro ladrillo tenía una inscripción indescifrable en los jeroglíficos mayas y un tercero mostraba la silueta de un templo completo con su crestería en el tejado. Más interesante y accesible que éstos era un retrato muy bueno de un noble maya de un tipo que ya había visto antes en Palenque. Tenía el pelo atado a la espalda imitando las barbas que salen de una espiga de maíz y también llevaba una nariz postiza. En realidad, se parecía mucho a Chan-Bahlum, el rey de Palenque que construyó el templo de la Cruz. Debajo de este retrato, sólo de la cabeza, había una versión más reducida de otro noble que aparece de perfil con una mano extendida.

Dejando los ladrillos evidentemente mayas, miré si había alguno con inscripciones púnicas del tipo de las mencionadas en el libro de Barry Fell. Si los había, no logré verlos. Sin embargo, había otros varios de verdadero interés. La mitad de uno llevaba grabada una imagen de una cruz hecha con dos huesos cruzados que me recordó a la antigua bandera de los piratas con la calavera y las tibias cruzadas. Junto a los huesos había un dibujito de una serpiente que estaba desenroscándose. Más allá había un dibujo en zigzag de triángulos alternos. Los triángulos tenían en su interior dibujos diferentes, de huevos o puntos. La impresión global me recordó al dibujo de la piel facetada de una serpiente de cascabel. Junto a los triángulos había una configuración de rectángulos alternos. Algunos de ellos estaban en blanco mientras que otros estaban rellenos con un número variable de puntos. El significado de esto no se percibía inmediatamente, pero me recordaba las fichas del dominó. Finalmente, en el borde del ladrillo había otra serie de triángulos. Éstos eran más pequeños que los primeros y estaban vacíos.

Un último ladrillo me llamó la atención simplemente por la intrincada naturaleza del diseño con líneas curvas y rectas. Sin embargo, también se parecía a la caligrafía arábiga cuando se usa como decoración y no simplemente como texto. Este ladrillo había sido trabajado con tanto cuidado que hubiera podido utilizarse como tampón para papel decorativo de paredes. Sin embargo, seguro que no era ésta su finalidad. Era más probable que sirviera como molde para imprimir repetidamente el estuco húmedo y crear así un friso decorativo.

Consideradas en conjunto, las baldosas me dieron la impresión de que las figuras que llevaban grabadas eran en su mayoría garabatos. Por desgracia, ninguna de las que vi resultaba una prueba convincente de que Comalcalco hubiera sido visitada por navegantes de Europa o de África, e indudablemente, no por los romanos. Entonces, cuando estaba a punto de abandonar el museo, algo llamó mi atención. Allí, en una vitrina, había varias cabezas pequeñas esculpidas. Lo que las hacía especiales es que llevaban barba. Como a los nativos americanos puros no les crece vello facial, esto bastaba por sí solo para sugerir influencias externas. Sin embargo, las cabezas tampoco eran típicas del arte olmeca o maya. Aunque tenían los ojos almendrados, orientales, su aspecto era decididamente caucásico. En realidad, una parecía griega, muy parecida a una máscara esculpida que había visto hacía años en unas ruinas griegas de Turquía. El efecto caucásico estaba realzado por el hecho de que estaban hechas de piedra blanca. Por extraño que parezca, otra se parecía a un mujahidin afgano, hasta llevaba el tipo de sombrero plano que suelen usar actualmente en Afganistán. Si hubiera estado en un museo en Kabul o en el valle de Panshir, habría pensado que se trataba de manufactura local. Con esto no quiero sugerir que México haya sido visitado en la antigüedad por gentes de Afganistán, pero era notable el aspecto tan poco maya que tenían esas cabezas. Eran un testimonio silencioso que parecía corroborar el relato de Díaz sobre el yelmo que Cortés envió a Moctezuma, ya que se parecían mucho más a Hernán Cortés que a un indio maya.

Al ver estas cabezas y los ladrillos, especialmente el que tenía un retrato que se parecía mucho al de Chan-Bahlum de Palenque, recordé la leyenda de la fundación de Palenque de la que dejó constancia el padre Ordónez y que habla de un marino llamado Votan proveniente de un lugar llamado Valum Chivim que había hecho numerosos viajes de ida y vuelta por el Atlántico. Se me ocurrió que Valum podría venir del latín *vallum* que significa muralla de estacas. Chivim parecería derivado de la palabra latina *civis*, que significa ciudadano. Así pues, Valum Chivim debe referirse a un lugar de ciudadanos rodeados por una muralla. En el contexto del legado romano, esto sólo podría aplicarse a ciudades cuyos habitantes gozaban del estatus de ciudadanos romanos. Una de esas ciudades de África podría ser Cartago.

El nombre Votan es un poco más difícil de entender en un contexto romano, ya que evidentemente es un derivado de Wotan o Woden, el padre de los dioses en la mitología germánica. La conexión de Votan con África sonaba un poco extraña al principio hasta que recordé algo bastante importante. En el 406 d. J.C., una horda de tribus bárbaras cruzó el Rin e invadió la Galia, que por entonces era una provincia romana. La principal tribu de esta horda era la de los vándalos, originarios del norte de Alemania, en las tierras fronterizas con Dinamarca. Desviados por un gran ejército de britanos que acudieron en ayuda de los galos, los vándalos penetraron en España donde se establecieron algunas tribus, especialmente los alanos y los suevos. Los propios vándalos se dirigieron hacia el sur y durante un tiempo se asentaron en Andalucía antes de atravesar el estrecho de Gibraltar y adentrarse en África, que por entonces era tierra de abundancia. En 439 se apoderaron de Cartago y se dedicaron construir un imperio propio. En 455, su imperio, de naturaleza marítima, estaba bien consolidado y fueron capaces de saquear a la mismísima Roma, apoderándose allí, entre muchas otras cosas, de los tesoros de Jerusalén. Sin embargo, la marea pronto se volvería en su contra. En 532, Justiniano, el emperador de Bizancio, envió un gran ejército para recuperar África. Como la flota de los vándalos estaba fuera del puerto, los bizantinos pudieron tomar Cartago con bastante facilidad y cerrar las puertas. La guerra duró aún dieciséis años, después de los cuales, los vándalos que quedaban abandonaron África considerándola una causa perdida. En los anales británicos está registrado un «rey de África» que condujo a un gran contingente de paganos germanos a Britania, pero lo que les sucedió al resto de los vándalos sigue siendo un misterio. Considerando esta conocida historia, no me parece en absoluto descartable que un jefe vándalo llamado Votan haya conducido a un contingente marítimo desde una «ciudad amurallada» –probablemente Cartago, aunque también podrían ser Leptis Magna o Trípoli– a través del Atlántico hasta América.

Barry Fell pensaba que Comalcalco podría haber precedido a Palenque en su construcción, pero que las dos ciudades estaban estrechamente relacionadas. De ser así, el Votan del padre Ordónez podría haber llegado a Palenque pasando antes por Comalcalco. Esto resulta interesante, ya que en su libro *Una selva de reyes*, Linda Schele y David Freidel nos ofrecen una genealogía de los reyes de Palenque (véase la figura 17). El primero de esta línea es Bahlum-Kuk, el fundador de la dinastía, y accedió al trono en 431 d. J.C. Chan-Bahlum I, que murió en 583 d. J.C., era su tataranieto. Tenía una hija, pero no un hijo. Por esa razón hubo un cambio de dinastía por entonces, ya que el esposo de su hija no pertenecía a la dinastía de Bahlum-Kuk. El esposo de Kanal-Ikal, la bisabuela del rey Pacal el Grande, sigue sin ser identificado. A mi entender, es un candidato cierto a ser el misterioso Votan, tal vez un refugiado vándalo proveniente de Cartago. Esto no significa que haya que desechar la idea de anteriores contactos entre África y América en tiempos de los romanos o incluso antes, pero podría ser una explicación de la historia de Votan narrada por el padre Ordónez. Sin embargo, la verdad sobre los orígenes de la civilización centroamericana parece que no quedan explicados del todo con los viajes a través del Atlántico. Sigo convencido de que algo tuvo que ver la civilización de la Atlántida que Platón situó antes del 9500 a. J.C.

Estatua de Coatlique
en el Museo de México.

Escultura azteca de una serpiente
de cascabel, Museo de México.

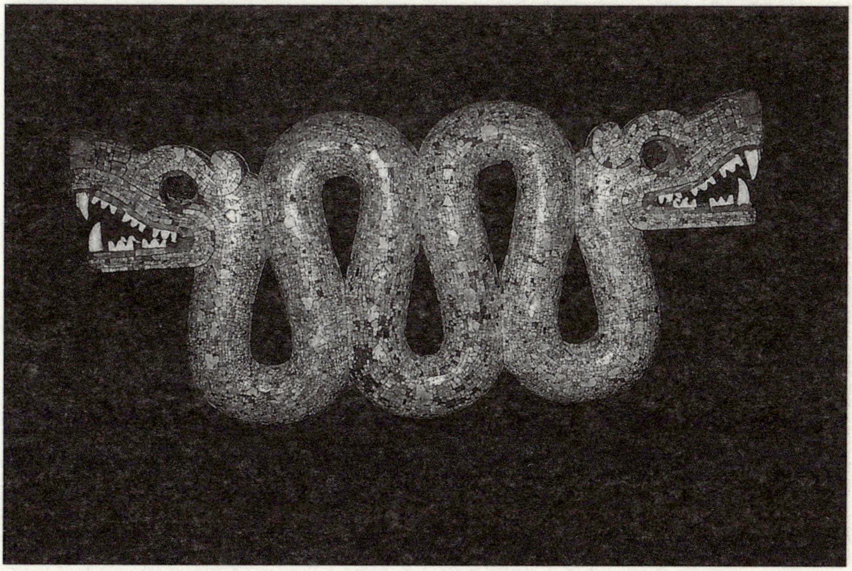

Serpiente azteca de dos cabezas, Museo Británico.

Teotihuacán: alineación del Camino de los Muertos visto desde la pirámide de la Luna.

Teotihuacán: el autor en el Camino de los Muertos con la pirámide de la Luna enmarcada por el Cerro Gordo.

Teotihuacán: pirámide del Sol vista desde la base.

Teotihuacán: pirámide de Quetzalcóatl vista desde dentro de la Ciudadela.

Vendedor con la bola de obsidiana comprada por el autor.

Palenque: pirámide de las Inscripciones.

Palenque: tumba de Pacal.

Palenque: palacio con torre del vigía.

Palenque: el autor en la pirámide de las Inscripciones con la pirámide de la Cruz al fondo.

Palenque: pirámide de la Cruz Foliada.

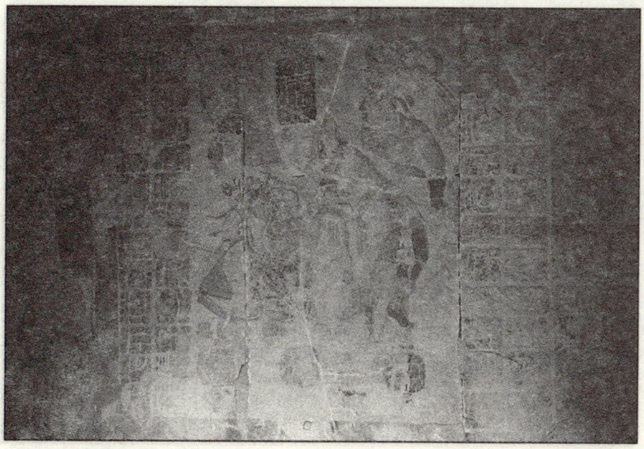

Palenque: relieve de Pacal recibiendo la corona.

Villahermosa: «templo» olmeca del jaguar.

Villahermosa: cabeza olmeca–«cara de niño».

Villahermosa: sacerdote olmeca con tocado de jaguar.

Villahermosa:
hombre-mono olmeca
mirando al cenit.

Voladores aztecas.

Piedra azteca con talla de Siete Guacamayo, Museo de México.

Comalcalco: pirámide de la «central eléctrica».

Comalcalco: muestra del trabajo de mampostería.

Obra de mampostería romana de Richborough, en Inglaterra.

Comalcalco: cabeza de «Afghan, señor de la guerra».

Comalcalco: cabeza precolombina con rasgos que parecen españoles.

Comalcalco: cabeza «Donovan fenicia».

Comalcalco: cabeza «extrañamente barbuda».

Comalcalco: ladrillo con las tibias cruzadas.

El autor con
J. J. Hurtak.

Palacio de Tulum,
visitado por Stephens
y Catherwood en la
década de 1840.

Lar tradicional maya con las tres piedras.

Palenque: plinto de estilo canamayte para una columna de sombra.

Uxmal: Dios G1 surgiendo de la boca de una serpiente.

Uxmal: piedra fálica de sombra.

Uxmal: templo de fauces abiertas en lo alto de la pirámide del Mago.

Chichén Itzá: pirámide de Kukulcán.

Serpiente del equinoccio que apareció en la pirámide de Kukulcán en 1998.

Dzilbilchaltun: El Sak Be este-oeste con la «Casa de las Muñecas» a lo lejos.

Dzilbilchaltun: plataforma canamayte y piedra del Sol en el Sak Be este-oeste.

Cahal Pech: fuego ardiendo.

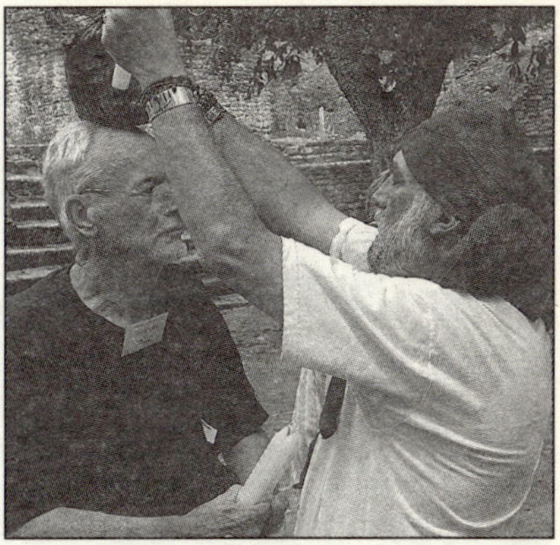

Carlos Barrios realizando una sanación.

El autor (derecha) con el anciano maya Carlos Barrios.

Oaxaca: escultura medio alienígena.

La señora Xoc invoca
una visión de una serpiente,
Museo Británico.

IX

LOS AZTECAS Y LA ATLÁNTIDA

Mientras escribía *Las profecías de los mayas*, el tema de la Atlántida aparecía una y otra vez. Exploramos la leyenda en sus muchas variantes y llegamos a la conclusión de que realmente hubo una civilización insular que quedó sumergida bajo las olas por la época que señala Platón. Antes de entrar en los motivos para afirmar tal cosa y en su posible conexión con la profecía maya sobre el fin de la edad, vale la pena repetir la historia desde el principio, comenzando con la principal fuente de esta leyenda: Platón.

El filósofo griego Platón era discípulo de Sócrates y escribió diálogos basados en las enseñanzas de éste. Es imposible saber qué parte de su obra puede atribuirse a su mentor, Sócrates, y cuánto hay de su propia cosecha. Todo lo que sabemos con certeza es que reverenciaba al anciano y que usó sus enseñanzas como plataforma de lanzamiento para sus propios escritos. La Atlántida aparece sólo en dos de las obras de Platón, el *Timeo* y el *Critias*. Al parecer fueron escritos allá por el 350 a. J.C., cerca ya del final de su vida. El *Critias*, tal vez el último de los diálogos que escribió, quedó inacabado a su muerte acaecida en 347 a. J.C.

El *Timeo* y el *Critias* tienen que ver sobre todo con la ciencia. Sin embargo, Platón introduce los temas científicos que se propone discutir contando primero la historia de la Atlántida. Basa su historia en un relato que aparentemente le cuenta a Sócrates el bisabuelo materno de Platón, Critias. Evidentemente, Critias se la oyó a su abuelo (otro Critias) y éste a su padre, Dropides. Dropides la oyó de primera mano de su buen amigo Solón, el famoso legislador de Atenas. Solón nació en el 638 a. J.C. y murió en 558 a. J.C. Sócrates murió en 399 a. J.C. y Platón escribió el *Timeo* en 350 a. J.C. Así, al contar la historia de la Atlántida estaba recogiendo una historia que le había llegado de quinta mano y que ya tenía casi doscientos años de antigüedad cuando la plasmó en el papel. Esto significa que no deberíamos sorprendernos de que la historia adoleciera de algunas imprecisiones.

Antes de continuar con este análisis, vale la pena repetir lo que escribe realmente sobre la Atlántida. En el *Timeo* –un diálogo reconstruido entre Critias, Timeo y Sócrates– dice lo siguiente:

> «"En Egipto hay una provincia llamada Saítica –dijo Critias–, situada en el Delta, en cuyo vértice la corriente del Nilo se divide. La ciudad más grande de esta provincia se llama Saïs –en donde también fue rey Amasis– y entre los habitantes de la ciudad se venera a una diosa que es considerada patrona; en la lengua egipcia se llama Neiz, mientras que en la griega, según palabras de aquéllos, se llama Atenea. Dicen que son muy amigos de los atenienses y que, de alguna manera, también son parientes suyos. Solón dijo que fue muy bien agasajado por aquéllos y que llegó a ser muy ilustre entre ellos, y que cuando preguntó en una ocasión sobre hechos antiguos a los sacerdotes más sabios, pudo descubrir que ni él mismo, ni ningún griego, por así decirlo, era entendido en tal clase de asuntos. En una ocasión quiso inducirlos a conversar sobre hechos antiguos, y empezó a hablar de los más antiguos de esta manera: Sobre Foreneo, que se dice que fue el primer ser, y sobre Níobe; contó el mito de Deucalión y Pirra y cómo vivieron después del diluvio; estableció su genealogía, y probó a contar los años recordando con precisión los que vivió cada uno de los que nombraba. Entonces, uno de los sacerdotes más ancianos le dijo con destreza; '¡Ay, Solón, Solón! los griegos siempre sois niños, no hay un griego viejo.' Tras escucharlo, Solón le dijo: '¿Por qué dices eso?' El anciano le contestó así: 'Todos sois jóvenes de espíritu pues no tenéis en él un antiguo parecer transmitido a través de una antigua tradición ni un conocimiento envejecido por el tiempo. La causa de esto es que ha habido y habrá numerosas destrucciones de hombres por muchos motivos, las más grandes por fuego y agua, otras más pequeñas por innumerables causas. Entre vosotros se dice, en

efecto, que en una ocasión, Faetón, el hijo de Helios, tras enganchar el carro de su padre y por no ser capaz de guiarlo por el camino que hacía su padre, quemó por completo todo lo que había sobre la tierra y que él mismo pereció siendo aniquilado por un rayo. Se dice que esto tiene forma de mito, pero lo cierto es que es un cambio de los objetos que marchan alrededor de la tierra en el cielo y una destrucción a largo plazo de lo que está situado sobre la tierra con mucho fuego. Entonces, cuantos viven en los montes y en lugares altos y secos, perecen más que los que viven junto a los ríos y el mar. El Nilo, salvador nuestro en otras cosas, nos salva también entonces liberándonos de esa desgracia [...] Por ello se dice que lo que se ha salvado aquí es lo más antiguo.'"»[1]

El anciano sacerdote pasa a contarle entonces a Solón que en un tiempo anterior a la mayor de todas las inundaciones, Atenas prevalecía en la guerra y era la ciudad mejor gobernada del orbe. A continuación cuenta la historia de una invasión que se produjo unos 9 000 años antes.

«"'Numerosos y grandiosos han sido los hechos de vuestra ciudad, aquí escritos, que causan admiración; pero de todos ellos hay uno que sobresale por completo en importancia y mérito. Efectivamente, nuestros escritos cuentan cómo vuestra ciudad aniquiló en una ocasión una fuerza que marchaba con soberbia sobre toda Europa y Asia juntas, tras partir desde fuera, desde el mar Atlántico. Entonces aquel mar se podía atravesar, pues tenía una isla delante de la desembocadura que vosotros llamáis, según decís, Columnas de Heracles. La isla era mayor que Libia y Asia juntas, y desde ella era posible para los que viajaban en ese tiempo acceder a las otras islas. Desde ellas se podía pasar a todo el continente que está justo enfrente y rodeaba aquel verdadero océano. Esa parte, que quedaba dentro de la desembocadura de la que hablamos, parece que tenía un puerto estrecho que servía como entrada. Aquello era realmente un mar, y la tierra que lo rodeaba podría llamarse con total precisión continente. En esta isla Atlántida se formó una grandiosa y admirable potencia integrada por reyes que dominaban toda la isla, otras más y algunas zonas del continente. Además de esto, gobernaban sobre los que vivían en el interior de Libia hasta Egipto, y de Europa hasta

Tirrenia. Toda esta potencia, tras concentrarse en una sola, intentó en una ocasión esclavizar vuestra tierra, la nuestra y la que está situada dentro de la desembocadura en un solo ataque. Fue entonces, Solón, cuando la fuerza de vuestra ciudad llegó a ser manifiesta a todos los hombres en virtud y poder. Pues aventajó a todos en coraje y en el arte de la guerra; en algunos momentos estuvo al frente de los griegos, en otros, ella misma se quedó sola por necesidad cuando los otros se apartaron. Estuvo expuesta a los peligros más extremos y erigió un trofeo tras vencer a los atacantes. Impidió que fuesen hechos esclavos los que no lo eran, y a todos los otros, los que vivimos en el interior de las Columnas de Heracles, los liberó generosamente. En el tiempo siguiente sobrevinieron un violento seísmo y un cataclismo; sucedió durante un día y una noche terribles, y toda vuestra casta guerrera se hundió bajo la tierra, y la isla Atlántida, tras hundirse de igual manera bajo el mar, desapareció. Por ello ahora el mar de allí es inaccesible y desconocido, teniendo como obstáculo el lodo de muy poca altura que la isla asentada produjo.'"

»Has oído, Sócrates, en breves palabras, lo que contó el anciano Critias según el relato de Solón.»[2]

Cómo llegó lo de la Atlántida a oídos de Solón, la fuente de la historia de Platón, es de por sí una pregunta interesante. Sabemos de distintas fuentes que estuvo fuera de Atenas durante diez años, durante los cuales visitó Egipto. Saïs, la ciudad donde se dice que conoció al viejo sacerdote, era por entonces la capital de Egipto. Era una gran ciudad con una historia muy larga que se remontaba a la época predinástica. Sin embargo, como estaba construida en su mayor parte ladrillos de barro, en la actualidad queda muy poco de ella. Esto no era así en la época en que la visitó Solón, ya que por entonces estaba en el apogeo de su poder y de su importancia. Recientes investigaciones arqueológicas revelan que el templo de Neïth era tan grande como el de Amón en Karnak. Así pues, un anciano sacerdote a cargo de semejante templo sería una persona muy importante. Si había alguien en Egipto que conociese las antiguas tradiciones relacionadas con la invasión de los atlantes, seguramente era él. El rey Amasis, al que se menciona en la historia, fue el último gran faraón nacido en Egipto. Pertenece a la vigésimo quinta dinastía y gobernó del 570 al 526 a. J.C., lo que significa que era faraón durante la visita de Solón en 560 a. J.C. Aunque no está mencionado ni en el *Timeo* ni en el *Critias*, el historiador griego Herodoto (484-425 a. J.C.) escribe que Amasis y Solón se conocieron. Dado que Solón era probablemente el griego más famoso de su época y gozaba de enorme respeto como legislador de Atenas, eso no es en absoluto improbable.

En el momento de la visita de Solón, Egipto estaba en paz con sus vecinos y es posible que los dos hombres no fueran conscientes de que una potencia estaba a punto de surgir en el este. Platón, que escribió doscientos años más tarde, tenía la ventaja de la perspectiva histórica. Sabía que el reinado de Amasis había sido un período crepuscular para el antiguo Egipto, un hecho que añade cierto patetismo a su historia. El Egipto de las últimas dinastías no se libró de invasiones foráneas. Había sufrido la conquista tanto de los asirios como de los babilonios, pero con ayuda de mercenarios griegos, había conseguido liberarse. Bajo la vigésimo quinta dinastía, Egipto era otra vez independiente y se había convertido en una importante potencia comercial. En ese momento los griegos volvieron a desempeñar un papel fundamental para la nueva prosperidad. Habiéndoseles concedido un puerto propio en un lugar cerca de Saïs llamado Naucratis, comerciaban intensamente con los egipcios y eran considerados aliados importantes. Sin embargo, en la época de la visita de Solón, ya empezaban a juntarse en el horizonte negros nubarrones que presagiaban tormenta. Es posible que ni el sacerdote con el que habló ni el propio rey Amasis se hubieran dado cuenta, pero los días de Egipto como reino independiente estaban contados. En 526 a. J.C., tras la muerte de Amasis, Egipto fue invadido por los persas. El sucesor de Amasis murió en combate y Cambises, el rey persa, se erigió en faraón. Como una ola mareal, el ejército persa había barrido Egipto y los antiguos estados aliados de Grecia de Anatolia (Lidia, Caria y Jonia). Sin embargo, la tenacidad de los griegos –en especial de los atenienses– contuvo la invasión. Fueron ellos los que evitaron que el Imperio persa se tragara las tierras del Mediterráneo y los que finalmente liberaron a Egipto de la opresión persa. Ésta es la referencia que tenemos que tener presente cuando leemos lo que cuenta Platón de la Atlántida.

Hay que recordar que para Platón, que escribe con la ventaja de la perspectiva histórica, el surgimiento de Persia era historia reciente. Él sabía que habían sido los griegos, y de forma especial los atenienses, los que habían evitado hasta ese momento que el Imperio persa se extendiera a Europa. Las victorias atenienses en las batallas de Maratón (490 a. J.C.) y de Salamina (480 a. J.C.) contribuyeron a ello. Sin embargo, la amenaza persa todavía no había desaparecido. El Imperio persa seguía siendo el más poderoso que hubiera visto jamás el mundo, y se extendía desde el litoral del Egeo hasta Anatolia, a través de Mesopotamia e Irán hasta las fronteras de la India. En la época en que escribió Platón, Egipto estaba al final de un breve «Período Tardío» (dinastías 28-30, 404-343 a. J.C.) en el cual, aunque por poco tiempo, fue una vez más independiente de Persia. Esto acabaría en 343 a. J.C. cuando Artajerjes III volvió a invadir Egipto y obligó al país a formar parte otra vez del Imperio persa. Por una ironía del destino, serían los griegos, encabezados por Alejandro Magno, los que menos de veinte años después de la muerte de Platón expulsarían de Egipto a los persas y destruirían su imperio para siempre.

Platón escribía en medio de todos estos acontecimientos históricos y, por lo tanto, no era un cronista desinteresado de edades pasadas, sino alguien profundamente consciente de la situación política que se desplegaba a su alrededor. Para él, la amenaza que todavía planteaba Persia para Grecia y para la civilización griega era demasiado real. Así pues, al escribir sobre la Atlántida –un adversario legendario desde tiempo inmemorial–, en cierto modo estaba presentando la idea del carácter cíclico de la historia. La victoria de los atenienses sobre la Atlántida podía considerarse como precursora de las derrotas más recientes infligidas a los persas en las batallas de Maratón y Salamina. Está claro, pues, que, en cierto sentido, su historia de la Atlántida era una parábola de su propia época: una profecía de cómo el imperio del «mal» que era Persia sin duda correría el mismo destino que la Atlántida por atreverse a invadir Grecia y Egipto. Pero es evidente que aquí no termina la historia, ya que si el sacerdote de Saïs estaba diciendo la verdad y la historia se repetía, esto implicaba que la época en que vivía Platón probablemente estaba tocando a su fin. Para Platón ésta era una cuestión nada banal, porque los griegos, al igual que los mayas, creían que estaban viviendo en la última edad de la humanidad.

La leyenda de la Edad Dorada

En nuestra búsqueda de la Atlántida hay otras pistas menos evidentes sobre la intención de Platón al contar esta historia. Cuando examinamos su relato de la supuesta conversación de Solón con el sumo sacerdote, la pregunta que tenemos que hacernos para empezar es cómo llegaron a ese tema. El propio Platón nos da la respuesta a esta pregunta cuando nos dice que:

> [...] En una ocasión, [Solón] para entablar conversación con ellos sobre esto, se puso a contar los hechos más antiguos de esta ciudad, la historia de Foráneo, del que se dice que es el primer hombre, y de Níobe y narró cómo Deucalión y Pirras sobrevivieron después del diluvio e hizo la genealogía de sus descendientes y quiso calcular el tiempo transcurrido desde entonces recordando cuántos años había vivido cada uno [...].

Así pues, la discusión sobre la Atlántida se inscribe en el contexto de edades anteriores y destrucciones del mundo. Solón debe de haberles contado a los egipcios acerca de mitos griegos relativos a edades anteriores a lo que el sacerdote le respondió con un conocimiento más detallado de su propia cosecha. Sin embargo, a Platón sin duda le rondaba en la cabeza la idea de que, del mismo modo que tras la derrota de la Atlántida por Atenas sobrevino una catástrofe, a la derrota de Persia (la «moderna Atlántida») por los griegos de su tiempo le seguiría también una catástrofe mundial similar.

Para Platón, esto debía de ser una posibilidad muy real. Por extraño que pueda parecer en un principio, la idea de los mayas y de los aztecas de que hubo edades anteriores y razas de hombres además de la nuestra tiene sus paralelismos en la mitología europea. Estas edades se describen en un poema de Hesíodo, un poeta griego que vivió en el siglo VIII a. J.C., titulado *Los trabajos y los días*.

> Al principio, los Inmortales que habitan mansiones olímpicas crearon una dorada estirpe de hombres mortales. Existieron aquéllos en tiempos de Cronos, cuando reinaba en el cielo; vivían como dioses, con el corazón libre de preocupaciones, sin fatiga ni miseria; y no se cernía sobre ellos la vejez despreciable, sino que, siempre con igual vitalidad en piernas y brazos, se recreaban con fiestas ajenos a todo tipo de males. Morían como sumidos en un sueño; poseían toda clase de alegrías, y el campo fértil producía espontáneamente abundantes y excelentes frutos. Ellos, contentos y tranquilos, alternaban sus faenas con numerosos deleites. Eran ricos en rebaños y entrañables a los dioses bienaventurados.
>
> Y ya luego, desde que la tierra sepultó esta raza, aquéllos son, por voluntad de Zeus, espíritus benignos, terrenales, protectores de los mortales [que vigilan las sentencias y malas acciones yendo y viniendo envueltos en niebla, por todos los rincones de la Tierra] y dispensadores de riqueza; pues también obtuvieron esta prerrogativa real.
>
> En su lugar, una segunda estirpe mucho peor, de plata, crearon después los que habitan las mansiones olímpicas, no comparable a la de oro ni en aspecto ni en inteligencia. Durante cien años el niño se criaba junto a su solícita madre pasando la flor de la vida, jugando, en su casa; y cuando ya se hacía hombre y alcanzaba la edad de la juventud vivían poco tiempo llenos de sufrimientos a causa de su ignorancia; pues no podían apartar de entre ellos una violencia desorbitada ni querían dar culto a los Inmortales ni hacer sacrificios en los sagrados altares de los Bienaventurados, como es norma para los hombres por tradición. A éstos más tarde los hundió Zeus Crónida, irritado porque no daban las honras debidas a los dioses bienaventurados que habitan el Olimpo.
>
> Y ya luego, desde que la tierra sepultó también a esta estirpe, estos genios subterráneos se llaman mortales bienaventurados, de rango inferior, pero que no obstante también gozan de cierta consideración.

Otra tercera estirpe de hombres de voz articulada creó Zeus padre, de bronce, en nada semejante a la de plata, nacida de los fresnos, terrible y vigorosa. Sólo les interesaban las luctuosas obras de Ares y los actos de soberbia; no comían pan y en cambio tenían un aguerrido corazón de metal. [Eran terribles; una gran fuerza y unas manos invencibles nacían de sus hombros sobre robustos miembros.] De bronce eran sus armas, de bronce sus casas y con bronce trabajaban; no existía el negro hierro. También éstos, víctimas de sus propias manos, marcharon a la vasta mansión del cruento Hades, en el anonimato. Se apoderó de ellos la negra muerte aunque eran terribles, y dejaron la brillante luz del sol.

Y ya luego, desde que la tierra sepultó también esta estirpe, en su lugar todavía creó Zeus Crónida sobre el suelo fecundo otra cuarta más justa y virtuosa, la estirpe divina de los héroes que se llaman semidioses, raza que nos precedió sobre la Tierra sin límites.

A unos la guerra funesta y el temible combate los aniquiló bien al pie de Tebas la de siete puertas, en el país cadmeo, peleando por los rebaños de Edipo, o bien después de conducirles a Troya en sus naves, sobre el inmenso abismo del mar, a causa de Helena de hermosos cabellos. [Allí, por tanto, la muerte se apoderó de unos.]

A los otros, el padre Zeus Crónida determinó concederles vida y residencia lejos de los hombres, hacia los confines de la Tierra. Éstos viven con un corazón exento de dolores en las islas de los Afortunados, junto al océano de profundas corrientes, héroes felices a los que el campo fértil les produce frutos que germinan tres veces al año, dulces como la miel, [lejos de los Inmortales; entre ellos reina Cronos. Pues el propio padre de hombres y dioses le libró, y ahora siempre entre ellos goza de respeto como benigno. Zeus, a su vez, creó otra estirpe de hombres de voz articulada, los que ahora existen sobre la tierra fecunda].

Y luego, ya no hubiera querido estar yo entre los hombres de la quinta generación sino haber muerto antes o haber nacido después; pues ahora existe una estirpe de hierro. Nunca durante el día se verán libres de fatigas y miserias ni dejarán de consumirse durante la noche, y los dioses les procurarán ásperas inquietudes; pero no obstante, también se mezclarán alegrías con sus males.

Zeus destruirá igualmente esta estirpe de hombres de voz articulada, cuando al nacer sean de blancas sienes. El padre no se parecerá a los hijos ni los hijos al padre; el anfitrión no apreciará a su huésped ni el amigo a su amigo y no se querrá al hermano como antes. Despreciarán a sus padres apenas se hagan viejos y les insultarán con duras palabras, cruelmente, sin advertir la vigilancia de los dioses –no podrían dar el sustento debido a sus padres ancianos aquéllos [cuya justicia es la violencia, y unos saquearán las ciudades de los otros]. Ningún reconocimiento habrá para el que cumpla su palabra ni para el justo ni el honrado, sino que tendrán en más consideración al malhechor y al hombre violento. La justicia estará en la fuerza de las manos y no existirá pudor; el malvado tratará de perjudicar al varón más virtuoso con retorcidos discursos y además se valdrá del juramento. La envidia Murmuradora, gustosa del mal y repugnante, acompañará a todos los hombres miserables.

Es entonces cuando Aidos y Némesis, cubierto su bello cuerpo con blancos mantos, irán desde la Tierra de anchos caminos hasta el Olimpo para vivir entre la tribu de los Inmortales, abandonando a los hombres; a los hombres mortales sólo les quedarán amargos sufrimientos y ya no existirá remedio para el mal.[3]

La idea de edades anteriores vinculadas a metales gradualmente menos nobles se repite en el Libro de Daniel. Este profeta, más o menos contemporáneo de Solón, no puede haber escrito su libro antes del 586 a. J.C. (la fecha de la caída de Jerusalén en manos de los babilonios), pero tal vez estuviera terminado antes del 520, cuando los judíos reconstruyeron su templo. En su libro, Daniel describe una estatua simbólica que el rey Nabucodonosor vio en sueños:

Tú, ¡oh rey!, tuviste una visión; y te parecía que veías como una grande estatua, y esta estatua grande y de elevada altura estaba derecha enfrente de ti; y su presencia era espantosa. La cabeza de esta estatua era de oro finísimo; el pecho y los brazos, de plata; mas el vientre y los muslos, de cobre; y de hierro las piernas y la una parte de los pies era de hierro y de arcilla. [Daniel 2, 31-3]

Daniel pasa a explicar el significado de esta visión y su relación con los imperios que se sucedieron en el mundo.

Tú eres rey de reyes; y el Dios del cielo te ha dado a ti reino, y fortaleza e imperio y gloria, y ha sujetado a tu poder los lugares todos en que habitan los hijos de los hombres, como también las bestias del campo y las aves del aire; todas las cosas ha puesto bajo tu dominio: tú, pues, eres la cabeza de oro. Y después de ti se levantará otro reino menor que el tuyo, que será de plata, y otro tercer reino, que será de cobre o bronce, el cual mandará toda la tierra. Y el cuarto reino será como el hierro. Al modo que el hierro desmenuza y doma todas las cosas, así destrozará y desmenuzará a todos los demás. Mas en cuanto a lo que has visto, que una parte de los pies y de los dedos era de barro de alfarero, y la otra de hierro, sepas que el reino, sin embargo, que tendrá origen de vena de hierro, será dividido, conforme lo que viste del hierro mezclado con el barro. Y como los dedos de los pies en parte son de hierro, y en parte de barro cocido; así el reino en parte será firme y en parte quebradizo. [Daniel 2, 36-42]

Es dudoso que Daniel conociera directamente el poema de Hesíodo, pero es probable que la idea de las edades del mundo y de cómo éstas se simbolizaban mediante metales cada vez más vulgares y más duros fuera moneda común en todo el Oriente Próximo y en Europa durante el siglo VI de nuestra era. Aunque también es improbable que Platón hubiera leído o conocido siquiera el Libro de Daniel, no es imposible. Sin duda, la idea de edades sucesivas vinculadas a metales cada vez más vulgares no se había olvidado. La misma idea la repite unos quinientos años después el poeta romano Ovidio. En sus *Metamorfosis*, escritas alrededor del 8 d. J.C., menciona cuatro en vez de cinco edades, comenzando por la edad de oro o de Saturno:

Fue creada la primera edad, la de oro que, sin responsable alguno, por propia iniciativa, sin leyes, cultivaba la lealtad y la rectitud. El castigo y el miedo estaban ausentes y no se entrelazaban palabras amenazadoras en bronce clavado ni la suplicante muchedumbre temía la cara de su juez, sino que estaban seguros sin garante. Todavía no había penetrado en las aguas cristalinas el pino derribado de sus montes para visitar un mundo extranjero, y los hombres no conocían costa alguna a excepción de las suyas. Todavía no rodeaban las ciudades fosas en precipicio, no existía la trompeta de bronce recto, no los cuernos de bronce curvado, no los cascos, no la espada: sin hacer uso del ejército, los pueblos pasaban la vida en apacible ocio libres de preocupaciones. También la propia tierra, sin daño y sin haber sido tocada por la azada ni herida por arado alguno, ofrecía por sí misma todas las cosas y, satisfechos con los alimentos producidos sin que nadie los forzara, recolectaban frutos del madroño y fresas silvestres y frutos del cornejo y también moras que se adhieren a las duras zarzas y las bellotas que habían caído del anchuroso árbol de Júpiter. La primavera era eterna y los apacibles céfiros acariciaban con tibias brisas las flores nacidas sin semilla; al punto también la tierra sin arar ofrecía cereales y el campo no renovado blanqueaba por las pesadas espigas: fluían ya ríos de leche, ya ríos de néctar, y la rubia miel goteaba de la verde encina.

Después de que, una vez enviado Saturno al Tártaro lleno de tinieblas, el mundo estuvo bajo el dominio de Júpiter, llegó la generación de plata, inferior al oro, más valiosa que el rojizo bronce. Júpiter acortó la duración de la antigua primavera y, a través de inviernos y veranos, de variables otoños y corta primavera, dividió el año en cuatro períodos. Entonces por primera vez el aire abrasado por secos calores se inflamó y estuvo colgado el hielo condensado por los vientos; entonces por primera vez entraron en las casas: fueron enterradas en largos surcos, y los novillos gimieron oprimidos por el yugo.

Después de ella llegó la tercera generación, la de bronce, más cruel de carácter y más dispuesta a las terribles armas, sin embargo, no manchada de crímenes; de duro hierro es la última. Al punto irrumpió en la época del peor metal toda iniquidad, huyeron el pundonor y la verdad y la lealtad; su lugar lo ocuparon los engaños, las mentiras, las emboscadas y también la violencia y el criminal deseo de poseer. El marinero desplegaba las velas al viento y todavía no los conocía bien y las quillas, que durante mucho tiempo habían permanecido fijas en la cima de los montes, saltaron entre olas desconocidas, y la tierra, antes común como la luz del sol y las brisas, la marcó con una larga linde de precavido agrimensor. Y la rica tierra no sólo recibía la exigencia de las cosechas y los alimentos debidos, sino que se penetró en las entrañas de la tierra, y las riquezas que había escondido y había conducido a las sombras estigias fueron excavadas, acicates de desgracias; y ya había surgido el dañino hierro y el oro más dañino que el hierro; surge la guerra, que lucha por uno y otro y agita con mano ensangrentada las armas que rechinan. Se vive de lo robado; el huésped no está seguro de su huésped, no el suegro del yerno, también es inusual la armonía de los hermanos. El marido es una amenaza de muerte para su esposa, ella para su marido; las horribles madrastras mezclan amarillentos venenos; el hijo se interesa por los años de su padre antes de tiempo. Yace vencida la piedad y la Virgen Astrea ha abandonado, la última de los dioses, las tierras humedecidas de matanza.[4]

Indudablemente, la inspiración de estos textos más tardíos proviene de Hesíodo, cuyas obras fueron estudiadas casi con la misma avidez que el relato de Homero sobre el asedio de Troya. Lo más notable es la similitud entre la tradición grecorromana relativa a las edades del hombre y lo plasmado por los mayas en el *Popol-Vuh*. Curiosamente, al igual que uno de los primeros intentos de crear a la especie humana que se describen en el *Popol-Vuh*, la tercera creación de Hesíodo (los hombres de la Edad de Bronce) está hecha de madera (fresno). Aunque casi todos los detalles son diferentes, la similitud en los mitos de edades anteriores a las que puso fin la acción de los dioses es notable. La principal diferencia entre Hesíodo y el *Popol-Vuh* es que el primero presenta una degeneración constante de la especie humana, siglo tras siglo, desde la primera raza de la Edad Dorada hasta nuestra quinta raza, la actual, mientras que el último retrata a las razas anteriores como muy inferiores a la actual.

La historia de Hesíodo de las edades sucesivas, comenzando por una Edad Dorada de la inocencia, coincide con otros mitos griegos, el más importante de los cuales tiene que ver con los orígenes de la dinastía olímpica cuando Zeus (Júpiter o Jove) se erigió en rey de los dioses y de los hombres. Antes de su tiempo, la tierra y los cielos eran gobernados por su padre, Cronos (Saturno). Según el mito, Cronos era hijo de Urano, dios del cielo, y de la diosa de la tierra, Rhea. Era uno de los titanes, una raza anterior de dioses que gobernaba los cielos y la tierra antes del advenimiento de los olímpicos. Cronos castró a su padre y usurpó el trono del cielo. Según Hesíodo, Cronos desposó a su hermana Gaia, que le daba hijos, pero él, advertido de que, al igual que su padre antes que él, sería destronado por un hijo, se los comía en cuanto nacían. De esta manera se comió a los dioses Hades y Poseidón y a las diosas Hera, Hestia y Deméter.

Gaia, apenada por sus hijos y con ayuda de su madre, urdió un plan para impedir que Cronos se comiera al último de sus hijos, Zeus. Ya hemos hablado de esto, pero vale la pena verlo con más detalle. Cuando nació Zeus, Gaia envolvió una piedra grande en pañales y se la entregó a Cronos en lugar del niño recién nacido, Cronos se tragó la piedra y Zeus fue criado secretamente en una cueva. Cuando llegó a la edad adulta, decidió dar la espalda a su padre. Convenció a la titán Metis de que diera a Cronos un emético que le hizo vomitar, enteros y sin daño alguno, a los hermanos y hermanas de Zeus. Cronos también expulsó la piedra, que a continuación fue colocada en el oráculo de Delfos y a la que se llamó el ombligo de la Tierra.

Se desató entonces una guerra por la supremacía entre dioses y Titanes. De un lado estaban Zeus, sus hermanos y algunos gigantes. Del otro, Cronos y la mayor parte de los Titanes. El conflicto duró diez años, pero al final Zeus salió victorioso. Después de esto, él y sus hermanos lo echaron a suertes. Zeus (Júpiter) se convirtió en rey del cielo, Poseidón (Neptuno) en rey de los mares, y Hades (Plutón) en rey del mundo subterráneo. La superficie de la Tierra se consideró territorio común que los tres dioses podían visitar a su antojo. Mientras tanto, los Titanes caídos fueron encerrados en el Tártaro, una cárcel semejante a un infierno. Delegando parte de su autoridad, Zeus formó una corte de doce dioses gobernantes en el monte Olimpo. A continuación, estos «olímpicos», entre los cuales estaba Atenea, hija de Zeus nacida de su propio cráneo, se convirtieron en los dioses principales de los griegos.

Aunque los griegos y los romanos honraban a Zeus como el padre de los dioses, sus sentimientos hacia él eran claramente ambivalentes. En sus mitos, recordaban que no era el creador original de la especie humana. Ese honor le correspondía a Prometeo, uno de los cuatro hijos de un titán llamado Japetos. Prometeo, cuyo nombre significa «previsión», era clarividente y capaz de penetrar en el futuro. Como había previsto la derrota de los Titanes, prudentemente se había puesto del lado de Zeus y de los olímpicos. Sin embargo, cuando Zeus decidió destruir a la raza humana, fue Prometeo el que salvó a su progenie. Dio instrucciones a Deucalión, el Noé de los griegos, de que construyera un arca. Gracias a ello, Deucalión y su esposa sobrevivieron a la inundación y, en su debido momento, engendraron una nueva generación de seres humanos. Al no haber conseguido destruir a la humanidad con el agua, Zeus les negó entonces el fuego en la esperanza de que murieran de frío. Una vez más Prometeo acudió en su ayuda y les trajo a los hombres el fuego del cielo. Zeus, que seguía decidido a destruir a la especie humana, les exigió entonces que le ofrecieran sus alimentos como sacrificio. Pretendía matarlos de hambre quedándose con las mejores partes de los animales sacrificados. Una vez más, Prometeo acudió en ayuda de su progenie. Dispuso que se prepararan dos lotes de ofrendas: uno para Zeus y el otro para los hombres. Zeus escogió la ofrenda con mejor aspecto, que resultó no ser más que vísceras y huesos envueltos en una piel. Los humanos pudieron conservar para sí las partes más escogidas. De ahí en adelante, para gran disgusto de Zeus, siempre se le ofrecían los cartílagos y los huesos de los animales sacrificados, mientras la gente podía guardar la carne para sí. Prometeo también enseñó a los hombres muchas de las artes y las ciencias que necesitarían para vivir sobre la Tierra, incluido el arte de trabajar los metales. Sin embargo, les negó la capacidad de la previsión o la clarividencia que, como él bien sabía, sólo les mostraría la tristeza de su destino.

Enfurecido por la forma en que Prometeo le ponía continuas trampas y desobedecía sus órdenes, Zeus decidió castigarlo. Ordenó que se encadenase al titán a una roca en la cima de una alta montaña del Cáucaso. Allí, todos los días, un águila le devoraba el hígado a Prometeo, al que, por ser inmortal, volvía a crecerle por la noche para ser devorado nuevamente al día siguiente. Así podrían haber seguido las cosas por toda la eternidad, pero Prometeo se guardaba un as en la manga. Como era capaz de ver el futuro, poseía una información que Zeus necesitaba desesperadamente: la de cómo evitar el destino de su padre y de su abuelo y no ser destronado por uno de sus hijos. El único capaz de ayudar a Zeus a resolver este delicado dilema era Prometeo. Sólo él podía ver el futuro y averiguar qué debía hacer Zeus para evitar la castración y el encarcelamiento. Consciente de esto, Zeus envió a su hijo semihumano Heracles (Hércules en latín) a liberar al titán. Siguiendo las instrucciones de Zeus, Hércules mató al águila y le quitó a Prometeo las cadenas.

A cambio de su benevolencia, Prometeo recompensó a Hércules con un buen consejo. En el momento de recibir la llamada de Zeus, Hércules estaba ocupado en uno de los últimos de sus doce trabajos. Esa tarea consistía en recuperar tres manzanas de oro del Jardín de las Hespérides y llevarlas a la corte del rey de Tirinto. La tarea era sumamente difícil porque el árbol en el que crecían las manzanas estaba guardado por una serpiente de cien cabezas. No sólo eso, sino que además, las islas de las Hespérides estaban más allá del límite del mundo: muy lejos hacia el oeste, allí adonde iba el sol tras ponerse más allá del borde occidental de África.

Conseguir las manzanas parecía una misión imposible. Sin embargo, Prometeo, que podía verlo todo, le dijo a Hércules que había un camino. Los jardines pertenecían a las hijas de su hermano Atlas, otro de los Titanes. A diferencia de Prometeo, Atlas había participado en la guerra contra Zeus y los dioses del Olimpo. Como resultado de ello, estaba condenado para siempre a sostener una de las esquinas del cielo. Prometeo aconsejó a Hércules que visitara a Atlas y le pidiera que recuperara por él las manzanas.

Hércules siguió las instrucciones de Prometeo y emprendió el largo viaje hacia el noroeste de África. Allí hizo un pacto con Atlas según el cual, si el titán accedía a traerle las manzanas, él se encargaría temporalmente de soportar el cielo sobre sus hombros. Atlas, que estaba encantado de ser relevado de su responsabilidad aunque sólo fuera por un breve período, cruzó el Atlántico y obtuvo las manzanas de manos de sus hijas. Sin embargo, aunque volvió con ellas donde estaba Hércules, como había prometido, no tenía ganas de volver a aguantar el cielo. Hércules tuvo que engañarlo para que lo sujetara un momento mientras él se agachaba para atarse la sandalia. Entonces, mientras Atlas sostenía una vez más el cielo, Hércules salió corriendo y llegó a Tirinto donde entregó las manzanas a su sorprendido rey. En cuanto a Atlas, más adelante, miró imprudentemente a la cara a la medusa Gorgona y se convirtió en piedra. En la actualidad, convertido en los montes Atlas, sigue sosteniendo el cielo.

He contado estos mitos con detenimiento porque creo que ofrecen claves fascinantes tanto de las ideas de los griegos sobre astronomía como de sus propios recuerdos remotos de la Atlántida. Ocupándonos primero de la astronomía, es evidente que en este mito, el titán Atlas debe equipararse con la constelación de Orión. Cuando sale, esta constelación parece empujar la mitad de la Vía Láctea hacia arriba para formar un arco que pasa por el cenit y atraviesa el cielo en dirección sureste-noroeste.

Después, al ponerse Orión en el oeste, también parece liberarse del peso de la Vía Láctea, que ahora forma un anillo en torno al horizonte. Pero aquí no acaba la historia, porque ahora, saliendo por el este, está la constelación de Hércules. Al ascender en el cielo, también parece tirar de la otra mitad de la Vía Láctea para formar un arco brillante que esta vez va de suroeste a nordeste.

Y así, en un ciclo que se repite interminablemente a lo largo del tiempo, Hércules se pone en el oeste y Orión otra vez empuja su mitad de la Vía Láctea hacia su posición elevada. Así se demuestra, en términos astronómicos, que mientras Atlas se descarga de su peso (la Vía Láctea), éste es levantado por Hércules. Ambas constelaciones representan a los soportes del cielo y se turnan para realizar la tarea de levantar la Vía Láctea.

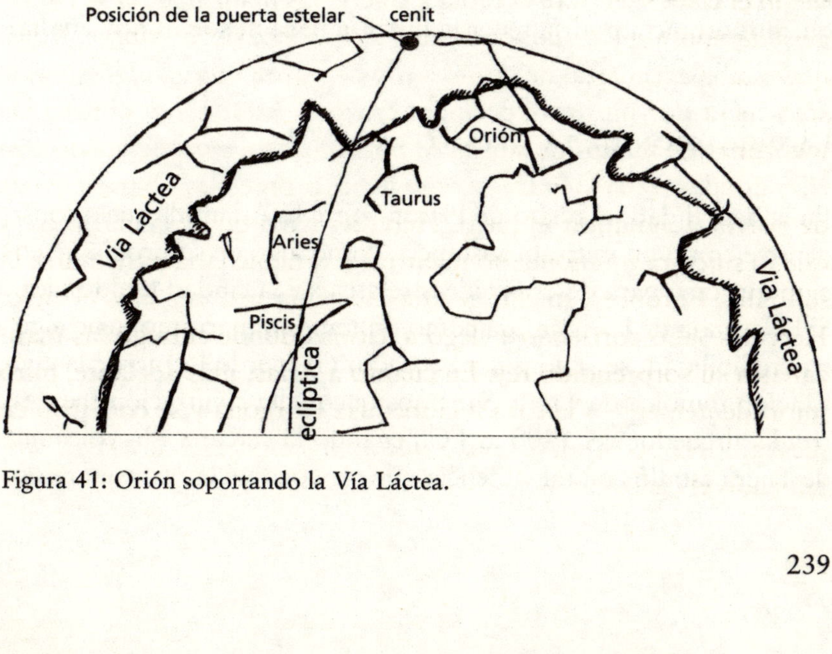

Figura 41: Orión soportando la Vía Láctea.

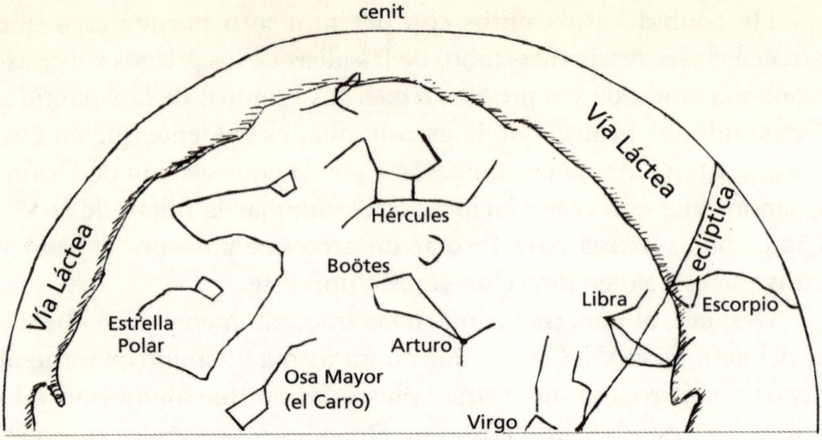

Figura 42: La constelación de Hércules levantando la Vía Láctea.

Sin embargo, todavía hay algo más de interés. Las Hespérides, o hijas de Atlas, están tradicionalmente vinculadas con los cúmulos de las Hyades y las Pléyades. Se ponen en el horizonte apenas una o dos horas antes que Orión. Atlas (Orión), en busca de las manzanas de oro, las sigue por encima del horizonte occidental. De esta manera, la astronomía sigue al mito, y ambos indican que la dirección de las Hespérides está en el lejano oeste, en la dirección del océano Atlántico. Pero ¿hay algo más que astronomía en la historia de la Atlántida? De ser así ¿dónde podría estar situada la isla hundida y qué importancia podría tener la historia para nosotros hoy en día?

La ubicación de la Atlántida

En la actualidad, el relato de Platón sobre la Atlántida suele considerarse como un mito sin sustancia: como algo de su propia invención que creó para describir ideas relativas a la ciudad-estado ideal. Si la leyenda de la Atlántida como un imperio marítimo tiene alguna credibilidad, se la considera como un recuerdo lejano de la civilización minoica de Creta. Sabemos que dicha civilización fue destruida alrededor del 1400 a. J.C., cuando la cercana isla volcánica de Thera estalló con tal violencia que provocó un enorme maremoto. Según se dice, la ola arrasó en dirección sur destruyendo las ciudades costeras de Creta. Si el maremoto fue de proporciones comparables a las del que tuvo lugar recientemente en el océano Índico, posiblemente sembró la destrucción en todo el Egeo, destruyendo ciudades costeras ubicadas tanto en islas como en el continente. Esto, se dice, es el trasfondo de la historia de Platón: un débil recuerdo de un hecho geológico que, aunque local, fue una catástrofe innegable para los griegos como para el imperio insular, que tenía poder sobre Creta y contra el cual estaban en guerra los atenienses.

El problema de esta teoría que a primera vista parece convincente es de naturaleza geográfica y de escala temporal. Nadie discute que Thera haya hecho erupción ni que las consecuencias fueran devastadoras para las islas vecinas. Sin embargo, Platón afirma específicamente que la Atlántida estaba más allá de las Columnas de Hércules que guardan el estrecho de Gibraltar. Más allá de dicho estrecho estaba y está el océano Atlántico, llamado así por la Atlántida. Que Platón sabía de qué estaba hablando queda constatado por su descripción de que más allá de la propia isla de la Atlántida había otro continente al otro lado del océano Atlántico. Ese continente no puede ser otro que América, lo cual implica que los griegos de tiempos de Platón, como buenos marinos que eran, sabían que estaba allí.

Hasta hace muy poco, era posible imaginar que la Atlántida estaba en el fondo del mar, en algún lugar en medio del Atlántico. Sin embargo, las exploraciones de los fondos marinos revelan que no hay posibilidad alguna de un continente hundido del tipo del que describe Platón en la región. Por el contrario, está la cordillera Mesoatlántica, que establece la frontera entre dos placas tectónicas: Eurasia y América del Norte. Aunque es una cadena subacuática de montañas volcánicas, están casi a igual profundidad por debajo de la superficie del océano. Sólo aflora a la superficie alrededor de Islandia, donde se está formando una tierra nueva, lo opuesto de un continente hundido.

Aun cuando el Atlántico central resulta poco prometedor como ubicación de la Atlántida de Platón, hay pistas sugerentes de que su historia no fue una total fabulación sino que puede haberse basado en recuerdos de algo real. Una clave más específica para la ubicación de la Atlántida es lo que cuenta Platón sobre la dinastía reinante. En su último diálogo, el *Critias*, dice que el nombre de la isla deriva de su primer rey, que se llamaba Atlas. Ahora bien, como hemos visto, Atlas era el padre de las Hespérides, que vivían en islas del Atlántico en la dirección en que se pone el sol. Según Platón, los dominios de la Atlántida abarcaban desde América, pasando por estas islas, hasta el oeste de Europa y el norte de África. ¿Podría ser, pues, que la Atlántida no fuera realmente un solo continente en medio del Atlántico sino más bien un imperio marítimo que se extendía a través del Atlántico abarcando islas y países costeros de ambos lados del océano; países e islas que ahora conocemos como México, España, Portugal, Libia, las Indias Occidentales, las Canarias, las Azores e incluso tal vez las islas Británicas? De ser así, ¿de qué otra manera podríamos averiguar cosas sobre ese imperio antediluviano que en una época constituyó una amenaza para Egipto y para Grecia? Para encontrar una respuesta posible a esta cuestión, dirigí mi atención al psíquico más famoso de EE UU en el siglo XX: Edgar Cayce.

La Atlántida y el Profeta durmiente

La búsqueda de la Atlántida ha sido la tarea –casi podría decirse la obsesión– de numerosos académicos y entusiastas. El influyente libro *Atlantis, the Antediluvian World*, escrito en 1882 por el congresista estadounidense Ignatius Donnelly, es una obra fundamental en la que han bebido incontables imitadores. En el siglo XX, sin embargo, nadie tuvo más influencia que Edgar Cayce, el llamado «Profeta durmiente».

Hijo de unos granjeros de Kentucky, Edgar Cayce fue un niño enfermizo que estuvo al borde de la muerte a la edad de tres años cuando cayó sobre un clavo que le atravesó el cráneo. Sobrevivió a este accidente, pero a lo largo de su vida sufrió de problemas recurrentes de garganta que le hacían perder la voz. Su ronquera parecía incurable hasta que un amigo de la familia aconsejó que probaran con hipnoterapia. Se le indujo el trance, y ante la sorpresa de todos, resultó que era capaz de hablar con toda claridad y de decirles a todos exactamente lo que le pasaba y cómo podían curarlo. El éxito evidente de este primer intento con la hipnosis fue el motivo de que se hicieran con él más experimentos. Se descubrió que en estado de trance podía contestar preguntas de la naturaleza más abstrusa sobre cuestiones de las que no tenía conocimiento previo, y que al despertarse no recordaba una sola palabra de lo que había dicho. Entonces la gente empezó a pedirle «revelaciones». Como todas las revelaciones que hacía eran registradas por una estenógrafa, con el tiempo se llegó a reunir un gran archivo de más de 14 000 informes diferentes. Al principio, las revelaciones tenían que ver, sobre todo, con encontrar curas para dolencias físicas. Sin embargo, pronto se descubrió que, en estado hipnótico, podía contarles a sus clientes cosas sobre vidas anteriores que habían vivido y sobre cómo esas experiencias pasadas influían sobre sus vidas presentes. En los casos en que fue posible comprobar detalles de esas encarnaciones anteriores, resultaron exactos. Sin embargo, muchas revelaciones tenían que ver con vidas vividas hacía tanto tiempo que no quedaban registros escritos de la época, y mucho menos detalles personales de personas que vivían por entonces. Entre estos registros inverificables había numerosos relatos relacionados con la Atlántida.

Hace ahora casi sesenta años de la muerte de Cayce, pero sus lecturas se han convertido en una fuente de datos importantísimos en aspectos que ni él mismo hubiera sospechado. De los aproximadamente 14 000 informes, sólo hay algunos cientos que mencionan la Atlántida, pero aun así son una lectura fascinante. Lo que los hace tan útiles y dignos de examen es el hecho de que, aunque fueron hechos durante un período de veinte años y Cayce siempre estaba dormido cuando los hizo, tienen una coherencia interna. Sin entrar en el tema de la Atlántida de una manera que pueda considerarse metódica, pintan una imagen que coincide tanto con el relato de Platón como con la realidad geológica. La Atlántida de Cayce llega a su final submarino alrededor del 10500 a. J.C., es decir unos 1 000 años antes de la fecha final de Platón, el 9500 a. J.C. Sin embargo, según el durmiente Cayce, el hundimiento final fue sólo la última de una serie de catástrofes que sacudieron la isla. Las «revelaciones» afirman –y, por supuesto, es imposible comprobarlo– que la especie humana surgió sobre la Tierra hace aproximadamente 10,5 millones de años. Al igual que Platón, Cayce sostiene que la civilización de la Atlántida se volvió corrupta, ya que la gente puso el materialismo por delante del servicio de Dios o de «los dioses». Esta corrupción provocó una serie de levantamientos que empezaron allá por el 43000 a. J.C. Un segundo y más importante levantamiento tuvo lugar alrededor del 28000 a. J.C. Esto hizo que lo que había sido un solo continente se dividiera en una colección de islas. La más grande y más importante fue la que él llamaba Poseidia. Estaba en las Bahamas –las islas Bimini, frente a la costa de Florida, sería el afloramiento de las montañas de Poseidia. La capital de la Atlántida estaba también en Poseidia, supuestamente en lo que entonces era la costa. Se hundió bajo las aguas en la fase final de la destrucción que, según Cayce, tuvo lugar alrededor del 10500-10000 a. J.C.

Aunque parte de lo que Edgar Cayce contó sobre la Atlántida y los atlantes parece más de ciencia ficción que real, por ejemplo, que estaban en posesión de una tecnología más avanzada que la nuestra, con máquinas voladoras, electricidad e incluso un rayo de la muerte, su ubicación de la isla de Poseidia en las Bahamas parece sólido desde el punto de vista geológico. Porque si bien el centro del océano Atlántico se caracteriza por algunas de las mayores profundidades marinas del mundo, el mar en el área de las Bahamas –los bancos de las Bahamas– es muy poco profundo. Esto coincide con la afirmación de Platón de que cuando la Atlántida fue engullida por las olas, el mar en esa zona se tornó innavegable por culpa del lodo que había bajo la superficie.

En su estado de trance, Cayce afirmó que antes de la destrucción de la Atlántida, algunos de los atlantes escaparon. Deseosos de que la memoria de su tierra no se perdiera del todo para las futuras generaciones, enterraron documentos de su civilización en tres lugares. Una serie de ellos fue enviada secretamente a Egipto, otra a la península de Yucatán, en México, y otra quedó en la propia Atlántida.

Figura 43: Ubicación de la Atlántida en la zona de las Bahamas.

Hasta la fecha, la «Cámara de los documentos» de Egipto es la que atrajo más atención. Se han enviado varias misiones en su busca, organizada la mayor parte bajo los auspicios de la Association for Research and Elinghtenment (A.R.E.), la organización fundada para perpetuar la obra de Cayce. La opinión generalizada es que existe una cámara secreta, como dijo Cayce, en las inmediaciones de la Gran Esfinge de Gizeh. Con la ayuda de radares capaces de penetrar el suelo, se han realizado reconocimientos que han revelado anomalías bajo la superficie que apoyarían la existencia de dicha cámara. Sin embargo, las autoridades egipcias, que en algún momento apoyaron cautelosamente esta tarea, hasta la fecha se han mostrado reacias a permitir excavaciones. Una razón para esta cautela ha sido la situación política imperante tanto en Egipto como en toda la región de Oriente Próximo. En el entorno actual de hostilidad terrorista contra todo lo relacionado con Occidente, a la Organización Egipcia de Antigüedades le ha parecido imprudente permitir que se inicien los trabajos. Por el momento, la búsqueda de la esquiva cámara de documentos de Cayce bajo la Esfinge ha quedado en suspenso.

Como consecuencia de este punto muerto en Egipto, se ha decidido prestar más atención a la propia Atlántida y, de manera más específica, a la ubicación de los documentos ocultos en Bimini. El propio Cayce visitó Bimini en más de una ocasión, y estando allí hizo varias revelaciones en estado de trance confirmando que esas islas habían formado parte de la Atlántida. También dijo que en sus inmediaciones se encontraría una antigua pirámide en la que se encontraban los documentos ocultos de la Atlántida. Hasta el momento nadie ha conseguido encontrarla, aunque otras personas (en especial George McMullen, un psíquico y psicometrista canadiense) han situado un punto frente a la costa donde creen que se encuentran, ocultas en el fondo marino, las ruinas del templo con su tesoro documental.

En 1968 se encontró una curiosa estructura en forma de «J» de grandes bloques de piedra caliza sumergidos frente a la costa de la isla. No había constancia de que estos bloques se hubieran colocado en tiempos modernos. Esto que no tardó en ser bautizado como el «Camino de Bimini», dio credibilidad a las revelaciones de Cayce, especialmente porque él había profetizado que la primera evidencia física de la Atlántida saldría a la luz en 1968. Hay quienes afirman que los bloques son simplemente una formación natural. Sin embargo, ese «camino» fue visitado en 2003 por Greg y Lora Little, que desde hace tiempo pertenecen a la A.R.E. y que afirman con absoluta rotundidad que la naturaleza de los bloques, su tamaño y la forma en que están partidos no tiene nada que ver con la fracturación de las rocas de la costa local.

> Lo último que hicimos en Bimini fue caminar por la orilla para examinar más de cerca las formaciones rocosas de la costa. Vimos gran cantidad de ellas, pero ninguna se parecía al Camino. No obstante, vimos un par de rocas que se habían partido en formas parciales de cuadrados y rectángulos. Éstas eran pocas y bastante pequeñas y estaban distantes las unas de las otras. No había ninguna que tuviera

más de 1,80 o 2 metros. Sabemos que las rocas costeras pueden partirse en cuadrados casi perfectos, con ángulos rectos, de modo que este hallazgo no nos sorprendió. Lo que sí fue una sorpresa es que fueran tan pocas y de tan escaso espesor, menos de treinta centímetros. Las publicaciones que sostienen que el Camino de Bimini está compuesto por rocas costeras fracturadas naturalmente señalan que hay en la isla muchas rocas idénticas a las del Camino. Estos artículos dan la impresión de que hay hileras de rocas cuadradas y rectangulares esparcidas por la superficie de Bimini. Eso no es cierto. La composición de algunas de las rocas del Camino de Bimini es idéntica a la de algunas de las rocas de la costa de Bimini, pero no hay muchos bloques cuadrados o rectangulares de sesenta centímetros de grosor a la vista.[5]

Desde 1968, la A.R.E. ha participado en numerosos intentos de encontrar más pruebas de la Atlántida. En 2003, y nuevamente en 2005, los Little llevaron a cabo una exploración sistemática de las Bahamas. Al explorar la isla de Andros encontraron evidencia convincente de una civilización perdida.[6] Esta isla, la más extensa de las Bahamas, se encuentra al sur de Bimini. En su mayor parte está deshabitada y sus características la hacen inhabitable, pero en la que es tal vez su parte más elevada hay restos de lo que evidentemente es un templo muy antiguo. Los Little descubrieron también que una de las principales razones por las cuales la costa occidental de la isla está prácticamente deshabitada es la poca profundidad del agua. Incluso a varios kilómetros de la costa, el agua no llega más que a la cintura, y el fondo está cubierto por una espesa capa de limo cenagoso. Como en el interior predominan los manglares, la costa oeste está aislada del resto ya que sólo puede accederse a ella con embarcaciones de muy poco calado.

Todo esto resulta muy interesante. Un mapa topográfico de las Bahamas revela que en tiempos de la última era glacial, Andros y Bimini habrían formado parte de una isla mucho más grande. Esta isla, presumiblemente Poseidia, habría abarcado la mayor parte de las Bahamas y habría tenido la forma de una «S» puesta de lado con dos grandes ensenadas. Nassau, la capital actual de las Bahamas, está situada a la entrada de una de estas ensenadas. Bimini habría estado en la punta de la S y la isla de Andros se habría encontrado en terreno elevado sobre la parte más extensa de la isla, que por entonces se extendería hacia el oeste llegando casi hasta Cuba.

La propia Cuba, que otros investigadores, entre ellos Andrew Collins, identifican con la Atlántida, también sería por entonces mucho más extensa que hoy, lo mismo que Florida y la península de Yucatán, en México. La protuberancia que forma América Central en torno a Honduras y Nicaragua se extendería más adentro cubriendo casi la mitad de la distancia hasta Jamaica. Como sabemos que la era glacial acabó alrededor del 11000 a. J.C., parecería haber pruebas convincentes de que si algo hay de verdad en la historia de la desaparición de la Atlántida bajo las aguas, debería estar asociada con este cambio de los niveles del mar en la región de las Bahamas e Indias Occidentales.

Resulta fácil ver por qué los primeros exploradores de los territorios mayas, personas como Brasseur de Bourbourg, relacionaron las ruinas de sus ciudades abandonadas con la civilización perdida de la Atlántida. La idea de que los navegantes hubieran visitado América miles de años antes del épico viaje de Colón en 1492 también nos plantea inevitablemente la cuestión del continente perdido de la Atlántida. Porque si los cartagineses o los romanos pudieron haber atravesado el Atlántico desde África ¿por qué no iba a ser posible que otros navegantes hubieran hecho el viaje en sentido inverso? En suma, ¿podría haber habido alguna vez un imperio «atlante», más antiguo que el de los griegos o el de los romanos, centrado en las islas de las Indias Occidentales?

En tiempos de Brasseur, los jeroglíficos mayas no sólo estaban sin traducir sino que parecían intraducibles. No se conocía la cronología de las civilizaciones de América ni la identidad de los constructores que habían dejado tras de sí monumentos tan enormes como las pirámides del Sol y de la Luna de Teotihuacán. Que el Atlántico es profundo es algo que nadie discute, pero antes de que se desarrollara la teoría de la tectónica de placas no parecía descabellado suponer que bajo esas insondables profundidades pudiera haber un continente hundido. Actualmente sabemos que casi todas estas suposiciones eran equivocadas. La datación con carbono de América Central revela que la civilización maya estaba en sus albores cuando Platón escribió sus *Diálogos*. La mayoría de las ciudades mesoamericanas, lugares como Palenque y Chichén Itzá, ni siquiera se habían fundado por entonces. Así pues, atribuir sus ciudades a los atlantes es tan falso como si les atribuyéramos la construcción de la antigua Roma. Para descubrir la verdad, tenemos que separar la geografía de la historia, la realidad de lo ilusorio. Si somos capaces de hacer esto y a pesar de todo mantener un remanente de hechos inexplicados que se adecuen al mito, entonces y sólo entonces podremos empezar a convencernos de que hay algo de verdad tras el mito de la Atlántida.

La asociación de la leyenda de Hércules y las manzanas de oro con las Bahamas y las Antillas da sentido a los mitos mayas y aztecas relativos a edades anteriores. En la historia de Hércules, las islas de las Hespérides están descritas como situadas en el occidente extremo, donde el sol se oculta durante la noche. También se nos dice que esas islas de difícil acceso eran una especie de paraíso sobre la Tierra. Había por doquier árboles con frutos exóticos y el clima era tan agradable que podían recogerse tres cosechas por año. Esto parece una descripción perfecta de las Indias Occidentales, donde crecen en abundancia todo tipo de frutos. También hay otra asociación. En los mitos griegos, Atlas no es sólo un titán que aguanta el cielo, sino que también se llama como el primer rey de la Atlántida. Si esto es así, de ello se desprende que sus hijas, las Hespérides, vivían en la Atlántida, o más bien en islas que podían considerarse restos de la Atlántida después del gran desastre que se había tragado la mayor parte del continente perdido. Las islas Canarias y Azores suelen presentarse como candidatas para ese puesto. Sin embargo, yo no creo que ninguno de estos archipiélagos, que en realidad son picos volcánicos, sean los que Platón tenía en mente cuando habló de «su» Atlántida. En mi opinión, una ubicación más probable eran las Indias Occidentales, donde, como él dice, la navegación es peligrosa por la escasa profundidad de las aguas. En esta zona, salvo en la estación de los huracanes, el clima es realmente delicioso. No sólo eso, sino que hay abundancia de frutos tropicales de árboles que no se dan en la zona del Mediterráneo. Las «manzanas de oro» que Hércules tenía que conseguir tal vez no fueran nada más mágico que el humilde coco. Que habría sido un manjar inalcanzable para los antiguos griegos. Además, también podían referirse a las vainas del cacao. Como descubrí en mi visita a la fábrica de chocolate próxima a Comalcalco, eran de color dorado en el momento de la recolección, y tenían en el interior un meollo de sabor dulce. Las semillas de su interior se usaban para hacer una bebida muy apreciada tanto por los aztecas como por los mayas. Casi todos sabemos que, al igual que el café, el cacao resulta adictivo como estimulante. También se dice que tiene propiedades afrodisíacas. De haber sabido esto, sería comprensible que los griegos considerasen que las manzanas de oro eran un regalo de bodas adecuado de Zeus a su esposa, la diosa Hera. Tal vez tuviera pensado darle por la noche una taza de chocolate caliente para ponerla a tono. Bromas a un lado, la historia de la búsqueda de las manzanas doradas de las Hespérides encomendada a Hércules, se habría basado en un recuerdo remoto de una época en que los habitantes del Mediterráneo comerciaban con el Nuevo Mundo para conseguir granos de cacao.

Creo que ésta sería una fructífera línea de indagación para algún intrépido investigador: ¿cuándo llegaron a Europa los primeros granos de cacao? En cualquier caso, el relato de Platón sobre la Atlántida parece evocar un vago recuerdo de los egipcios, si no de los propios griegos, de la existencia de islas tropicales en el oeste más remoto. En estas islas, asociadas con el nombre del titán Atlas, crecían frutos exóticos. Teniendo en cuenta esta asociación, no parece del todo descabellado pensar que la llamada guerra de los dioses, en la que los Titanes se rebelaron contra el golpe de mano de Zeus contra su padre Urano, puede referirse a un acontecimiento de mucha menor importancia: la invasión de Europa y África por los atlantes. Si esto ocurrió alrededor del 10500 a. J.C., entonces la destrucción de la Atlántida puede explicarse como una consecuencia de la elevación de los niveles del mar por esa época: el fin de la última era glacial. Si el hielo se derritió en un período muy corto, esa catástrofe podría haber ocurrido rápidamente y sin previa advertencia. Sin embargo, aun en el caso de que el deshielo fuera lento y durante un tiempo los atlantes hubieran sido capaces de frenar el avance del mar mediante diques, no podían impedir lo inevitable. Recientemente hemos sido testigos del poder de las tormentas tropicales en la región del golfo de México con la inundación de Nueva Orleans. Una ciudad de la Atlántida situada en las Bahamas habría sido igualmente vulnerable si con todo lo que contaba para protegerse del embate del mar era con un sistema de diques.

La única ventaja de un deshielo lento respecto de una catástrofe inmediata (es decir, un terremoto masivo, un choque con un asteroide o la explosión de algún tipo de planta de energía nuclear) es que habría dado tiempo para prepararse. Esto encaja con el escenario de Cayce y sustancia su aseveración de que los atlantes, sabedores de que su cultura estaba condenada, deliberadamente colocaran documentos de su civilización en México y en Egipto y también en Bimini. Es de esperar que algún día encontremos esos documentos, pero mientras tanto podemos examinar otras pruebas de los atlantes, más específicamente, los rastros de su influencia sobre las costumbres y tradiciones de los mayas. Éste fue el paso siguiente en mi búsqueda.

X

EL CULTO DE LA SERPIENTE Y LOS DIOSES PLANETARIOS DE LOS MAYAS

Era un gusto estar otra vez en Mérida, la ciudad fundada por don Francisco Montejo y actual capital de la provincia mexicana del Yucatán. Una vez más me alojé en el hotel Casa Balam, un edificio barroco próximo a la catedral y en el mismísimo corazón de la Ciudad Vieja. Este hotel no existía en la época en que Stephens y Catherwood visitaron la ciudad, pero seguramente se habrían sentido como en su casa de haberse alojado en él. Aunque su construcción databa más o menos de la década de 1960, tenía todo el aspecto de una casa típicamente colonial. En el centro tenía un patio con una pequeña fuente que dejaba caer el agua sobre unas rocas. Macetas llenas de plantas y unas sillas barrocas dispuestas en grupos en torno a mesillas bajas completaban la ilusión de estar viviendo en el siglo XIX colonial. A diferencia de las habitaciones, que miraban desde lo alto a la ruidosa calle, el patio era un oasis de paz.

Cuando le pregunté, nuestro guía me dijo que el hotel había tomado el nombre de su fundador, un personaje legendario en la vecindad al que conocían por el apodo de Balam, o jaguar. Aunque era una figura importante en los comienzos del turismo de Yucatán, no tenía ninguna conexión con Chan-Bahlum, el famoso rey de Palenque que construyó el templo de la Cruz. Sin embargo, mi interés inmediato no era el hotel, ni siquiera la ciudad, sino entrar en contacto con un notable caballero al que había conocido con ocasión de mi anterior estancia en Mérida. Un par de llamadas telefónicas y un paseo en coche me pusieron a la puerta de su casa, situada en el barrio alemán.

Sentado a la entrada disfrutando del fresco del atardecer había un hombre mayor vestido con una camisa de cuello abierto y unos pantalones holgados. Aunque me pareció más viejo y más frágil que la última vez que lo había visto, hacía cuatro años, estaba estupendamente para sus noventa y un años.

–Buenos días, señor Gilbert –me dijo estrechándome la mano.

–Buenos días, don José –respondí, y me volví para presentarle a los dos jóvenes del grupo a los que había traído conmigo–. Éste es don José Díaz Bolio, uno de los primeros que comprendió el papel de la serpiente de cascabel en el arte maya.

También ellos le estrecharon la mano y el anciano nos condujo a un pequeño vestíbulo que también hacía las veces de salón comedor. Sobre la mesa había algunos libros y folletos con títulos tales como *The Geometry of the Maya and their Rattlesnake Art* y *Why the Rattlesnake in Mayan Civilization*. Nos indicó que nos sentáramos.

–Permítame que le diga que es un gusto volver a verlo, señor Gilbert –me dijo–. Quiero agradecerle mucho lo que escribió en su libro *Las profecías mayas*. Como puede ver, aquí lo tengo. –Me enseñó una copia del libro que yo le había enviado un par de años antes con un artista londinense que estaba ansioso por conocerlo y recibir una iniciación personal en los misterios del arte de la serpiente de cascabel–. No puedo decir nada sobre el resto de su libro –prosiguió–, pero el capítulo que escribió sobre mi trabajo es totalmente correcto. Gracias por difundir este conocimiento al mundo de una manera que yo mismo no habría podido hacer.

Este inmerecido elogio me dejó sin palabras, pero él siguió agradeciéndome efusivamente que lo hubiera ayudado a pasar por encima de sus críticos en México y a dar a conocer sus ideas internacionalmente.

–¿Saben? –dijo volviéndose a los dos jóvenes que me acompañaban–. No he encontrado más que oposición por parte de las autoridades mexicanas.

–¿Y eso por qué? –preguntó uno de ellos–. La gente debería agradecerle que haya hecho importantes descubrimientos.

–Eso era lo que yo creía cuando empecé, hace unos cincuenta años. Estaba convencido de que los científicos debían ser imparciales en la forma en que evalúan la evidencia, pero a ellos les parece que mi trabajo es insultante para México. El motivo es que yo descubrí que en el centro mismo de la cultura india hay una gigantesca serpiente de cascabel. Se puede encontrar en el arte indígena desde el extremo de Tierra del Fuego hasta Alaska, en el norte. La serpiente de cascabel, principalmente la especie *Crotalus durissus durissus*, que por cierto es la única nativa del Yucatán, inspiró toda la civilización maya. Antes de que yo lo señalara, parece ser que nadie había reparado en que todo el arte y la cultura de los mayas estaba basado en un minucioso estudio de esta serpiente.

–¿Y cómo hizo usted un descubrimiento tan sorprendente?

–¿Yo? Todo empezó en 1942, cuando visité las ruinas de la antigua Chichén Itzá. Vi el dintel de un templo que tenía talladas serpientes de cascabel. Después de eso empecé a verlas en todas partes en el arte de los mayas. Me pasé tres años investigando si alguien había reparado en la importancia de la serpiente de cascabel en el arte indígena, y pronto vi con claridad que, desde los tiempos de la conquista española hasta hoy, nadie lo había hecho.

–¡No me diga! ¿Y qué pasó a continuación?

–En 1945 conocí a un famoso antropólogo, el profesor Enrique Juan Palacios. Enseñaba arqueología en el Instituto Nacional de Antropología e Historia. Le mostré el resultado de mis investigaciones, incluidas algunas fotos. Durante algunos minutos estuvo mirando las fotos, sorprendido. Después me felicitó por mi descubrimiento y dijo unas palabras que resultaron proféticas: que aunque yo había encontrado lo que ellos llevaban años buscando, nadie admitiría que tenía razón. Tuvieron que pasar dos generaciones antes de que mis ideas fueran aceptadas. Yo no tenía tanta paciencia, de modo que en 1955, después de muchas investigaciones y exploraciones, publiqué mi obra más importante: *La serpiente emplumada: eje de culturas.*[1] El libro estaba lleno de imágenes y diagramas para demostrar mi punto de vista. Presentaba una evidencia irrebatible de que la religión de los mayas y de las demás civilizaciones precolombinas era, en el fondo, un culto a la serpiente de cascabel.

–No lo entiendo –dijo mi amigo–. Si usted había descubierto lo que ellos llevaban cien años buscando, tendrían que haber estado satisfechos.

José se rió.

–Debe darse cuenta de que lo que yo proponía equivalía a una herejía, no tanto contra el cristianismo como contra la nueva religión de la arqueología. Por entonces, los arqueólogos y los antropólogos tenían una visión idealizada de los mayas. A diferencia de los sanguinarios aztecas, de los que se sabe que practicaban sacrificios humanos, los antiguos mayas, los que habían dejado tras de sí las ruinas románticas, eran considerados filósofos-sacerdotes del tipo de los que describió Platón. Los eruditos no querían ni oír hablar de que sus admirados mayas, pacifistas y liberales, adoraban al Sol en la forma de una gran serpiente de cascabel ni que también ellos alimentaban a este dios con la *vis vitae* de los corazones humanos. Pensaban que mis descubrimientos eran una abominación y su publicación fue considerada irrespetuosa para el pueblo mexicano. Fue así que hicieron todo lo posible por desarraigar esas ideas. Como ningún editor mexicano quería hacerse cargo de mis libros sin la aprobación de las autoridades académicas, no tuve más remedio que publicarlos por mi cuenta. Por desgracia, yo era un viudo con una gran familia que mantener y muy poco dinero. Pero eso no me arredró. Puse en marcha un negocio propio: el de extraer aceites esenciales de las plantas. Esto me daba apenas para vivir y me dejaba un poco de dinero sobrante para cumplir mi sueño. Me encontré en condiciones de poner en marcha mi propio negocio editorial al que llamé «Área Maya». Como nadie más quería encargarse de ello, yo mismo imprimí los libros.

–¿Cómo? ¿Quiere decir que los imprimió manualmente?

–Sí. Casi no contaba con ayuda. Mi único error fue haber escrito mis obras más importantes en castellano. Debí haberlas escrito en inglés. Así habrían tenido mucha mayor difusión. No caí en el mismo error cuando publiqué mis pequeñas obras introductorias. Éstas se siguen vendiendo bien aquí, en Mérida, e incluso en algunos otros lugares. –Señaló algunas pilas de folletos con títulos tales como *The Mayan Calendar Made Easy* y *The Geometry of the Maya and their Rattlesnake Art*.

–Sí, leímos sobre ellas en *Las profecías mayas* y vimos un par de ejemplares en una librería cerca de nuestro hotel de camino hacia aquí –dijo mi otro amigo–. ¿Puede contarnos algo más acerca de sus descubrimientos?

–Eso nos llevaría toda la noche –siguió don José–. Tendrán que leer mis libros, especialmente *La serpiente emplumada: eje de culturas* para hacerse una idea cabal. Sin embargo, para resumir, podría decirse que los mayas y otras culturas influidas por ellos, tenían en gran estima a la serpiente *Crotalus durissus durissus* porque encarnaba para ellos muchas cosas culturalmente significativas. La llamaban *Ahau Can*, que significa Serpiente Señorial, y estudiaban escrupulosamente todo lo relacionado con ella. Por ejemplo, observaron que cambiaba los dientes cada veinte días. Esto les daba un período de tiempo al que llamaban *Uinal*. El glifo de un *Uinal* muestra la boca abierta de una serpiente con dos grandes colmillos. También pensaban que el Sol era una gran serpiente emplumada que se enrosca alrededor de la Tierra. Cada día sale en un lugar ligeramente diferente del horizonte, moviéndose primero hacia el norte y después otra vez hacia el sur. El patrón de los movimientos del Sol era para ellos similar a los de una serpiente enroscada alrededor de la Tierra. Dos días del año se lo ve atravesando el punto cenital. Esos días. las cabezas de serpiente de piedra que sobresalen horizontalmente en el patio de Chichén Itzá proyectan sobre el suelo una sombra que es exactamente del mismo tamaño que sus cabezas. Esto lo sé porque lo he visto con mis propios ojos, pero eso no es todo...

–Perdone mi ignorancia –preguntó el primero de mis amigos–, pero eso ¿cuándo sucede?

–En Chichén, el primer día del tránsito cenital es el 22 de mayo, y el segundo, el 16 de julio. El segundo era el más importante para los antiguos mayas, ya que alrededor de esta fecha sus serpientes sagradas se desprenden de su piel. Renacen con una nueva piel del mismo modo que el Sol renace en su tránsito cenital. Cada vez que hacen esto les nace un nuevo cascabel. Estos cascabeles tienen la forma de un corazón humano. Dicho sea de paso, los mayas todavía conservan estos cascabeles cuando los encuentran. Piensan que dan buena suerte, más o menos como las herraduras para los europeos. Por todas esas razones hicieron que no fuera el primero, sino el segundo tránsito cenital el que marcara el inicio de su año nuevo.

–¿Ha visto alguna vez a una serpiente mudando de piel?

–Muchas veces. Hace años solía tener serpientes de cascabel para estudiarlas.

–¿Aquí? –preguntó mi amigo, algo alarmado.

–En esta misma casa. Pero no se preocupe, ahora no tengo serpientes. Desistí de tenerlas cuando una de ellas se escapó y asustó a mis vecinos. –Se rió otra vez–. Mientras las tenía como animales de compañía pude observarlas muy de cerca. Como ya dije, cuando la serpiente muda, cosa que en estado salvaje hace sólo una vez al año, también le sale un nuevo cascabel. O sea, que cada cascabel representa un año en la vida de una de estas serpientes. Los mayas cuentan el número de cascabeles para calcular la edad de una de ellas, del mismo modo que se cuentan los anillos del tronco para calcular la edad de un árbol.

–Es sorprendente –dijo mi otro acompañante–. Tal vez ésa sea la razón por la que ponen serpientes de cascabel en la piedra calendario azteca.

–Me alegro de que lo mencione –continuó don José–. Hay cierta confusión por lo que respecta a esa piedra. Lo que en las guías se describe como gotas de sangre humana, en realidad son serpientes estilizadas. Hay cincuenta de ellas, y si sumamos dos más, por las serpientes gemelas del contorno, suman cincuenta y dos.

–Ése es el número de años de una gavilla, ¿no es cierto?

–Exactamente. Los aztecas, igual que los mayas solían dividir el tiempo en períodos de cincuenta y dos años. Creían que el fin del mundo se produciría al cierre de uno de estos ciclos de cincuenta y dos años. Es por eso que cada cincuenta y dos años subían a las montañas y observaban con ansiedad el movimiento de las Cabrillas.

–¿Qué son las Cabrillas?

–Las estrellas Pléyades. Los españoles las llaman Cabrillas. No me pregunte por qué las llaman así, porque no lo sé. Los mayas también observaban estas estrellas. Las llamaban *tzab*, que significa «cascabel de serpiente». Pero como iba diciendo: los aztecas las observaban atentamente la última noche de cada período de cincuenta y dos años. Si a medianoche seguían pasando por el cenit, sabían que el mundo no se acababa y que al menos les quedaban otros cincuenta y dos años. Lo celebraban encendiendo hogueras y haciendo sacrificios humanos.

Dicho esto dejó de hablar y se puso en pie. Se dirigió a un aparador y volvió con una bolsa de polietileno.

–Tengo algo que mostrarles que les va a resultar interesante. –Abrió la bolsa y sacó lo que a primera vista parecían dos largas tiras de cuero–. Éstas son pieles de serpiente de cascabel del género *Crotalus durissus durissus* –prosiguió–. La influencia cultural más importante del crótalo no es su cascabel, sino el dibujo de su piel. Como pueden ver, tiene un patrón muy definido de marcas sobre el lomo. Si analizan ese dibujo con atención, como he hecho yo, verán que hay un patrón cuadrado que se repite una y otra vez. Se basa en una forma a la que yo llamo *canamayte*.

–¿Qué significa canamayte? –preguntó mi segundo amigo.

–Es una palabra maya que significa «cuadrado de serpiente» –respondió el anciano–. En síntesis, es un cuadrado con una cruz

Figura 44: Patrón canamayte.

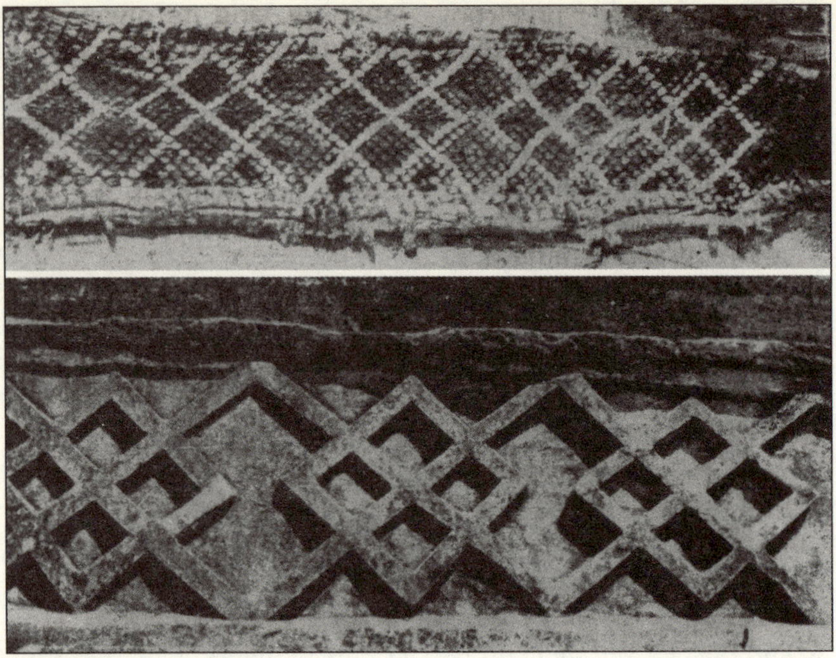

Figura 45: Patrón canamayte de una piel de serpiente comparado con el detalle de una pirámide

que divide sus lados de tal modo que el cuadrado contiene cuatro cuadrados más pequeños. Este cuadrado con cruz, el canamayte, es el motivo más importante en el diseño del arte maya. Lo verán repetido por todas partes con muchas variantes. Incluso hoy es la forma geométrica básica de los bordados del vestido tradicional de la mujer maya llamado huipil.

–¿Qué tamaño tiene el cuadrado del lomo de la serpiente? –pregunté.

–Eso depende de la edad de la serpiente y de la posición del cuadrado. Como pueden ver por estas pieles, los cuadrados tienen tamaños diferentes dependiendo del lugar del cuerpo donde se encuentren. Lo interesante es que los lados del cuadrado más grande, los del centro del cuerpo de la serpiente, suelen abarcar trece escamas. Creo que éste es el motivo por el cual los mayas consideraban sagrado el número trece.

Estuvimos un rato comentando sus ideas hasta que se hizo tarde y mostramos intención de marcharnos. Antes de irnos me pidió que le hiciera un último favor. Cogió dos ejemplares de *La serpiente emplumada: eje de culturas* y *Mi descubrimiento del culto crotálico*, sus dos obras más importantes, y me las puso en las manos.

–Por favor –dijo–, lléveselos, y cuando los haya leído entréguelos a alguna institución adecuada de Inglaterra. Cuando se tiene mi edad se siente que la muerte va estrechando su cerco. Me gustaría saber que después de que yo me haya ido, aunque en México se pase por alto mi descubrimiento de las implicaciones culturales de la serpiente de cascabel, mi obra estará a disposición de estudiosos serios en Inglaterra. También me gustaría que se llevase estas dos pieles de crótalo. Pueden resultarle interesantes.

Después de esto, nos separamos de él y volvimos en taxi al hotel.[2]

La ciudad de las serpientes emplumadas

Al día siguiente madrugamos y nos pusimos en camino para visitar la más famosa de las ciudades mayas: Chichén Itzá. Pasamos varias horas deambulando entre los edificios de la plaza principal, algunos de los cuales fueron restaurados por J. Eric Thompson en la década de 1930. Después de nuestro encuentro con don José, tenía la impresión de que, mirase donde mirase –en las paredes, en las columnas y en la vestimenta de los guerreros esculpidos–, por todas partes había serpientes de cascabel. Las más notables eran las serpientes gigantes vueltas hacia arriba, con las colas en el aire, que había a cada lado de las escalinatas y entradas a los templos principales. No pude por menos que observar que del modo en que estaban situadas verticalmente, no proyectarían sombra alguna a mediodía en los días del tránsito cenital. Para cualquiera que estuviera al tanto, era notorio. Era evidente que don José tenía razón: quienes construyeron Chichén Itzá conocían muy bien esos tránsitos y los usaban para marcar el comienzo de su Año Nuevo.

Encontré confirmación de que los mayas del Yucatán comenzaban su año el 16 de julio en los escritos del obispo Diego de Landa. Aunque él escribió algunos siglos después del abandono de Chichén Itzá, no cabe duda de que los festivales que describe eran de origen muy antiguo. Landa nos dice que el primer mes del año se llamaba *Pop* y que empezaba, como había dicho don José, el 16 de julio. Evidentemente, este festival era un tiempo de renovación, tanto espiritual como física.

> El primer día del Pop, que es el primer día de los indios, era su Año Nuevo, un festival muy celebrado entre ellos porque era general y absoluto; así, la totalidad del pueblo reunido celebraba el festival para todos sus ídolos. Para hacerlo con la mayor solemnidad, ese día renovaban todos los enseres que usaban, como platos, vasijas, bancos, jergones y vestimenta, y también las capas que cubrían a sus ídolos. Barrían las casas y tiraban la barredura y todos los utensilios viejos fuera de la ciudad formando un montón de basura del que nadie se atrevía a tocar nada, por necesitado que estuviera.
>
> Para este festival, los jefes, los sacerdotes y los hombres principales, y los que querían dar muestras de su devoción, empezaban a ayunar y a mantenerse alejados de sus mujeres durante el tiempo que consideraran oportuno. Así había quienes empezaban tres meses antes, otros dos, y otros lo que quisieran, pero ninguno menos de trece días. En estos trece días, añadían a la continencia la renuncia a la sal y la pimienta en sus alimentos; esto se consideraba un severo acto de penitencia entre ellos. En este período elegían a los *chacs*, los encargados de ayudar al sacerdote; en las pequeñas placas que tenían para ese fin los sacerdotes, preparaban gran número de bolitas de incienso fresco para que los que practicaban el ayuno y la abstinencia lo quemaran a sus ídolos. Los que iniciaban estos ayunos no se atrevían a romperlos porque creían que acarrearía males para ellos y para sus casas.
>
> Cuando llegaba el Año Nuevo, todos los hombres se reunían, solos, en el patio del templo, ya que ninguna de las mujeres estaba presente en ninguna de las ceremonias del templo, salvo las ancianas que ejecutaban las danzas. Las mujeres eran admitidas en los festivales celebrados en otros lugares. Aquí acudían todos, limpios y alegres con sus ungüentos rojos, pero despojados del negro hollín con que se

> cubrían durante el ayuno. Cuando todos estaban reunidos, con los abundantes presentes de alimento y bebida que traían, y gran cantidad de vino que habían hecho, los sacerdotes purificaban el templo, se sentaban en medio del patio con sus vestimentas ceremoniales teniendo a su lado un brasero y las tabletas de incienso. Los *chacs* se sentaban en las cuatro esquinas y tendían de uno a otro una cuerda nueva, en cuyo interior tenían que colocarse todos los que habían hecho ayuno para expulsar a los malos espíritus... Una vez expulsado el mal, todos empezaban sus devotas plegarias, y los *chacs* hacían un nuevo fuego y encendían el brasero; porque en los festivales celebrados por toda la comunidad se hacía fuego nuevo con el cual encender el brasero. El sacerdote empezaba a arrojar incienso y todos acudían por orden, comenzando por los jefes, para recibir incienso de manos del sacerdote que éste les daba con gran gravedad, como si les estuviera dando reliquias; a continuación lo iban arrojando al brasero, poco a poco, esperando hasta que dejara de arder.
>
> Después de quemar el incienso, todos comían las ofrendas y presentes y el vino corría hasta que todos estaban muy ebrios. Así era el festival del Año Nuevo, una ceremonia muy aceptable para sus ídolos.[3]

El relato del obispo Landa no hace mención alguna de que los sacerdotes observasen las sombras proyectadas por el Sol. Sin embargo, comprobé la elección de la fecha del Año Nuevo con el programa informático Skyglobe. Es indudable que el 16 de julio es el día en que el Sol atraviesa el cenit sobre Chichén Itzá, Mani, Mérida y otros lugares del norte del Yucatán. Evidentemente, era un festival solar en el que se celebraba el tránsito del Sol por el cenit.

La excitación con que se vivía ese festival era evidente el día que llegamos. Era el 21 de marzo, el equinoccio de primavera, y una gran multitud de 30 000 personas o más estaba reunida en el parque que rodea los edificios. Desgraciadamente, los principales monumentos como el Castillo, la pirámide de Kukulcán, el templo de los Guerreros y el Caracol, estaban acordonados y no pudimos visitarlos. Sin embargo, eso no parecía disminuir el entusiasmo de los miles de visitantes reunidos. Muchos eran nativos americanos, vestidos con ropajes muy coloridos y con complejos tocados de plumas. Cerca de la pirámide había un escenario improvisado sobre el cual, uno tras otro, grupos de bailarines con trajes tradicionales bailaban al son de flautas y tambores. Aunque las danzas eran modernas y no más tradicionales que las telas teñidas con anilinas y adornadas con lentejuelas que hacían que sus trajes fueran tan llamativos, daban una idea del pasado, e imaginé a bailarines similares actuando mil años atrás en el escenario elevado al que hoy llaman la Plataforma de Venus.

A medida que avanzaba la tarde, la multitud se iba acercando a la pirámide. Lo que llamaba la atención de todos era la balaustrada de la escalinata de la parte norte de la pirámide. Al principio, el cielo estaba bastante cubierto de nubes, que proporcionaban una grata protección contra los rayos del Sol, que en estas latitudes, 20° 40' norte, son fuertes incluso a comienzos de la primavera. Sin embargo, aunque el ocultamiento del Sol tras las nubes hacía que la temperatura resultara más soportable, también oscurecía lo que habíamos venido a ver. Por fin, casi en el último minuto, se produjo un claro en las nubes y apareció una sombra en el lado noroccidental de la escalinata norte. A causa de la forma de la pirámide, daba la impresión de una serpiente reptante que unía la cabeza parecida a la de un dragón que había al pie de la escalinata con el templo situado en la cima de la pirámide. Cuando apareció la sombra, la multitud prorrumpió en una ovación. La gente tocaba silbatos y apenas tuve tiempo de hacer una fotografía del fenómeno antes de que el Sol se volviera a ocultar tras las nubes.

Parece ser que los habitantes de Chichén Itzá –en parte mayas y en parte toltecas– orientaron deliberadamente el eje de la pirámide unos 19° respecto del norte geográfico para conseguir ese efecto. Sin embargo, después de haberlo visto con mis propios ojos me sentí un poco engañado. Mis amigos y yo habíamos recorrido muchos miles de kilómetros para presenciar este acontecimiento que, para ser sincero, era un poco decepcionante. Tuve que recordar que si bien la aparición de la sombra de la serpiente a un lado de la escalinata no me pareciera a mí nada especial, para un campesino maya de hace mil años debería ser algo extraordinario. Además, si era cierto que la pirámide estaba orientada deliberadamente para que pudiera realizar este milagro de las sombras, eso en sí mismo era apasionante. Significaba que la pirámide era testimonio mudo del saber de los sacerdotes mayas y un símbolo de su confianza en que el Sol proyectase su sombra, año tras año, katun tras katun. Evidentemente, este juego de sombras debe de haber servido para tranquilizar mucho a unas gentes cuya religión les enseñaba que esto no estaba en absoluto garantizado. El hecho de que sus sacerdotes-astrónomos pudieran calcular que una pirámide de esta forma, desviada 19° del norte geográfico, conseguiría ese efecto, es una confirmación de su pericia como astrónomos. No obstante, se mantenía el interrogante: ¿qué razón podía haber para orientar la pirámide de esa manera?

La serpiente y el cenit

Por sorprendente que parezca, creo que la respuesta a esta pregunta tiene mucho que ver con el calendario cenital. Que la pirámide fue construida como un monumento solar es indudable. Tiene cuatro escalinatas que llevan a la cima, una en el centro de cada cara. Cada escalinata tiene noventa y un escalones, lo que hace un total de trescientos sesenta y cuatro. Si añadimos el escalón extra que lleva al santuario de la cima, esto hace trescientos sesenta y cinco: el número de días del ciclo Haab, o año. Este número nos recuerda al número de escalones de la pirámide del Sol de Teotihuacán a la que había subido apenas unos días antes: también trescientas sesenta y cinco. Esto tiene que haber sido deliberado, pero yo creo que la pirámide tenía una finalidad no sólo artística: era una manera de calibrar la verdadera duración del año y así mantener su calendario acorde con la realidad.

La verdadera duración del año solar es de casi 365,25 días. Para llevar la cuenta de ese cuarto de día extra y llevar el calendario más o menos de acuerdo con los movimientos solares, nosotros añadimos un día cada cuatro años, en cada año bisiesto. Los mayas se encontraron con el mismo problema al medir el tiempo. A fin de mantener la integridad para que su año nuevo, 1 Pop, comenzara con el tránsito del Sol por el cenit, tenían que agregar periódicamente algunos días extra. Al parecer, no lo hicieron cada cuatro años, como nosotros, pero hay cierta evidencia de que al final de un ciclo de cincuenta y dos años (lo que los aztecas llamaban una gavilla de años) aprovechaban la oportunidad para ajustar su calendario añadiendo trece días. De ser esto cierto, es probable que una finalidad de la pirámide fuera tranquilizar al pueblo demostrando que eso era lo correcto. Ver que la sombra equinoccial aparecía en el día indicado –ciento dieciséis días antes del comienzo de un nuevo año– podía interpretarse como una señal del dios Sol de que los sacerdotes hacían lo correcto al añadir trece días más al calendario. No obstante, hay algo más que debemos considerar. La pirámide de Kukulcán no es sólo un reloj de sol, sino que es profundamente simbólica.

Esto fue algo que don José me explicó la primera vez que nos vimos, en 1994. El diseño de la pirámide de Kukulcán representa una serpiente de cascabel enroscada. Del mismo modo que una serpiente se enrosca en espirales que forman anillos cada vez más pequeños, la pirámide se eleva nueve niveles. La cabeza, y por consiguiente la boca, de un crótalo enroscado se sitúa en el centro y cima de la espiral del cuerpo. Lo mismo sucede con el santuario situado en la cima y en el centro de la pirámide, con la boca abierta mirando más o menos al norte. El plano de la pirámide refleja la configuración canamayte del lomo de la serpiente. Vistas desde el suelo, las paredes de la pirámide están recubiertas con bloques de piedra que imitan las escamas de la piel de la serpiente. Es así que de una manera extraordinaria y abstracta, la pirámide de Kukulcán, o serpiente Quetzal, simboliza una serpiente de cascabel enroscada.

Cuando oí esto, lo acogí con gran sorpresa y una buena dosis de escepticismo. Sin embargo, después de leer lo que los estudiosos de hoy tienen que decir sobre el tema de las pirámides, pude ver que lo que decía era verdad. Según dicen Linda Schele y David Freidel en su ya clásico *Una selva de reyes*, el objeto de las pirámides mayas era representar montañas, y a menudo el templo que las coronaba era un símbolo de una puerta que conducía al otro mundo. Un grupo de templos representaba una cadena montañosa.

Una selva de reyes se publicó en 1990. Cuando Schele murió (en abril de 1998), sus ideas sobre las pirámides como montañas monstruosas habían avanzado. En su último libro, *El código de los reyes*, habla de la «montaña Serpiente» como un lugar mítico de origen de la especie humana. Dice que, según los mitos aztecas, al pie de la montaña Serpiente original –*Coatepec* en lengua azteca, *Chan-witz* en maya clásico– había un campo de juego de pelota. Allí cerca había un lago o pozo, y fue donde se construyó la primera ciudad. Se llamó Tollan en lengua azteca, y sus habitantes fueron los toltecas originales, que gozaban de una alta consideración por haber sido los inventores de la civilización al comienzo de la edad actual. Más aún, la propia Tollan fue la ciudad arquetípica en la que se basaron todas las ciudades posteriores, como la legendaria Teotihuacán y la propia capital de los aztecas de Tenochtitlán. Esas ideas no se limitan sólo a los aztecas, ya que parece que también los mayas construían sus ciudades de acuerdo con esta ciudad arquetípica que en maya clásico se llamaba *Puh*. En consecuencia, también ellos adornaban sus ciudades con pirámides que representaban a la montaña Serpiente, campo de juego y pozos.

Parece evidente que Chichén Itzá tiene todas las características de la ciudad de Tollan. La pirámide de Kukulcán es su montaña Serpiente, cerca de ella está el campo de juego de pelota –el más grande de toda América Central– y no lejos de allí hay un *cenote*, o pozo de cuya agua dependía la vida de la ciudad. Podría sostenerse que estas características son la consecuencia de la influencia tolteca resultante, supuestamente, de la invasión del Yucatán por un pueblo llamado los itzaes en el 850 d. J.C. Sin embargo, es evidente por otros yacimientos, como Uxmal, Tikal y Palenque, que la disposición de la(s) montaña(s) serpiente, campo(s) de pelota y pozo(s) sagrado(s) es común a las ciudades mayas y también a las toltecas/aztecas. Porque las pirámides mayas, así como las aztecas y toltecas, representaban montañas. Lo que no está claro es por qué se consideraba necesario construir ciudades como imitación de Coatepec y Tollan. Sin embargo, como en tantos otros casos, la clave está en el *Popol-Vuh*. Lo que sucedía en la montaña Serpiente no se sabe a ciencia cierta, pero los restos arqueológicos de pirámides nos dicen mucho sobre su importancia. Estas pirámides suelen tener una especie de cámara, ya sea en su interior o a modo de santuario en la parte superior. En el caso de la pirámide de Kukulcán, en Chichén Itzá, hay dos santuarios: uno es de fácil acceso en la cima de la pirámide, y el otro está en el interior. El acceso al santuario superior está guardado por dos enormes serpientes de cascabel de piedra cuyas bocas, semejantes a la de un dragón, sobresalen de la base en el lado norte. La cuestión es, ¿hay algo detrás del mito de la montaña Serpiente como lugar de creación?

No es fácil responder a esta pregunta, pero creo que una vez más la clave posible está en el *Popol-Vuh*. En la sección final de este libro, después de la historia de Vucub Caquix y los héroes gemelos, se nos relata lo que pasó al comienzo de la edad. La oscuridad envolvió a la Tierra mientras la gente, muchas tribus, se reunían en *Tollan Zuhuya*. Este lugar, con «siete cuevas y siete cañones» estaba en las montañas y, por consiguiente, a salvo de inundaciones. Aquí les dijeron, presumiblemente sus chamanes, que recibirían a sus dioses. A diferencia de los grandes dioses creadores que representaban las fuerzas intangibles de la naturaleza, estos dioses tribales se parecían más a espíritus familiares. Estaban estrechamente vinculados a ídolos hechos de madera o piedra que las tribus transportaban en petates sobre la espalda.

En el *Popol-Vuh*, los tres ídolos más significativos son *Auilix*, *Hacaulitz* y *Tohil*. El último era el más importante de los tres, al menos por lo que concierne a Quiché. Él los salvó mientras temblaban de frío en medio de la oscuridad dándoles el regalo del fuego. Pero esto tuvo un precio. Las tribus que recibieron este beneficio tuvieron que hacer el juramento de que, en justa reciprocidad, sus descendientes habrían de «amamantar» al dios, un eufemismo que significaba ofrecerle sacrificios de sangre.

Ahora Tohil, la deidad titular de los mayas, era conocida también por otros nombres: *Tahil, Bolon Tsacab, Tezcatlipoca* y, sobre todo, *Kawil*. Con este último nombre lo encontramos en Palenque, donde los arqueólogos también lo llamaron dios K o GII. Muchas veces Kawil es representado como una figura danzante con un hacha celta o de piedra clavada en la frente. No se sabe cuál es la razón de esto, pero las hachas también simbolizaban el rayo. Como el rey Pacal aparece representado de una manera similar en la tapa de su tumba con el hacha de Kawil clavada en la frente, podría ser que esto simbolizara la propia muerte.

Kawil era también un dios serpiente porque, aunque de aspecto humano, una de sus piernas termina en una cabeza de serpiente. En el *Popol-Vuh*, una vez extinguidos los fuegos del pueblo, Thil (el nombre quiché para Kawil) gira y gira sobre su sandalia como un primitivo enciendefuegos compuesto de un palo introducido en otro. Así es cómo produce el fuego que después comparte con su pueblo. Su vinculación con el fuego también se confirma por el hecho de que aparece con frecuencia sosteniendo un cigarro encendido.

En toda la civilización maya, y puede que incluso desde mucho antes, Kawil es la deidad más especialmente asociada con los reyes. Los señores de Palenque (y otras ciudades clásicas) afirmaban que su autoridad provenía de Kawil, quien, siempre y cuando ellos le retribuyeran con sacrificios adecuados, actuaba como patrono de la realeza. El culto de Kawil tomó la forma de renovar su contrato con él. Para ello era necesario que abrieran un «portal» simbólico vinculando la esfera terrestre con la celestial. La forma que tenían los señores mayas de hacer esto era cortarse y dejar que su sangre cayera en un cuenco poco profundo donde era absorbida por un papel. Los hombres solían hacerlo con una punción en el pene usando instrumentos aguzados. Las mujeres, en cambio, se atravesaban la lengua con un hilo con agudas espinas. En ambos casos, la extracción de la sangre debía de ser sumamente dolorosa y aterradora. Una vez que el papel se secaba y era quemado junto con otros materiales que se pensaba que contenían *k'ulel*, o fuerza vital. El humo del fuego se elevaba y, si el ritual se llevaba a cabo correctamente, formaba una «serpiente de visión». De la boca de esta serpiente representada en dinteles como el que ahora se encuentra en el Museo Británico, podían surgir espíritus ancestrales capaces de asesorar al rey. Evidentemente, el rey tenía que ser un médium o un chamán para oírlos.

Además de su símbolo primario del cetro enano, Kawil también se asociaba con una barra en forma de serpiente de dos cabezas. Según Schele, esto representaba el zodíaco, la trayectoria que recorren el Sol y los planetas. Hay ciertas controversias sobre lo que representaban exactamente las cabezas de dragón de ambos extremos de la barra en forma de serpiente. Según algunos especialistas, simbolizan los lugares del cielo donde el Sol atraviesa el ecuador celeste, es decir los equinoccios. A primera vista, esto parece una idea atractiva. Sin embargo, al margen de la aparición de la deslizante serpiente de sombra al lado de la escalinata de Chichén Itzá, hay pocos indicios de que los mayas prestasen demasiada atención a los equinoccios. Creo que les interesaban más los tránsitos cenitales del sol, el segundo de los cuales[4] se usaba para determinar el comienzo de un nuevo año. La importancia del tránsito de este segundo cenit, como dijo don José Díaz Bolio, se debe al hecho de que las serpientes de cascabel mudaban de piel por esa época. Esto lo hacen saliendo por la boca de la vieja piel, que dejan tras de sí como un caparazón desechado. Así pues, la cabeza de una serpiente es un portal de renacimiento. Por eso los dioses y también los ancestros son representados con frecuencia saliendo de una de estas cabezas.

Considerando en conjunto toda esta información, vi con claridad que el tránsito del Sol por el cenit en julio era considerado por los antiguos mayas como un renacimiento. Me reafirmé todavía más en ello cuando, al volver a casa, empecé a investigar la importancia de las fechas registradas en Palenque.

Palenque, el Lugar de las serpientes

Según el padre Ordónez, Palenque era conocida por los antiguos como *Nachan*, o Lugar de serpientes. No sabemos si esto también fue así en tiempos posteriores. Sin embargo, los jeroglíficos ahora traducidos nos dicen que, en la época clásica, Palenque se llamaba *Bak*, o »hueso», y que era la capital de un principado llamado *Lakan-Ha*, o Agua Grande. Sin embargo, el simbolismo serpentino aparece por todas partes, así como las barras con forma de serpiente de la tapa del sarcófago de Pacal. Me preguntaba si podría ser que el Lugar de serpientes de Ordóñez fuera más bien una es-

Figura 46: Guerrero águila de Chichén Itzá rodeado por la serpiente de una visión y nubes de humo sagrado.

pecie de apelativo, algo así como cuando se llama Gran manzana a Nueva York, o Ciudad de los vientos a Chicago y Gran humareda a Londres. De ser así ¿por qué habría merecido ese nombre?

Creo que la respuesta a esta pregunta es muy simple: la palabra Nachan ha sido mal traducida. En muchas lenguas mayas, la palabra chan (o *kan*) tiene dos significados. Puede significar «serpiente», pero también puede significar «cielo». Los escribas mayas tenían esto muy claro, ya que en sus jeroglíficos frecuentemente usaban un glifo homófono para serpiente cuando quería decir cielo. Siendo así, podría ser que la traducción adecuada de Nachan no sea Lugar de serpientes, sino más bien Ciudad del Cielo. Esto sería muy apropiado para Palenque. Cualquiera que haya estado allí habrá visto que desde lo alto de la pirámide de las Inscripciones se tiene un panorama sin igual de las planicies que hay al norte de la ciudad y también de una gran extensión del cielo en esa dirección. Lo que también es cierto es que en el llamado Palacio se alojaba lo que, a falta de un término mejor, podemos llamar un observatorio. Rodeando la cornisa de ciertas habitaciones todavía pueden verse símbolos jeroglíficos de la Luna y de ciertos planetas. Mientras tanto, es posible que la torre, tal vez el elemento más sorprendente de este edificio, podría haber sido utilizado para observar tránsitos cenitales.

Es posible que jamás lleguemos a saber si realmente los mayas llamaban a Palenque Ciudad del Cielo, pero de lo que estamos bastante seguros es de que albergaba una escuela de astrólogos. Lo sabemos porque entre las muchas inscripciones se cuenta la colección más acreditada de inscripciones astrológicas de toda Centroamérica. Están bastante bien conservadas y acompañadas de gran cantidad de textos y fechas.

La mayoría está contenida en el notable grupo de edificios de Palenque conocidos hoy en día como el Grupo de la Cruz. Estos templos, una «simbólica cadena montañosa», fueron construidos por el rey Chan-Bahlum II, hijo de Pacal el Grande. Fueron construidos en torno al 684 d. J.C. y contienen importantes datos astrológicos. Además de proporcionarnos detalles de su propio linaje, Chan-Bahlum nos proporciona la fecha de partida de la edad actual (13 de agosto de 3114 a. J.C.) y vincula esto con el nacimiento de tres dioses importantes de Palenque, a los que los arqueólogos han bautizado hace tiempo como GI, GII y GIII. Como hemos visto, actualmente se sabe que el dios GI, es el mismo personaje que Kawil o Tohil, la deidad que, según el *Popol-Vuh*, dio el fuego a los hombres al comienzo de la edad actual. Los dioses GI y GIII se corresponden con los héroes gemelos: GI es el equivalente de Hunahpu, el que derribó a Vucub Caquix, y GIII, su hermano Sbalanque, con manchas de jaguar. Según Schele y Freidel, GI se asocia también con el planeta Venus, mientras que su hermano era el dios jaguar «ojos saltones» que también se conoce como Ahau-Kin, «Señor Sol».

No estaba seguro de cómo encajaba esto con la imagen más amplia de la astronomía sagrada de Palenque, pero dado que Schele y Freidel publicaron algunas fechas asociadas con estos dioses, decidí indagar al respecto. Las fechas de los «nacimientos» de estos dioses aparecen (junto con otras fechas importantes) en los edificios de los templos del Grupo de la Cruz. Introduje estas fechas en el ordenador y comprobé estupefacto que casi invariablemente se correspondían con importantes acontecimientos astrales relacionados con la Luna o los planetas, Mercurio, Venus, Marte, Júpiter y Saturno. De todo esto me quedó claro que, además de cualquier vinculación con Venus o con el Sol, GI era un avatar o personificación de Saturno, GII de Júpiter y GIII de Marte.

Notas estelares de Palenque

(Basadas en traducciones de Schele y Freidel en *Una selva de reyes.*)

Inscripciones del templo de la Cruz

1) El 7 de diciembre de 3121 a. J.C., nació la Señora Animalillo, la Primera Madre.

Comentario: Júpiter transita el cenit justo antes del amanecer. La Luna y Venus se aproximan y son visibles al amanecer. (La conjunción real tuvo lugar la tarde anterior y no habría sido visible.)

2) El 16 de junio de 3122 a. J.C, nace G1', el Primer Padre.

Comentario: Había una conjunción muy cerrada de Saturno con Mercurio ese día y ambos transitaban cerca del cenit (dentro de los 2°) aproximadamente una hora antes del mediodía. Esto, sin embargo, no habría sido un acontecimiento visible. El Sol también transitaba en un área de 2° respecto del cenit.

3) El 13 de agosto de 3114 a. J.C., acabó el decimotercer baktun y empezó la nueva creación.

Comentario: Mercurio transitaba exactamente por el cenit. Saturno también transitaba (alrededor de una hora y media más tarde) a aproximadamente 1° del cenit.

4) El 5 de febrero de 3112 a. J.C., GI' entró en el cielo y consagró la casa llamada «wacah chan xaman waxac na GI» *[la Casa Mundo-árbol del Norte].*

Comentario: Saturno transitó a unos 10° del cenit mientras la Vía Láctea salía y formaba un arco en el cielo: la Casa Mundo-árbol del Norte.

5) El 21 de octubre de 2360 a. J.C., nació GI, el hijo de la Señora Animalillo.

Comentario: La Luna, en su último cuarto, culmina exactamente en el cielo poco después del amanecer. Probablemente sería visible todavía cuando lo hizo. Unas tres horas más tarde, Venus transita cerca del cenit (aproximadamente a 1° de distancia).

6) El 13 de agosto de 2305 a. J.C., a la edad de ochocientos quince años, la Señora Animalillo se convierte en el primer ser de esta creación en ser coronada como rey.

Comentario: Mercurio transitó por el punto cenital, pero esto no podía ser visto porque estaba cerca del Sol.

7) El 11 de marzo de 993 a. J.C., nació U-Kix-Chan.

Comentario: Marte transitaba a 2° del cenit.

8) El 28 de marzo de 967 a. J.C., a la edad de treinta y seis años, U-Kix-Chan, Divino Señor de Palenque, fue coronado rey de Palenque.

Comentario: La Luna culmina exactamente en el cenit, aunque esto ocurriría por la tarde y, por lo tanto, no sería visible.

9) El 31 de marzo del 397 d. J.C., nació Kuk.

Comentario: Venus culmina aproximadamente a 1° del cenit. (Estaría exactamente sobre el cenit tres días después.)

10) El 9 de agosto de 422 d. J.C., nació Casper.

Comentario: Este día, el Sol culmina cerca del cenit.

11) Trece años, tres meses, nueve días después del nacimiento de Casper fue el 10 de agosto de 435 d. J.C., ciento veintitrés días después de que Casper se coronara.

Comentario: Hay una estrecha conjunción del Sol y la Luna el 10 de agosto de 435 d. J.C. que puede haber hecho que se viera un eclipse parcial en Palenque. Esto ocurrió cuatro días antes de que el Sol hiciera su tránsito cenital. Ciento veintitrés días antes de esto fue el 9 de abril de 435. Este día, Júpiter culmina a aproximadamente 1° del cenit. También hay conjunción de Venus y Marte. Sin embargo, nada de esto es visible ya que se produce de día.

12) Y entonces aconteció que pasó el 11 de diciembre de 435 d. J.C., ese día llegaron a su fin 3 600 años (9 baktuns).

Comentario: Júpiter está situado en la puerta estelar por encima de la mano de Orión. Culmina a unos 5° del punto cenital.

13) Habiendo pasado cuarenta y dos años, cuatro meses, diecisiete días de su nacimiento, Chaacal-Ah-Nab se coronó el 4 de mayo de 565 d. J.C.

Comentario: Ese día, el Sol se acerca al tránsito del cenit. En realidad lo hace dos días después, el 6 de mayo de 565 d. J.C. Además, el 4 de mayo, Saturno estaba transitando el punto cenital en el crepúsculo.

Inscripciones del templo de la Cruz Foliada

1) El 8 de noviembre de 2360 a. J.C., gobernando el octavo Señor de la Noche, diez días después del nacimiento de la Luna, cinco lunas habían terminado, X era su nombre y tenía treinta días... Era el tercer nacimiento y nació GII.

Comentario: La Luna está exactamente en conjunción con el Sol (y por lo tanto es invisible) el 28 de octubre. La luna nueva «nace» al día siguiente, el 29 de octubre. Contando a continuación diez días nos lleva al 8 de noviembre, de modo que la anotación es precisa. Al día siguiente, la Luna habría entrado en conjunción con Saturno.

2) Treinta y cuatro años, catorce meses después de GII, el Matawil, había nacido y entonces dos baktuns (ochocientos años) terminaron el 16 de febrero de 2325 a. J.C. Ese día, la Señora Animalillo, Divino Señor de Matawil, manifestó una divinidad con una efusión de sangre.

Comentario: La Luna pasó a 2° del cenit justo a la puesta del Sol.

3) El 8 de noviembre de 2360 a. J.C., GII, el Matawil, tocó la Tierra...

Comentario: La Luna está debajo de las Pléyades, muy cerca de Saturno tres mil quinientos años, sesenta y tres días después el 10 de enero de 692 d. J.C.

Comentario: La noche antes de éste, alrededor de las 21,30 horas del 9 de enero de 692 d. J.C., la Luna transitó exactamente por encima del punto del cenit.

... el 23 de julio de 690 d. J.C., GII y GIII estaban en conjunción.

Comentario: Júpiter y Marte estaban en conjunción este día. Saturno estaba cerca.

4) Cuarenta y seis años, seis meses, cuatro días después de haber nacido se coronó, Chan-Bahlum, Divino Señor de Palenque el 10 de enero de 692 d. J.C.

Comentario: El día antes de esto, la Luna transitó por el cenit.

De todo lo anterior queda claro que los mayas calculaban los movimientos de los planetas con gran precisión. Los datos muestran que, para los mayas, la Señora Animalillo, la Primera Madre, era un avatar de la Luna. La Señora Animalillo es llamada por ese nombre porque su jeroglífico, aunque identificable, no ha sido traducido todavía. Está asociada con la Luna, pero también se equipara claramente con la muchacha de la historia del *Popol-Vuh* a la que deja embarazada la cabeza de Hun Hunghpu, o Primer Padre.

La identidad de los demás dioses planetarios, GI', GI, GII y GIII era menos evidente. Lo que estaba claro era que acontecimientos significativos relacionados con estos dioses coincidían en el tiempo con portentos que tenían que ver con los planetas, en especial con Júpiter, Marte y Saturno. En esto no había sorpresa, ya que estos planetas se cuentan entre los objetos más brillantes del cielo y sabemos que sus ciclos eran seguidos de cerca por los mayas. Más curiosa era la importancia evidente adjudicada a los tránsitos por el cenit, algo que no se menciona demasiado en los libros que he leído. No obstante, esto tenía sentido para un pueblo acostumbrado a habitar en medio de la selva. Para ellos, el paso de un planeta por el punto cenital, directamente a plomo, sería mucho más fácil de observar que su salida o su ocultamiento. De esto parecería deducirse que los rituales de Chan-Bahlum implicaban la invocación del dios adecuado cuando su planeta estaba directamente encima de la cabeza. El punto cenital, por lo tanto, era el lugar del nacimiento no sólo del Sol, sino también de los planetas.

Para poner a prueba esta teoría y asegurarme de que esto no fuera sólo una obsesión personal de Chan-Bahlum, centré mi atención en otra fecha que proporcionan Schele y Freidel. Se trata del acceso al trono del rey 6-Cimi-Pacal en la fecha de cuenta larga 9.18.9.4.4. Esto se corresponde con el 15 de noviembre de 799 d. J.C. en el calendario gregoriano y es la última inscripción realizada en Palenque. Al introducir esta información en mi ordenador pude ver que en esa fecha, alrededor de las 3,27 horas, el planeta Saturno culminó sobre Palenque exactamente en el cenit. La correspondencia era demasiado exacta como para ser una coincidencia. Implicaba que los mayas de Palenque siguieron haciendo el seguimiento de los planetas y preparando rituales importantes para el momento de sus tránsitos por el cenit hasta el momento mismo en que abandonaron su ciudad poco después.

Me pareció especialmente significativo el papel de GII, o Kawil, el dios de la realeza. Era evidente que estaba simbólicamente vinculado con el planeta Júpiter. Esto me resultó muy interesante, ya que Júpiter es también el planeta real por excelencia para nuestra civilización. No sólo eso, sino que el equivalente griego de Júpiter, Zeus, tiene conexiones mitológicas con la historia de Prometeo y su entrega del fuego a los mortales. Además, Zeus/Júpiter, como Kawil, estaba asociado con el relámpago y el trueno, actividades ambas capaces de encender fuego.

Tal como hemos visto en el capítulo anterior, Zeus y su antagonista, Prometeo, también están muy relacionados con el mito de la Atlántida. La gran inundación de Deucalión parece ser un mito relacionado con la destrucción de la Atlántida. Fue después de esto cuando Prometeo robó un ascua reluciente del hogar de Zeus y se la dio a la especie humana. Si la destrucción de la Atlántida fue un acontecimiento real, tal como proclama Edgar Cayce, entonces el mito maya relativo al fuego de Kawil es una historia equivalente. El seguimiento de la conexión entre estos mitos griego y maya me llevaría a la etapa final de mi búsqueda.

XI
AL FINAL DE LA EDAD

Al volver a Gran Bretaña, acabado mi viaje, tenía mucho en que pensar. Todo lo que visité ponía de relieve lo precario de la civilización. Las ciudades en ruinas de Chichén Itzá, Palenque, Uxmal y Comalcalco eran pruebas palpables de que, por avanzadas que puedan parecer, tarde o temprano hasta las civilizaciones más adelantadas llegan a su fin. Con las consecuencias funestas del calentamiento global tan manifiestas y las predicciones de Edgar Cayce de repentinos y catastróficos cambios en el futuro próximo, tenemos mucho de qué preocuparnos por lo que respecta a nuestra propia civilización.

En consecuencia, me sentía motivado para volver a examinar la profecía maya sobre el final de la edad actual. Quería ver hasta qué punto coincidía tanto con la astronomía observable como con los cambios que están teniendo lugar a nuestro alrededor. Por encima de todo, estaba ansioso de conocer cualquier señal del cielo que pudiera darme alguna pista de lo que podría suceder en ese fatídico día del 22 de diciembre de 2012.

A lo largo de este libro nos hemos referido repetidas veces a la fecha inicial de los mayas del 13 de agosto de 3114 a. J.C. Como hemos visto, la astronomía del punto cenital indica una correlación entre la historia del *Popol-Vuh* sobre el disparo a Vucub Caquix y el tránsito cenital de la constelación de Sagitario y el ala herida de Aquila, la constelación del Águila, sobre Teotihuacán. Sin embargo, este tránsito se estuvo produciendo a diario durante algunos años, mientras que el calendario es mucho más específico que eso: señala al 12 de agosto de 3114 a. J.C. como el día exacto en que empezó el recuento de los días.

Utilizando el mismo programa informático que antes e introduciendo la fecha en cuestión, no pude ver nada en el cielo de tanta importancia como para hacer que los mayas (o cualquier otro) hayan considerado este día como especial. A menos que algo físico haya ocurrido ese día, como la erupción de un volcán importante, la fundación de un imperio o la aparición de un profeta, no parecía haber nada que justificase la elección del 12 de agosto en lugar de la del 12 de junio, julio, septiembre u octubre. La elección de una fecha de agosto parecía arbitraria.

Los mayas, sin embargo, no sólo definían los períodos de tiempo en su calendario contando el número de días que habían transcurrido desde el 12 de agosto de 3114 a. J.C, sino que también contaban hacia atrás, desde la fecha de cuenta larga 13.0.0.0.0 –4 Ahau 8 Cumku– cuando el decimotercer baktun estaría completo y su cuenta de los días volvería a ponerse a cero. Como esta fecha final, que según nuestros cálculos es el 22 de diciembre de 2012, se corresponde con el solsticio de invierno, tiene una importancia evidente. Sin embargo, desde el punto de vista astronómico tiene mucha más importancia que ésta. No sólo se trata de que la noche del 21 al 22 de diciembre es la más larga del año, sino que, debido a la precesión de los equinoccios, en el presente se corresponde con el día en que el Sol se sitúa exactamente en uno de los puntos de cruce de la eclíptica con el plano mediano de la Vía Láctea que constituye una «puerta estelar».[1] He denominado a esta posición la puerta estelar meridional. Su contrapartida, la puerta estelar septentrional, está situada exactamente encima de la mano alzada de Orión. Como he dicho, la importancia de la puerta estelar septentrional se debe a que también está alineada con el centro de nuestra galaxia. Lo que esto significa en la práctica es que el 22 de diciembre cualquier persona que observe el Sol también estará mirando al centro mismo de la Vía Láctea: el lugar donde los astrónomos dicen que hay un agujero negro con una masa equivalente unos tres millones de veces a la de nuestro Sol.

Claro que podría ser una simple coincidencia que el calendario maya llegue al final de su decimotercer baktun precisamente ese día. Sin embargo, si se trata de una coincidencia, es sin duda una coincidencia extraordinaria. Lo que parece indicar es que la cuenta larga de los mayas fue concebida con miras al futuro y no al pasado. Quienquiera que haya sido el que empezó a escribir fechas de cuenta larga, no estaba tan interesado en el pasado como en el futuro. Aunque el calendario comienza con una fecha hipotética del 12 de agosto de 3114 a. J.C., no tenemos fechas registradas de nada tan antiguo. La fecha más antigua que tenemos es olmeca y es del 30 a. J.C. La finalidad real del calendario parece ser situar fechas en relación con una fecha futura correspondiente al final y no al comienzo del ciclo. Como ya hemos visto, esta fecha es el equivalente del 22 de diciembre de 2012 en el calendario gregoriano. Ese día, el Sol estará alineado con el centro galáctico sobre el solsticio de invierno.

Esas alineaciones sólo se producen unas cuantas veces en el ciclo precesional de aproximadamente 26 000 años. Es así que parece más que una coincidencia que el calendario termine en una fecha tan importante. Sin embargo, haber pensado esto y diseñado semejante calendario en el 30 a. J.C. o incluso antes implica que su inventor era un astrónomo extremadamente consumado. Tendría que haber entendido tan bien el ciclo precesional que su calendario se mantuviera fiel al día exacto transcurridos más de 2 000 años.

Sabemos que los mayas, y posiblemente también los olmecas, usaban tablas complejas para predecir acontecimientos celestiales como los eclipses. Por desgracia, con esto no bastaría, porque si bien es cierto que los mayas y los olmecas eran buenos astrónomos, la realización de cálculos con exactitud suficiente para predecir el día en que el Sol estaría en esa alineación requiere conocimientos de un orden diferente incluso de los que se necesitan para la predicción de los eclipses. Para ser más precisos, nuestro astrónomo necesitaría haber conocido todo lo relacionado con la precesión de los equinoccios, cosa nada fácil de conseguir.

El problema principal con el que se habría enfrentado es que la precesión es sumamente lenta, ya que tarda algo así como 26 000 años en completar un ciclo. Se mide observando la posición

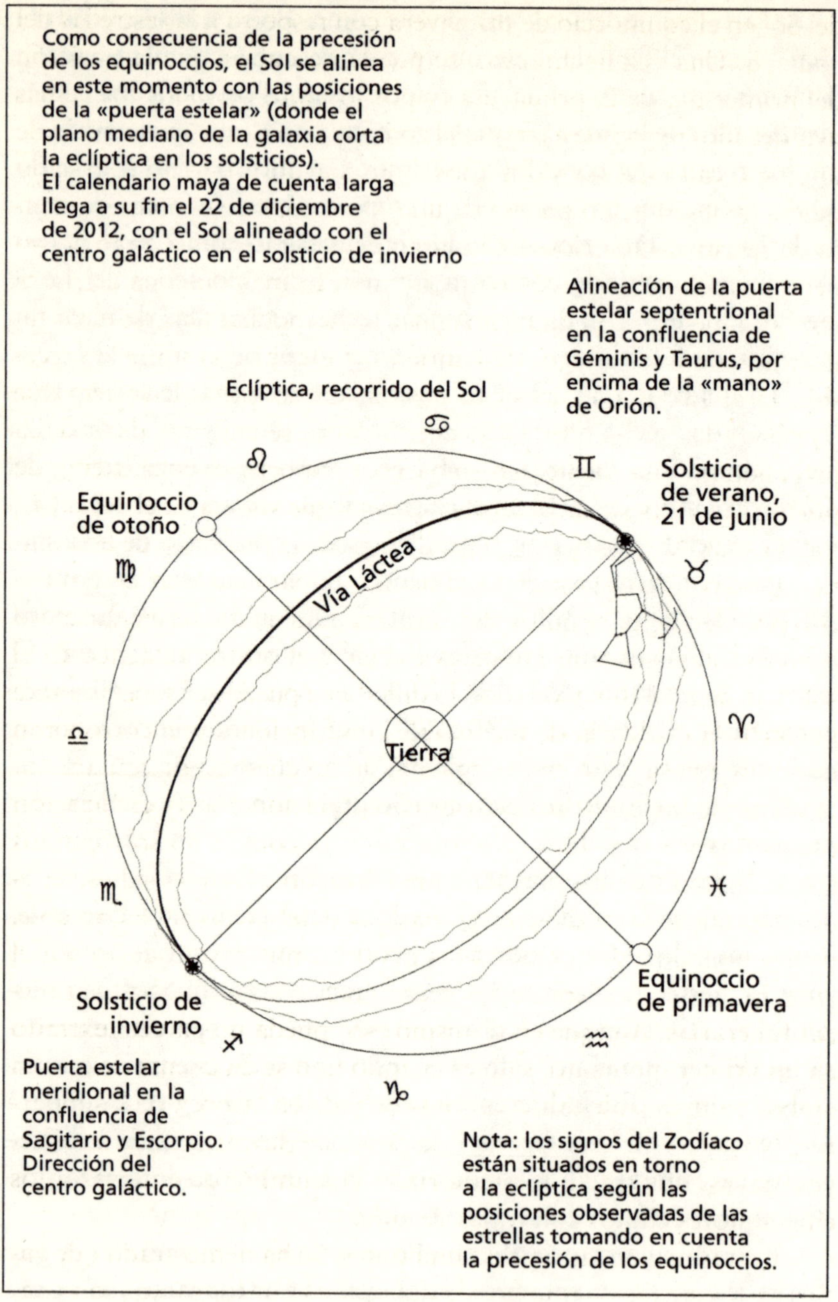

Figura 47: Alineación con la puerta estelar meridional.

del Sol en el equinoccio de primavera con respecto a las estrellas del zodíaco. Una vez hecho esto, se puede descubrir que la posición del primer día de la primavera (y por lo tanto de todos los demás días del año) retrocede a través del zodíaco a un ritmo aproximado de un grado cada setenta y dos años. Para descubrir esto no sólo se requiere la observación precisa de un individuo, sino el mantenimiento de registros minuciosos a lo largo de generaciones. Como no tenemos pruebas de que los olmecas tuvieran más que una escritura muy rudimentaria, es difícil imaginar cómo podían llevarse estos registros. Como los griegos descubrieron y escribieron sobre la precesión en el 130 a. J.C., existe la posibilidad de que quienquiera que escribiera la primera fecha de cuenta larga se enterara de lo de la precesión por esa fuente. Sin embargo, tampoco esto está exento de problemas. Aunque un sacerdote olmeca que viviera en el 30 a. J.C. fuera capaz de leer griego y aprendiera lo de la precesión de esta manera, todavía tendría grandes dificultades para calcular el número correcto de días para que la cuenta terminara en un día en que el Sol estuviera alineado con la puerta estelar y el centro galáctico en el solsticio de invierno. Con todo lo difícil que pueda ser, tenemos ante nosotros la evidencia de incontables inscripciones que corroboran que consiguieron este nivel de precisión. La cuestión es: ¿cómo?

Una de las cosas más curiosas en relación con la civilización centroamericana es lo mucho que tiene en común no sólo con los antiguos egipcios sino también con los chinos. Esto ha sido señalado por muchos estudiosos, del pasado y del presente. Es notable, por ejemplo, que los chinos y los mayas compartan el gusto por el jade. En ambas culturas, esta piedra preciosa se utilizaba para piezas funerarias. Aunque en sí mismo esto pueda no parecer extraño en un primer momento, sí lo es cuando uno se da cuenta de que en ambas culturas colocaban cuentas de jade en la boca de los muertos. No sólo eso: la costumbre de poner máscaras de jade a los reyes mayas, nos trae a la memoria la costumbre de enterrar a los emperadores chinos con trajes de jade.

Y éstas no son las únicas similitudes. Se ha demostrado que varios de los signos de nombre de día usados por los mayas son análogos exactos para los denominados días de la Luna que se usaban en China y en todo el sureste asiático. También se ha descubierto que el método usado por los mayas para calcular los eclipses solares y lunares era exactamente el mismo que empleaban los chinos de la dinastía Han (200 a. J.C.-200 d. J.C.). Sin embargo, a pesar de que gran parte de la escultura hallada en Teotihuacán y en otros lugares tiene un curioso aire chino, hasta el momento no ha salido a la luz en la arqueología un solo artefacto de origen asiático. Está, además, la curiosa anomalía (si hablamos de contactos interculturales) de que la sociedad maya estaba todavía en la Edad de Piedra y no usaban la rueda en un momento en que los chinos, que tenían profusión de carros de todo tipo, ya eran muy hábiles en el uso no sólo del bronce, sino también del hierro. Esta falta de pruebas sólidas de contacto ha reforzado el escepticismo de los arqueólogos y su oposición a cualquier idea de contactos culturales transoceánicos. Pero ¿está justificado esto?

En un capítulo anterior hemos hablado de la posibilidad, muy cierta en mi opinión, de que México fuera visitado por los europeos muchos siglos antes de Colón, e incluso antes de los épicos viajes de los vikingos. Restos dispersos de monedas romanas, ánforas e incluso una pequeña cabeza esculpida hacen pensar que hubo contacto marítimo por lo menos en el siglo IV d. J.C. La presencia de escritura cartaginesa y las posibles conexiones entre los olmecas de Tabasco y los mandeanos del África Occidental retrotraen los contactos transatlánticos quizás al 300 o 400 a. J.C. Sin embargo, ni siquiera ésta parece ser la fecha de los primeros contactos transatlánticos. La evidencia de la Piedra Calendario de Davenport parecería indicar que América del Norte fue visitada por gentes de fines de la Edad de Bronce a comienzos de la de Hierro, 100-500 a. J.C. Con todo, ésta es una estimación muy conservadora. No es del todo improbable que ya se hicieran viajes a América en el 3100 a. J.C. ¿Podrían haber puesto al tanto a los pueblos de Mesoamérica del ciclo de precesión?

El tabú que impedía hablar de contactos transatlánticos y que representa el aspecto más insidioso de la corrección política, en una época se extendió también a América del Norte. Sin embargo, en Estados Unidos y Canadá, aunque se sigue negando la posibilidad de cualquier vínculo romano o cartaginés, se ha llegado a aceptar la probabilidad de que exploradores vikingos hicieran el viaje a América, tal como se afirma en sus sagas. Además, trabajos muy recientes realizados en muchos yacimientos de América del Norte y Sudamérica están socavando el supuesto de que todos los americanos nativos anteriores a la llegada de Colón desciendan de inmigrantes llegados a Alaska a través del estrecho de Bering. La evidencia arqueológica indica ahora que Sudamérica contó con asentamientos antes que Norteamérica, lo que implica que los primeros que se asentaron en América vinieron por mar.

Pero aquí no se acaba todo. En todos los territorios mayas existía la costumbre de aplicar una prensa de madera a la cabeza de los recién nacidos, que se mantenía apretada hasta que el cráneo se endurecía. El propósito de esta aparente tortura, que debía causar gran desazón tanto a los niños como a sus padres, era aplanar la frente dando así un aspecto aerodinámico conocido como *polcan* o cabeza de serpiente. Uno se pregunta por qué harían esto. ¿Habría una buena razón para someter a los niños a ese tormento?

Además, ¿por qué llevaban narices falsas los señores de Palenque, Yaxchilan, Bonampak y otras ciudades? ¿También esto era una cuestión de moda o acaso una gran nariz caucásica o semita era indicativa de una jerarquía especial? La posibilidad de que esto fuera así la indica otro curioso detalle: los mayas practicaban la circuncisión. Este hecho del que se habla poco aparece muy claro en algunas estatuas. He visto estatuas de hombres circuncidados en Dzibilchaltun y Kabah, dos ciudades de la región de Yucatán. Estos hombres eran prisioneros a los que habían desnudado como parte de su humillación, pero parece probable que la circuncisión fuera una práctica muy extendida, al menos entre la nobleza.

Otra curiosidad es la extraordinaria estatura de algunos nobles (en especial Pacal el Grande) por comparación con el común de la población. El esqueleto de Pacal, que está enterrado en el sarcófago de Palenque, fue examinado en detalle después de su descubrimiento en 1952. Se descubrió que se trataba de un hombre muy alto, de alrededor de 1,80 metros, lo que significa que, al igual que a mí (1,85 m) el maya medio le llegaría a la altura del hombro.

Desde entonces se ha descubierto otro esqueleto de estatura similar en Palenque, lo cual indica que el propio Pacal no era un fenómeno, sino miembro de una familia o grupo familiar que tenía como uno de sus rasgos genéricos una aventajada estatura.

Cuando reunimos todas estas evidencias, empieza a configurarse una imagen que se aparta bastante de lo que se enseña actualmente en las escuelas de arqueología maya. Podemos suponer que la razón para tener una polcan, o cabeza achatada, era que ésta se consideraba un rasgo esencial de la nobleza porque en una época había sido una característica genética de la clase gobernante. Lo mismo podría suponerse de la estatura aventajada y de la nariz grande. Es posible que a lo largo del tiempo, mediante matrimonios sucesivos con personas de fuera del grupo familiar inmediato, algunos de esos rasgos se hubieran perdido. Aunque no podía hacerse gran cosa por cambiar la estatura de un individuo, sí era posible aplanar la frente de un niño pequeño para darle el aspecto de nobleza «natural». Además, al menos para fines ceremoniales, se podía usar una nariz falsa o incluso una barba postiza.

Tal como se ha dicho, una nariz prominente es típica de ciertos europeos. Sin embargo, antes del siglo pasado, pocos europeos se planteaban su circuncisión o la de sus hijos. Ésta es una costumbre típica del Oriente Próximo o de África. Desde el punto de vista histórico, se asocia con las religiones judía e islamista, aunque actualmente está muy extendida en EE UU por razones que nada tienen que ver con la religión. Sin embargo, no fueron los judíos los que inventaron la circuncisión. Mucho antes de los tiempos de Abraham, ya se practicaba en Egipto. Lo sabemos por evidencia documental, pero lo confirma una estatua que se encuentra en las salas del Reino Antiguo del Museo de El Cairo que representa a un varón desnudo que, al igual que los desdichados prisioneros de Dzibilchaltun y Kobah, evidentemente había sido sometido a la operación.

Las conexiones egipcias o africanas son muy interesantes por otras razones. Una frente aplanada y un mentón prominente son características actuales de algunas tribus africanas. Como bien se sabe y queda registrado en todos los libros de historia, la XVIII Dinastía, que fue la causante de la expulsión de los hicsos, provenía del sur de Egipto. Uno de los faraones más famosos fue el herético Akenatón, tío de Tutankamón. Los bustos y relieves de su esposa Nefertiti, que indudablemente era de una extraordinaria belleza, muestran que también ella tenía una frente aplanada: una versión natural del polcan maya. Este rasgo, que seguramente era de familia, era todavía más pronunciado en sus hijas, de las cuales pueden verse esculturas en el Museo Egipcio.

No quiero decir con esto que crea que descendientes de la familia de Akenatón hayan emigrado de Egipto a México, pero podría haber una conexión más distante y generalizada. Es evidente que al menos algunos individuos de jerarquía noble de Egipto tenían como rasgo genético unas cabezas alargadas y planas. Durante el período de la XVIII Dinastía, construyeron un imperio que abarcaba partes de Libia y también de Oriente. Fenicia, de donde provenían los cartagineses, tenía una gran influencia egipcia. Sin embargo, los fenicios, al ser canaanitas, eran de ascendencia semítica. Así pues, no es descabellado suponer que, como los árabes actuales, tendrían narices relativamente prominentes, al menos por comparación con las de los mayas.

Cartago fue fundada en 850 a. J.C., pero llegó al apogeo de su poder en torno al 220 a. J.C., poco antes de su destrucción por los romanos en 202 a. J.C. Al igual que sus predecesores fenicios, los cartagineses fueron una nación de navegantes cuyos barcos surcaron no sólo el Mediterráneo sino también el Atlántico. Mantenían un monopolio sobre los movimientos marítimos al oeste de las islas de Cerdeña y Córcega, de modo que sus clientes del Mediterráneo oriental no tendrían acceso a sus proveedores de más allá de las Columnas de Hércules. Sin embargo, se sabe que ellos navegaban por la costa occidental de la península Ibérica y llegaron a las islas Británicas. También recorrieron la costa occidental de África y es muy probable que hayan doblado el cabo de Buena Esperanza. Desde las islas Británicas traían estaño, y de África, marfil, esclavos y otros productos de gran valor.

Los cartagineses también colonizaron las Canarias y las Azores, lo cual tiene más importancia de la que pudiera parecer a simple vista. Aunque éstas son islas bastante yermas y de escaso valor en sí mismas, sin duda tenían una importancia estratégica como puntos intermedios para cualquiera que pretendiese atravesar el Atlántico. Desde Canarias podían aprovecharse los vientos alisios del oeste, con cuya ayuda, y suponiendo que no hubiese violentas tempestades o algún otro contratiempo, habría sido fácil navegar a través del Atlántico hasta Sudamérica. Desde allí, habría sido cuestión de seguir la costa hasta México. Para hacer el viaje de regreso habrían tenido que aprovechar los vientos alisios del este. Esto los habría llevado desde la costa este de América hasta las Bermudas, las Azores y de vuelta al Mediterráneo.

No se debería poner en duda la posibilidad de tales viajes. Se han encontrado restos de navíos de la Edad de Bronce, de características y resistencia aptos para afrontar los embravecidos mares de las islas Británicas, enterrados en el fango en Dover y en el estuario del Humber. No hay motivo para pensar que los barcos cartagineses de mil años después fueran en modo alguno inferiores. Probablemente no eran muy diferentes de los que, según describe César el 55 a. J.C., tenían los galos. Éstos eran barcos hechos de roble y de proa alta, evidentemente diseñados para navegar en mar abierto y no sólo bordear las costas de la Galia.

Desgraciadamente, los cartagineses mantuvieron en el mayor de los secretos sus viajes a América, especialmente ante los romanos. La razón de que se mostraran reacios a decir a sus clientes mediterráneos dónde habían estado, era para proteger su comercio del oro y de la plata. Aun así, es probable que nos hubiéramos enterado de esos viajes de no ser porque los romanos, el 202 a. J.C., redujeron Cartago a cenizas junto con todas sus bibliotecas. Aunque la ciudad fue reconstruida al estilo romano, se perdieron casi por completo detalles de la historia de la anterior civilización cartaginesa. Cartago, que hasta su destrucción había sido el mayor rival de Roma, estaba condenada a ser una nota a pie de página en la historia.

El período de 3100 a. J.C. es muy interesante desde el punto de vista cultural. Ésta es la fecha aproximada que se da a la unificación de Egipto y al comienzo de su historia dinástica. Por entonces se creó la primera escritura cuneiforme en Mesopotamia y se usaron en China las primeras rejas de arado. En Europa es el comienzo de la cultura megalítica, cuando se inició la primera fase de Stonehenge, y en Sudamérica son de esta época los primeros cultivos de maíz. Así pues, podemos considerar esta época como especialmente importante para todas las civilizaciones del mundo, aun cuando, tal como nos aseguran los arqueólogos, estaban aisladas las unas de las otras. Sin embargo, a pesar de que los pueblos de la baja Edad de Piedra, en Europa al igual que en Egipto, eran bastante entendidos en lo relativo a las estrellas y construyeron templos como el de Stonehenge para señalar fechas importantes en su calendario, no hay nada que haga pensar que ni ellos ni los pueblos que entonces habitaban México conocieran lo del ciclo precesional.

La otra alternativa, la de que los olmecas y los mayas heredaran estos conocimientos de los atlantes, sigue siendo una hipótesis. Suponiendo que la historia de la Atlántida sea algo más que un mito y que los atlantes conocieran lo de la precesión, no hay evidencia de que este conocimiento fuese retenido por los egipcios ni por nadie más. Aunque Edgar Cayce afirmó que los atlantes construyeron una cámara en el Yucatán, nunca dijo que los mayas hubieran tenido acceso a los secretos que contenía. Tampoco dijo que la civilización maya contuviera más que rastros de la mucho más antigua civilización atlante. Teniendo en cuenta que hay una brecha de 9 000 o 10 000 años entre la supuesta destrucción de la Atlántida y la primera fecha de cuenta larga que se haya encontrado hasta ahora, sin duda sería extraño que hubieran conservado un conocimiento detallado del ciclo precesional cuando tantas otras cosas se han olvidado. En este estado de cosas, lo que tenemos que preguntarnos es de qué otro modo podrían haber obtenido los mayas y los olmecas los conocimientos necesarios para cronometrar su calendario de modo que terminase en el solsticio del 2012.

¿Una civilización del espacio exterior?

Una posibilidad que no hemos explorado hasta el momento es la de la intervención extraterrestre. ¿Acaso Von Däniken estaba en lo cierto al afirmar que los olmecas, los mayas o algún otro pueblo fueron visitados por seres inteligentes de otro sistema solar? ¿Es posible que gentes del espacio hayan traído el conocimiento y la tecnología necesarios para calcular el desplazamiento en el equinoccio y el hecho de que el solsticio de invierno del 2012 tuviera lugar exactamente con el Sol situado en la puerta estelar?

En un pequeño museo de Oaxaca, México, vi pruebas indirectas de esto en una escultura sumamente peculiar. Era una cabeza, pero no una cabeza humana. Estaba dividida por la mitad y un lado era casi humanoide salvo por las curiosas orejas. La otra mitad tenía un aspecto decididamente «alienígena». Examinando esta escultura, que no tenía rótulo, lo primero que se me ocurrió es que fuera la representación de un semidiós, es decir, un individuo en parte humano y en parte alienígena en sus orígenes (véase el pliego fotográfico). Me pregunté si éste sería el secreto que se escondía detrás de las culturas avanzadas de América Central: que su conocimiento provenía de las estrellas.

El problema de esta teoría es que, si bien ofrece una respuesta satisfactoria a la pregunta central sobre el origen del conocimiento, plantea multitud de difíciles preguntas secundarias. Para empezar, está la cuestión tecnológica de cómo alguien, incluso alienígenas inteligentes, pudieron atravesar la inmensidad del espacio. Teniendo en cuenta que la estrella más cercana está a 4,5 años luz de distancia (es decir, aproximadamente treinta y nueve billones de kilómetros), ¿cómo podría llegar hasta aquí una nave extraterrestre? A continuación, suponiendo que pudiera salvarse esta dificultad, están los problemas de adaptación. ¿Podría sobrevivir un alienígena que nos visitara a las condiciones físicas y las formas de vida bacteriológicas de nuestro planeta?

Es necesario recordar que nuestro planeta, la Tierra, existe en un precario equilibrio. Como estamos tan familiarizados con él, no nos paramos a pensar en lo inusual que es un mundo cuya superficie está cubierta mayoritariamente de agua. Para que esto suceda, el planeta tiene que tener la temperatura ambiente precisa: demasiado frío, y el agua se congela; demasiado calor, y se convierte en vapor. Está también el equilibrio de gases de la atmósfera: aproximadamente cuatro quintas partes de nitrógeno, un quinto de oxígeno y un pequeño porcentaje de otros gases como el dióxido de carbono.

Tanto nosotros como el resto de los animales de la Tierra estamos muy adaptados a sus condiciones. Podemos respirar el aire, beber el agua y, en la mayor parte de los casos, hacer frente a las temperaturas extremas de los polos y del ecuador. Incluso suponiendo que un alienígena pudiera venir de un planeta más o menos similar a la Tierra, parece muy poco probable que fuera exactamente igual. No obstante, nuestra propia experiencia nos indica que hasta las menores variaciones, por ejemplo en la cantidad de oxígeno del aire o la salinidad del agua, tienen repercusiones profundas para la vida. Eso significa que los alienígenas que nos visitaran sin duda tendrían que usar trajes espaciales en todo momento, y dependerían totalmente de los sistemas de soporte vital –alimentos, bebidas, gestión de residuos, etc.– que hubieran traído consigo en su nave espacial. Dejando a un lado estas reservas, soy de la idea de que podría haber algo de verdad tras la noción de contactos extraterrestres establecidos en tiempos muy remotos y cuyo centro podría haber sido Egipto.

La razón principal por la cual la corriente principal de la arqueología ha vuelto la espalda al difusionismo desde África y Europa hacia América, es el hecho de que la cultura maya, considerada superficialmente, tenga tan poco que ver con las culturas de otros puntos del mundo. Sin embargo, esto equivale a pasar por alto ciertas similitudes que aparecen si escarbamos un poco. La obsesión maya con los bacabobes, los dioses de los puntos cardinales que sostienen el cielo, tiene mucho en común con la creencia de los antiguos egipcios en relación con los hijos de Horus. Estos dioses del horizonte –*Duamutef* (cabeza de chacal), *Quebhsenuef* (cabeza de halcón), *Hapy* (cabeza de mono) e *Imsety* (cabeza humana)– son los prototipos de los símbolos dados por los cristianos a los cuatro evangelistas, Mateo, Marcos, Lucas y Juan, que están también vinculados a los cuatro puntos cardinales.

El paralelismo entre las creencias mayas y las egipcias iba mucho más allá. En Egipto, el dios Osiris, que murió y resucitó, era también dios de la agricultura. La mitología respecto a su muerte y renacimiento era tan importante para los antiguos egipcios como la historia de la muerte y resurrección de Cristo para los cristianos. En realidad, la religión de Osiris en Egipto era en muchos sentidos similar al cristianismo. La leyenda de Osiris afirma que él y un grupo de otros dioses antropomórficos fueron enviados a la Tierra por Dios para implantar la civilización. Osiris enseñó a la especie humana a domesticar animales y plantas, a observar los métodos correctos de culto e instaurar un sistema legal adecuado. Su visir, Thoth (llamado más tarde Hermes Trimegisto por los griegos), les enseñó las matemáticas, las ciencias y el sistema jeroglífico de la escritura. Bajo el reinado de Osiris y de su esposa, su hermana Isis, el país prosperó y reinó la paz. Por desgracia, tenían un hermano menor que envidiaba la posición de Osiris. Este hermano, Set, asesinó al dios Osiris y se proclamó rey de Egipto; luego, arrojó las partes del cuerpo de su hermano a lo largo del Nilo para que no pudiera tener un entierro adecuado. Así llegó a su fin la edad dorada de Osiris.

El reinado de Set fue duro e injusto, pero Isis no desesperó. Reunió los trozos del cuerpo de su esposo y entonces, valiéndose de plegarias aprendidas del dios del sol, Ra, devolvió a Osiris a la vida el tiempo suficiente para quedar embarazada de él. Osiris, cumplida su misión en la Tierra, partió hacia las estrellas. Isis, mientras tanto, ocultó su embarazo y a su debido tiempo dio a luz un hijo llamado Horus que, al llegar a la edad adulta, se enfrentó a su tío Set para recuperar la corona de su padre. Se libraron algunas batallas y al final Horus salió victorioso. Restableció el imperio de la ley y se convirtió en el primer faraón legítimo de Egipto después de Osiris. De ahí en adelante, todos los faraones, mientras vivieron, fueron considerados encarnaciones de Horus. Después de su muerte, eran sometidos a rituales (incluida la momificación) que los transformaban en Osiris. En teoría, al menos, pasaban a ser uno con el ascendido Osiris exactamente de la misma manera que los cristianos aspiran a unirse al Cristo ascendido a los cielos.

Actualmente sabemos por las leyendas dejadas en las pirámides por los antiguos egipcios, que sus rituales funerarios no pretendían transformar el cuerpo del faraón en algo que se pareciese a Osiris, sino enviar su alma a su «cielo»: el *duat*. Éste era un lugar similar a la Tierra donde los justos vivían en paz y armonía bajo el reinado del benevolente dios-rey Osiris. Sin embargo, a diferencia del cielo cristiano, que suele concebirse como un lugar invisible ocupado por espíritus, el duat estaba entre las estrellas, más específicamente, las estrellas de la constelación de Orión.

Parece ser que Orión tenía un significado especial para los egipcios por el hecho de estar a un lado de la Vía Láctea. Consideraban a la Vía Láctea, el «río serpenteante», como un equivalente cósmico de su propio río: el Nilo. En consecuencia, durante la IV Dinastía, construyeron las pirámides en la orilla occidental del Nilo como representación de las estrellas de Orión, siendo las de Gizeh el símbolo de su Cinturón. Aunque este plan parece incompleto, la intención es clara: Al construir un modelo a escala gigante del cielo sobre la Tierra, lo que hicieron fue establecer un enlace psíquico con las estrellas de Orión/Osiris. A continuación, al realizar ciertos rituales funerarios (como el de la «Abertura de la boca» y «Pesado del corazón») dentro de los confines de las pirámides, podían asistir al alma del faraón en su viaje a la tierra de Osiris: las estrellas de Orión.

Todo esto está explicado detalladamente en *El misterio de Orión*, el libro que escribí en colaboración con Robert Bauval. Cuando se publicó por primera vez (en 1994), hizo furor. Aunque el libro proporcionaba evidencia suficiente de que las pirámides estaban íntimamente conectadas con el culto de Osiris y de que éste era de naturaleza estelar, nos atrajo muchas críticas de gentes reacias a admitir que las estrellas desempeñaban un papel tan importante y crucial en la religión de los antiguos egipcios. En parte, ésta fue una respuesta instintiva a una teoría que les recordaba demasiado al éxito de ventas de Erich von Däniken *¿Carros de los dio-*

ses? Sin embargo, había también una objeción más seria y científica: ¿en qué otra parte, además de las pirámides y de ciertas inscripciones y pinturas murales, había evidencia de que Orión desempeñaba un papel tan importante en la religión de los egipcios, o, ya puestos, de cualquier otro pueblo?

El dios del maíz y Orión

Lo que no sabíamos por entonces era que al mismo tiempo que estábamos compilando *El misterio de Orión* en 1993, al otro lado del Atlántico, David Freidel, Linda Schele y Joy Parker estaban publicando su obra *El cosmos maya,* que rompió moldes. De haber sabido esto, nos podría haber ayudado mucho con nuestros críticos, porque en esta obra los autores, especialmente Schele, presentaban pruebas contundentes de que el dios maya del maíz, del mismo modo que el dios egipcio de la agricultura, estaba estrechamente vinculado a un mito de creación relacionado con la constelación de Orión.

El reciente descubrimiento de una pintura mural maya en el norte de Guatemala que representa al dios del maíz y que, de forma muy conservadora, se atribuye al 100 a. J.C., indica que su historia es incluso más antigua de lo que se pensaba anteriormente: de hecho, es contemporáneo por lo menos de los últimos días de la civilización olmeca y es probable que sea todavía anterior. Los mayas consideraban el maíz como un regalo de los dioses: de forma más específica, del dios del maíz. Según el *Popol-Vuh*, crearon la raza humana con pasta de maíz tras haber fallado los intentos anteriores con barro y con madera. El dios del maíz era, pues, el prototipo de la especie humana; fue nuestro Primer Padre. No hay duda de que su muerte, decapitación, entierro en un campo de juego de pelota, fecundación de una doncella escupiendo en su mano y finalmente resurrección gracias a sus hijos victoriosos, eran todos hechos con un significado simbólico para los mayas y, en cierto modo, un reflejo del ciclo de crecimiento del maíz.

Sin embargo, también está claro que para ellos el dios del maíz era más que la personificación del ciclo de crecimiento de su alimento principal. Esto lo vemos en la imagen del rey Pacal que aparece en la tapa de su sarcófago vestido como el dios del maíz mientras se dirige al portal del cielo. Se convierte en Primer Padre precisamente de la misma manera que se pensaba que los faraones egipcios se transformaban en el dios Osiris en virtud de los rituales realizados sobre sus momias después de la muerte. Esto es más que una extraña coincidencia, ya que Osiris era el equivalente del dios del maíz para los antiguos egipcios: era el dios al que consideraban responsable de haberles dado el regalo del grano.

Sin embargo, esto es sólo uno de los sorprendentes paralelos que conectan al dios maya del maíz con Osiris, ya que ambos están íntimamente vinculados con las estrellas de Orión. En la versión completa de la leyenda del renacimiento del Primer Padre, éste era llevado en canoa a Orión, que era el mismo lugar donde, al comienzo de la edad, los antiguos dioses habían puesto tres «piedras» (las estrellas Alnitak, Saiph y Rigel) para hacer un lar cósmico. Estas estrellas eran consideradas en cierto sentido equivalentes de las tres piedras que forman el lar en medio de una típica vivienda maya. Como tal, representaban el concepto de hogar como lugar de calor y tenían una estrecha conexión con la «materia» sagrada del fuego.

Según Schele, la conexión con Orión iba más allá de la mítica colocación de piedras por los dioses. Descubrió que el Cinturón de Orión estaba asociado con el símbolo de una tortuga cósmica sobre cuyo caparazón había pintadas tres estrellas. Ella creía que una división del caparazón de esta tortuga, que aparecía en numerosas vasijas y fuentes de cerámica, representaba el campo de juego de pelota donde, según el *Popol-Vuh*, el ascendido dios del maíz tenía su residencia.

A semejanza de Osiris, el padre y dios de la agricultura de los egipcios, el Primer Padre de los mayas ascendió a las estrellas del Cinturón de Orión.[2] Como el *Cosmos maya* se publicó en 1993, el año anterior a la aparición de *El misterio de Orión*, es poco probable que Schele supiera hasta qué punto sus descubrimientos sobre Orión y el mito del renacimiento del dios del maíz tenían un paralelismo con la religión de Osiris en el antiguo Egipto. Aunque no esté establecido, la implicación era que nuestra Tierra (simbolizada por una tortuga de dos cabezas) tiene un equivalente cósmico

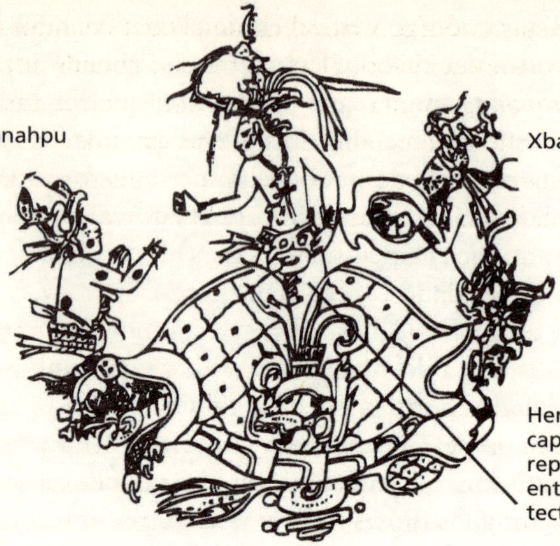

Figura 48: Resurrección del dios del maíz.

en las inmediaciones del Cinturón de Orión (simbolizado por una tortuga con tres estrellas sobre el caparazón). Este planeta –porque eso es lo que el símbolo de la tortuga representa– es evidentemente como la Tierra. Ahora bien, esta similitud en las creencias es extraordinaria, especialmente si se piensa que Osiris formaba parte de una familia de dioses que se dice que vinieron a la Tierra a traer la civilización a los seres humanos. La conclusión casi ineludible es que estos «dioses» que, según las creencias de los egipcios, en una época reinaron en Egipto, eran antropomórficos. Así pues, llegamos a la conclusión de que encarnaban entidades muy parecidas a nosotros que venían de Orión. Digo esto con toda cautela, porque soy plenamente consciente de que las estrellas del Cinturón de Orión están a una distancia de sesenta y cinco y quinientos cuarenta y cinco años luz de nosotros. Para nosotros, se trata de distancias que hacen impensable la navegación. Sin embargo, tal vez podamos suponer que las almas no tienen que navegar en el espacio en ninguno de los sentidos corrientes de la palabra. Tal vez

Orión es realmente el origen del que provenía el Primer Padre, Osiris, y tal vez incluso otras «gentes del espacio» han venido a traer las ventajas de su civilización a la Tierra. Fue así que, tal vez involuntariamente, Schele y sus colegas produjeron evidencias largamente buscadas que permitieron pensar en contactos extraterrestres entre los mayas y los «dioses» de Orión. No obstante, el interrogante subsiste: ¿es posible que esto sea verdad?

Avatares de los señores

La fuerte conexión entre el mito del dios del maíz de los mayas, el dios egipcio de las cosechas, Osiris, y la constelación de Orión no es el final de la historia. En 2003 apareció en la televisión británica un programa titulado *Stonehenge of the North* (El Stonehenge del norte). El título era algo equívoco ya que no tenía relación alguna con lo que la mayoría de la gente suele entender por el nombre de Stonehenge, es decir, un monumento de la Edad de Piedra hecho de grandes rocas toscamente cortadas y dispuestas en círculo. De hecho, el tema del programa era un grupo de tres grandes monumentos *henge** sin una sola piedra de las inmediaciones de Ripon, en Yorkshire. Estos *henges* estaban formados por construcciones de zanjas y lomas similares a las que rodean a Stonehenge, cada una de unos doscientos cuarenta metros de diámetro.

A nivel del suelo, los *henges* no son nada que llame la atención, pero vistos desde el aire, tienen un misterioso parecido con la foto del Cinturón de Orión publicada en *El misterio de Orión*. De inmediato percibí una sorprendente similitud que me dejó con la boca abierta la primera vez que lo vi. Sin embargo, a medida que avanzaba el programa, se reveló que en el 3000 a. J.C., el Cinturón de Orión se alineaba con las entradas que llevaban a los *henges* justo cuando la estrella Sirio se veía asomando en el este. Esto resultaría sorprendente, sin duda, el día de la aparición heliacal de Sirio: su

* Un *henge* es una superficie plana, más o menos circular u ovalada, rodeada y generalmente delimitada por una zanja con un terraplén exterior. *(N. de la t.)*

primera aparición al amanecer tras setenta días de invisibilidad. En Egipto, esa fecha se celebraba como el día del nacimiento de Horus, el hijo del padre Osiris (Orión), y significaba la entrada de un nuevo año. Esto implica que estos monumentos *henge*, y tal vez muchos otros que pueden verse por toda Gran Bretaña, eran monumentos vinculados a un culto religioso similar al de Osiris/Orión de los egipcios. Sabemos que hubo un culto a Orión en esas islas más tarde, pero esto parece indicar que se remonta a la Edad de Piedra.[3]

La fecha aproximada de construcción de los monumentos de Thornborough –3000 a. J.C.– es también la fecha que suele darse a Stonehenge I, el monumento original de zanjas y lomas cuya entrada está alineada con la salida del Sol en el solsticio de verano. Esto fue varios siglos anterior a la construcción del primer círculo de piedra que hay en el centro. Mi ordenador me indicó que, en el solsticio de verano de entonces, y visto desde la latitud de Stonehenge, el Cinturón de Orión habría salido heliacalmente: al mismo tiempo que el Sol. En Egipto, la salida heliacal de Orión (más que la de Sirio) simbolizaba el renacimiento de Osiris, el dios de la agricultura. Puesto que incluso en la Edad de Piedra el sur de Britania estaba muy dedicado al cultivo del trigo y de otros cereales, no deja de ser probable que, como en Egipto y México, Orión estuviera vinculado al renacimiento de un dios britano de la agricultura cuyo nombre se haya perdido en la nebulosa del tiempo. Así pues, el posicionamiento de los monumentos *henge* de Thornborough en Yorkshire, como los de Wiltshire, sugiere la posibilidad de que éste haya sido un culto importante por toda la región. Esto plantea una interesante pregunta: ¿cómo es posible que un culto de Orión ocupe un lugar tan destacado en las culturas de Egipto, México y Britania cuando, por lo que sabemos, estos pueblos vivían en lugares sin comunicación directa entre sí? Dejando a un lado por el momento la posibilidad de contactos marítimos, sólo hay otra explicación de cómo pueblos tan alejados en el tiempo y en el espacio pudieran tener ideas similares por lo que respecta a Orión, y esa explicación es la reencarnación.

Actualmente, mucha gente cree en la reencarnación. De hecho, abarcando a toda la población del mundo, es probable que sean más los que creen que los que no. En realidad, la extendida creencia en la reencarnación no es sorprendente. La idea de que el alma, siendo como es una creación separada del cuerpo, sólo puede encarnarse una vez y que será juzgada por toda la eternidad por su comportamiento en esa vida, es de una injusticia palpable. Sin embargo, si, como creen los reencarnacionistas, vivimos muchas veces, entonces la cosa cambia. Un trabajador justo, podría ser promovido a vivir la vida siguiente a la nobleza; un rey injusto podría ser condenado a vivir su siguiente vida como un mendigo. En otras palabras, es posible que nuestros sufrimientos no sean tan arbitrarios como podría parecer ya que nos proporcionarían oportunidades de autopromoción. Esto, a mi modo de ver, hace que las desigualdades de la vida tengan mucho más sentido que la creencia de los cristianos ortodoxos en una sola vida o que no creer en el alma como una entidad distinta del cuerpo.

Según hemos visto, la doctrina de la reencarnación fue una de las cuestiones más importantes surgidas de las lecturas de Edgar Cayce. En situación de trance afirmó categóricamente que muchos de sus clientes habían vivido vidas anteriores entre los mayas y, todavía antes, entre los egipcios. ¿No podría ser que el recuerdo trasladado de una vida a otra fuera la vía a través de la cual ideas culturales comunes relativas al papel de Orión como dios del maíz apareciesen entre los mayas varios miles de años después de que aparecieran entre los antiguos egipcios? Es una posibilidad obvia, pero, en mi opinión, no la explicación más probable. Creo que tenemos que indagar más en las lecturas de Cayce y buscar también en otras partes para tratar de encontrar algo más consistente.

Lo que Edgar Cayce tenía que decir sobre la vida del alma después de la muerte iba mucho más allá de su posible reencarnación. Según él, cuando las personas mueren, sus almas no siempre permanecen dentro de la región de la Tierra, sino que frecuentemente se trasladan a otros planetas o incluso a las estrellas. Por ejemplo, dijo que la persona de la lectura 2454-3 (Eula Allen) había pasado cierto tiempo antes de su encarnación más reciente en las inmediaciones de la estrella Arturo: «... Arturo aparece en el diagrama de esta entidad, o como una fuerza central de la cual la entidad vuelve a la estancia material sobre la Tierra. Porque éste es el camino, la puerta de salida de este sistema. Sin embargo, voluntariamente volvió la entidad en esta experiencia...»[4]

En una sesión de preguntas y respuestas, Edgar Cayce reveló que también él había pasado tiempo en el sistema de Arturo antes de volver a la Tierra:

> **P** El sexto problema tiene que ver con la habitación interplanetaria e intersistemas entre las distintas vidas terrenales. Fue otorgado a través de esta fuente que la entidad Edgar Cayce, tras la experiencia como Uhjltd, fuera al sistema de Arturo y luego volviera a la Tierra. ¿Indica esto un paso usual o inusual en la evolución del alma?
>
> **R** Tal como se indica, o como ha sido indicado en otras fuentes además de ésta por lo que respecta a este mismo problema, Arturo es lo que podría denominarse el centro de este universo, por el cual pasan los individuos y en cuyo período le corresponde al individuo elegir si volver a completar allí –es decir, en este sistema planetario, nuestro Sol, el Sol de la Tierra y de su sistema planetario– o pasar a otros. Éste era un paso inusual, y sin embargo, habitual.[5]

Edgar Cayce no fue el único que adjudicó a Arturo, una estrella «gigante roja» de la constelación de Boötes, una categoría especial. En 2003, en un ciclo de conferencias en Sudáfrica, fui invitado a almorzar con el Dr. J. J. Hurtak, autor de un libro extraordinario titulado *The Keys of Enoch® (Las claves de Enoc)*. Yo ya había encontrado este libro en 1994, poco después de la publicación de *El misterio de Orión*, y estaba ansioso de reunirme con su autor, ya que me daba cuenta de que él, igual que yo, estaba muy metido en el tema del hermetismo. Esperaba hablar del contenido de su libro que, como el original *Libro de Enoc* era el testimonio y el comentario de una experiencia mística.[6] *The Keys of Enoch®* es una obra épica, comparable en algunos aspectos con los poemas de William Blake *Albion* y *Jerusalén*. No pretendo entenderlo en su totalidad, del mismo modo que no pretendo entender íntegramente el poema épico de Gudjieff *All and Everything: Beelzabub's Tales to His Grandson*. Sin embargo, escogiendo aquí y allá, he encontrado fragmentos a los que les encuentro significado y que, al menos para mí, son una fuente de inspiración.

Nuestro encuentro en el restaurante fue bien y descubrimos que teníamos muchas ideas en común, aunque, de cara al exterior, estaban expresadas de manera diferente y aplicando modos de pensar también diferentes. De nuestra conversación se desprendió que tanto él como yo estábamos profundamente interesados por los misterios de Orión y por su conexión con la encarnación de los «Señores». El encuentro con su autor me llevó a considerar *The Keys of Enoch®* desde otra perspectiva para ver si había algo que pudiera explicar mejor esa conexión. Lo que más me había sorprendido en 1994 cuando lo leí por primera vez, fue que, sin saberlo Robert Bauval ni yo mismo, Hurtak ya había vinculado las pirámides de Gizeh con Orión y con el culto de Osiris. Al igual que nosotros, estaba convencido de que los textos de la pirámide significaban lo que decían cuando establecían la relación entre Osiris y Orión. En un glosario incluido al final del libro, había escrito:

> Osiris: el Señor Creador proveniente de Orión que fue responsable de uno de los intentos de programación por parte de las Hermandades para elevar la conciencia de las razas primordiales mostrando el modelo de la muerte y la resurrección. Enoc [evidentemente el guía de Hurtak durante su propio y peculiar viaje que dice tuvo lugar en 1973] considera a Osiris como Osi Osa, una deidad gemela de los Cielos Medios, subordinada al Padre Creador.[7]

En estas ideas había una notable coincidencia con mis propios descubrimientos, documentados en mi libro *Señales en el Cielo*, acerca de que la constelación de Orión era, al menos simbólicamente, el destino del alma de más de un «Señor» ascendido, incluido Jesucristo.[8] Hurtak iba aún más lejos al afirmar que Orión, junto con su constelación vecina, las Pléyades, era la fuerza genuina del poder espiritual otorgada por Cristo a la especie humana para hacer posible su redención: «Kesil [Orión] proyecta la Gnosis, el conocimiento que crea los *Pneumatikoi*, los poderes espirituales de Cristo. Sin embargo, la vestidura prefísica de la Luz, que es necesaria para encarnar esta conciencia más elevada de la Luz, proviene de las Pléyades...»[9]

También dice que en Orión hay una puerta –o más de una– al universo «más elevado» por la cual deben pasar las almas redimidas:

> La séptima clave se refiere a Metatrón que nos recibe al atravesar la puerta de Orión desde su Universo Hijo hacia el Universo Padre de los Creadores de Elohim.
>
> Y cuando fui llevado a Orión, contemplé dentro del Trapecio de Orión, capas de luz de gran intensidad que revelaban una serie de cielos interiores que en conjunto forman las bases para el nacimiento y la regeneración. Y se me mostró que el Trapecio de Orión –la puerta umbral de la «creación de estrellas»– está en conjunción con Omega Orión, la región de la «muerte de estrellas». Ambos están alineados con el Trono del Padre que gobierna a través de la región estelar de Alnitak, Alnilam y Mintaka.[10]

Todo esto podría tomarse por los devaneos de un místico excéntrico de no ser por el hecho de que lo que está escrito en las *Claves* tiene resonancias tanto de enseñanzas antiguas como de astronomía moderna. La identificación de Orión como lugar de nacimiento y muerte de estrellas encaja con lo que están descubriendo ahora los astrónomos. Las estrellas nacen dentro de las nubes de polvo que forman la nebulosa de Orión, que de por sí está formada por los restos de muchas estrellas muertas. Además, dentro de la nebulosa de Orión, que está en la «espada» que pende del Cinturón de Orión, hay un grupo de estrellas de gran tamaño llamado el Trapecio. Ésta parece ser la región a la que Hurtak afirma haber sido llevado durante su viaje con Enoc, y es la zona en la que los astrónomos creen haber encontrado estrellas rodeadas de anillos de desechos que creen que se están transformando en planetas. Esto no se sabía en 1973, en la época en que Hurtak estaba escribiendo *The Keys of Enoch®*. El verdadero significado de estos campos de estrellas en el Trapecio sólo se ha apreciado desde el lanzamiento del telescopio Hubble en 1990. En 1992 se anunció la posibilidad de discos protoplanetarios en la nebulosa de Orión, pero hubo que esperar dos años más antes de que el telescopio Hubble estuviera en condiciones de mostrar los discos. Este descubrimiento, realizado unos veinte años después de que se escribiera *The Keys of*

Enoch®, hace que las nubes de polvo de Orión pasen de ser una curiosidad a convertirse en una de las zonas más apasionantes del cielo: un vivero de estrellas.

Lo que también resulta muy interesante es que, tal como descubrió Linda Schele, los antiguos mayas vinculaban a las estrellas de Orión Alnitak, Saiph y Rigel con la formación de un «lar» cósmico el día de la creación. La región de la «espada» de Orión, donde se están formando estos sistemas estelares, se encuentra dentro del triángulo formado por estas tres estrellas. Es el fuego celestial del lar cósmico. Presumiblemente era de este lar que ellos pensaban que su dios creador, Tohil/Kawil, había traído el fuego a los hombres al comienzo de nuestra edad actual.

Según *The Keys of Enoch®*, seríamos conscientes de la relación entre la Tierra y Orión de no haber sido porque nuestro sistema planetario cayó bajo el control de ciertos «Dioses Oscuros». Se dice que su lugar de origen está en ciertas estrellas septentrionales de la Osa Mayor, la Osa Menor y el Dragón. Estas entidades, que tal vez deberían entenderse como las mismas que los «Señores de la Muerte» asociados por los mayas con Xibalba, llegaron a la Tierra desde estas estrellas y corrompieron a la especie humana. A los Señores Oscuros se oponen, evidentemente, los Señores de la Luz que viven en otros sistemas estelares, en especial, por supuesto, Orión y las Pléyades. Además, al igual que las lecturas de Edgar Cayce, *The Keys of Enoch®* reconoce una categoría especial a Arturo, una estrella roja gigante de la constelación de Boötes, o el Boyero. Así, la clave 201 de Enoc es: «La clave de la astrofísica y la cosmología del futuro está en Archturus [sic] que debe ser atendida y entendida como "uno de los hijos vivientes de la luz".»[11] El comentario sobre esta clave contiene lo siguiente:

> Nuestro centro más próximo para el levantamiento del mapa del alma es Archturus, la Frecuencia Guía de la Luz que rige la preparación del Hombre para el advenimiento de las Hermandades de la Luz; Archturus o «Ceniza» significa el «Buen Pastor...».
>
> Archturus es nuestra etapa intermedia. Es la sede de nuestra administración y es el thesaurus donde están contenidos los docu-

mentos clave para regir el progreso del alma de nuestra inteligencia planetaria.

Archturus es también el primer umbral que hay que atravesar para viajar más allá de nuestra zona de tiempo de conciencia.

Dijo Enoc que seremos llevados a través de Archturus que es el nivel de paso de nuestro sistema planetario y a través del cual debemos pasar para ser perfeccionados antes de ser programados para pasar a otros niveles de creación.[12]

En sus lecturas, Cayce sostenía que mientras se encontraban en el entorno de otros planetas o estrellas, a las almas se las instruye en «escuelas», cuyos temas de especialización varían. Al volver a la Tierra y reencarnarse en un cuerpo, traen consigo conocimientos y talentos subconscientes adecuados para la estrella/planeta en cuestión. De esta manera, la música de un Mozart o el genio de un Miguel Ángel podrían provenir literalmente de las estrellas.

Ahora bien, para un racionalista, educado en las ideas de Darwin y en la negación de la existencia misma del alma, que, por supuesto, no cree en la posibilidad de la reencarnación, esas ideas deben parecer absurdas. Incluso para los de inclinaciones más religiosas, estas ideas plantean problemas. El cielo es un concepto muy vago para la mayoría de los cristianos, judíos, musulmanes e incluso budistas. Sugerir que podría haber muchas gradaciones diferentes de cielo/purgatorio y que éstas están asociadas con determinadas estrellas y planetas supera las enseñanzas de la Biblia, del Corán o del Dhammapada. Sin embargo, está curiosamente en la línea de lo que sabemos de las antiguas religiones de los egipcios y de los mayas. Tal vez deberíamos aceptar que hay una pequeña posibilidad de que supieran más que nosotros sobre la otra vida. Es posible que Von Däniken haya ido demasiado lejos cuando sugirió que la Tapa de Palenque representaba a un hombre espacial sentado ante los controles de su nave. Sin embargo, si leemos las imágenes de la tapa del sarcófago como una narrativa mítica, nos habla realmente de un viaje a las estrellas. Es posible que el espíritu de Pacal realmente abandonase su cuerpo y volase al «lugar de la creación»: las estrellas del Cinturón de Orión.

Claro que hay otras estrellas más cercanas a nosotros que las de Orión. En las inmediaciones generales de Orión están Sirio (8.7AL) y Procyon (11AL). Al otro lado del cielo está la estrella del Águila, Altair, cuyos 16AL representan algo menos del doble de la distancia de Sirio y sólo cuatro veces la distancia de nuestra vecina más próxima, Proxima Centauri (4,3AL). Todos estos sistemas estelares podrían tener planetas y no es del todo imposible que al menos uno de ellos también pueda albergar una civilización más avanzada que la nuestra. Si las almas-estrellas de estos sistemas han visitado la Tierra, entonces también es posible que nos hayan inseminado con sus ideas en lugares y momentos diferentes. De ser esto cierto, tal vez no deberían sorprendernos las similitudes entre culturas como la de los egipcios y la de los mayas, aun cuando estén separadas tanto por el tiempo como por el océano Atlántico. También explicaría la aparente obsesión de los mayas y de los egipcios con las estrellas de Orión.

El legado que nos ha llegado de los antiguos mayas y egipcios en forma de mitos y creencias, puede causar confusión. Sin embargo, por debajo de este barniz de lo que para nosotros son culturas extrañas, podemos atisbar ideas y ciencias que no deberían estar al alcance de las capacidades de pueblos de la Edad de Piedra. No es nada nuevo sugerir que al menos algunos de estos «dioses» antiguos fueran hombres del espacio provenientes de otros mundos, y resulta fácil desechar esas ideas como excentricidades. Sin embargo, casi todas las culturas internas hablan de dioses lo bastante antropomórficos como para asociarse con los humanos. Si visitantes estelares de un planeta más avanzado hubieran venido realmente a la Tierra, entonces sería natural que hubieran estado interesados en establecer las coordenadas temporales y espaciales de este planeta. De haber tenido ordenadores a su disposición, habrían descubierto el ciclo precesional y habrían dado a los mayas un calendario cuya fecha de terminación fuera el 22 de diciembre de 2012.

A menos que podamos refutar la lógica de la física de Einstein, arrastrar una nave espacial *Enterprise* de diez mil toneladas por la inmensidad del espacio, a hipervelocidades próximas a la velocidad de la luz, es de todo punto imposible. El pensamiento, en cambio, viaja en un instante. Con esta nueva visión del viaje del alma en la otra vida, el universo de repente se vuelve mucho más pequeño. ¿Quién puede decir, entonces, que el alma, montada en un vehículo de luz –al que en las *Claves* se denomina *merkabah*– es incapaz de atravesar las grandes líneas divisorias que separan un sistema estelar de otro? Más aún, si aceptamos la posibilidad de que después de la muerte nuestras almas pueden viajar a través del espacio y visitar las estrellas, de esto se desprende que debería ser posible, para las que podríamos denominar almas «alienígenas», visitar el entorno del planeta Tierra.

Ahora bien, si admitimos que todo esto es posible, y reconozco que supera con mucho los límites de la física, entonces la religión de los mayas empieza a tener sentido. También podemos ver cómo llegaron a tener su calendario de cuenta larga. Tal vez uno o más «Señores», comparables con Osiris en Egipto o Krishna en India, se encarnaron entre ellos y les transmitieron grandes conocimientos. La conjuración de espíritus ancestrales en momentos de culminación en el cenit del Sol, la Luna y los planetas podría haber llegado a la comunicación con espíritus extraterrestres: en su lenguaje, los dioses que enseñaron a la especie humana a cultivar maíz. Además, releyendo la historia de los héroes gemelos, me parece que para ellos Xibalba no era realmente un Hades subterráneo. Era el plano terrenal en el que habitamos, siempre con temor a la muerte pero en la esperanza de una vida después de ella. Tal vez los héroes gemelos, como Osiris y los demás dioses antropomórficos de Egipto, deban interpretarse como seres que visitan a las almas desde alguna civilización avanzada que existe en un planeta situado en algún lugar de la región de Orión. La «canoa» en la que Linda Schele dice que el dios del maíz es llevado de vuelta a las estrellas de Orión, no tiene por qué haber sido una nave de metal como un transbordador espacial. Si Hurtak está en lo cierto en lo que afirma en sus *Claves*, podría haber sido algo mucho menos tangible: un *merkabah*.

En cualquier caso, la llegada de señores encarnados, provistos de conocimiento y poderes, habría parecido inexplicable. Parece que lo que el Primer Padre y los héroes gemelos enseñaron era la inmortalidad del alma y, por lo tanto, lo inútil del temor a la muerte. Al demostrar su propia capacidad para vencer a la muerte mediante la reencarnación, ellos neutralizaron efectivamente a los Señores del Miedo, que por entonces tenían esclavizado al mundo mesoamericano. Una vez cumplida su misión, volvieron a las estrellas de las que habían venido.

Ahora bien, ésta podría parecer una forma muy extraña de leer el *Popol-Vuh*, pero en realidad no es más extraño que lo que la mayoría de los cristianos cree sobre Jesucristo. Leída sin prejuicio, la historia del Nuevo Testamento también está relacionada con un avatar del Dios supremo llegado a la Tierra. Jesús inculca la compasión a sus seguidores, es sacrificado, resucita y luego asciende al cielo. Resulta curioso, como sabrán los lectores de mi anterior libro *Señales en el Cielo*, que el día de la ascensión de Jesús al cielo (que como he demostrado fue el 27 de mayo del 29 d. J.C.), el Sol estaba situado exactamente en la puerta estelar del norte, sobre la mano alzada de Orión. Si se trata de una coincidencia, es, por cierto, muy extraña.

Los lectores de *Señales* sabrán también que las profecías de Jesús (que se encuentran en el capítulo 24 del Evangelio según san Mateo) indican que la puerta estelar de encima de la mano de Orión señala el momento para el fin de la era actual. Por lo tanto, ¿es también una coincidencia que la profecía maya sobre el final de la edad esté vinculada asimismo con una puerta estelar, en este caso la de Sagitario? No lo creo. Como mínimo, nos incumbe volver a mirar lo que está pasando con nuestro mundo, ya que al parecer estamos al borde de lo que se profetiza como cambios de proporciones casi inimaginables en la Tierra.

Reuniendo toda esta evidencia, podemos ver que la finalidad del calendario maya de cuenta larga era apuntar a una fecha señalada: un momento en que el Sol se alinea con la puerta estelar del sur exactamente en el solsticio de invierno. Esta fecha, tan claramente definida por el calendario, tiene todas las trazas de una cita con el destino. No está claro si ese destino es simplemente una Tierra agitada o un breve período de caos antes de la emergencia de un nuevo orden mundial. Sin embargo, si aceptamos que el calendario nos lo dieron espíritus inteligentes que visitaron la Tierra desde el espacio exterior, entonces el 22 de diciembre de 2012 podría ser la fecha en que tienen pensado volver. Eso la convierte en una cita con el destino que deberíamos marcar en nuestras agendas.

XII
LOS CICLOS DEL SOL

A principios de junio de 2005, entró en contacto conmigo Mitch Battros, un hombre que asumió como su misión personal alertar al mundo sobre el efecto que está teniendo el Sol sobre el cambio climático. Mitch, que en 1995 montó su propio canal de televisión llamado Earth Changes TV quería saber si yo estaba interesado en participar en un crucero a México y Belice. Una vez allí, podría presenciar una ceremonia maya del fuego y tener una visión más profunda de la forma de pensar de los mayas actuales. Naturalmente acepté la inesperada invitación, en parte porque parecía divertida, pero también porque quería conocer mejor a Mitch. Aunque me había entrevistado ya varias veces, lo había hecho por teléfono, encontrándose él en EE UU y yo en Gran Bretaña.

El objetivo declarado de Mitch al crear su propia emisora de TV/radio era establecer un puente entre la ciencia de los hechos puros y duros y lo que él denomina «Foo-Hoo»: creencias consideradas irracionales pero posiblemente ciertas sostenidas por millones de investigadores en busca de la verdad. Aunque su trabajo se inclina hacia lo científico, nunca ha tenido miedo de invitar a su espectáculo a gente como los ancianos mayas y otros defensores de la antigua sabiduría. Entre sus invitados habituales se cuentan Carl Johan Callemann (autor de *The Mayan Calendar*), el doctor Tom Van Flandern (durante veinte años director del Observatorio Naval de EE UU y cofundador de Meta Research Inc., una organización científica sin ánimo de lucro dedicada a investigar aspectos pasados de moda de la astronomía), y el doctor Paul La Violette (autor de *Genesis of the Cosmos* y *Earth under Fire*, que tienen que ver con las causas galácticas de los acontecimientos que producen cambios en la Tierra y que, aunque escasamente recordados por la especie humana, constituyen la base de muchos mitos). También ha recibido como huéspedes al vulcanólogo John Search, a Adam Rubel (cofundador de Sak-Be', una institución para el estudio de las tradiciones espirituales de los mayas y de otros pueblos indígenas), al profesor Ed Mercurio (famoso por su trabajo sobre los efectos de los rayos cósmicos galácticos sobre el clima), al doctor Casey Lisse (del Departamento de Astronomía de la Universidad de Maryland y estrecho colaborador del proyecto «Deep Impact» que propició el primer encuentro con un cometa), y Larry Combs (destacado meteorólogo de la NASA/NOAA y experto en llamaradas y expulsiones de masa coronal de las manchas solares).

Teniendo en cuenta el grueso calibre de tantos de los huéspedes de Mitch, me sentí honrado de haber sido invitado varias veces a su programa. La primera vez fue una conversación telefónica transatlántica sobre *Las profecías mayas*. Por entonces, el libro acababa de publicarse y tuve la satisfacción de ver que Mitch compartía mi idea de que el Sol pasa por ciclos de actividad que tienen profundas consecuencias para la vida sobre la Tierra. Desde entonces, Mitch se ha convertido en una especie de experto en fenómenos solares (como las manchas solares) y el profundo efecto que éstos tienen sobre nuestro tiempo climático. Todo este conocimiento le ha permitido llegar a una ecuación que hizo pública en 1997. Simplificando, es la siguiente: manchas solares ⇒ llamaradas solares ⇒ cambio del campo magnético ⇒ corrientes oceánicas y de chorro cambiantes ⇒ alteraciones climáticas y humanas extremas. Se trata de una ecuación engañosamente simple en su expresión, pero de implicaciones potencialmente devastadoras de las que ahora pueden dar fe los habitantes de Nueva Orleans.

Después de su invitación a participar en el crucero maya, me reuní con Mitch en un hotel de Houston el 11 de junio de 2005. Al día siguiente, seguimos viaje a Galveston, donde estaba atracado nuestro transatlántico, el *Elation*. El grupo con el que viajábamos estaba formado por treinta personas, en su mayoría estadounidenses, pero también unos cuantos canadienses y británicos. Nos hicimos a la mar muy animados, cada uno con la esperanza de que la experiencia le aportara alguna iluminación. El golfo de México estaba tan calmo como un estanque. Nada hacía sospechar que unas semanas después sería sacudido frenéticamente por el huracán Katrina. La única clave de lo que se preparaba para cuando llegara la estación de los huracanes eran las temperaturas extraordinariamente altas. Incluso en alta mar, con la brisa constante creada por el movimiento del barco, el calor era tan intenso que no podíamos permanecer demasiado tiempo en cubierta. No me sorprendió oír que la temperatura del mar ya era desusadamente elevada para esa época del año. Los expertos que había en el grupo movían la cabeza con aire caviloso y decían que esto presagiaba huracanes en los próximos meses. Que tenían razón quedó confirmado cuando el Katrina y varias otras tormentas de envergadura sembraron el caos no sólo en Luisiana, sino también en Cuba, México y Florida. Pero todo esto pertenecía al futuro y por el momento yo ansiaba un viaje relajador y la oportunidad de compartir ideas con personas que pensaban más o menos como yo.

Nuestra primera escala la hicimos en Progreso, a unos treinta kilómetros de Mérida y en la parte más alta de la península del Yucatán. Esperaba con impaciencia esta escala porque, aunque no dispondríamos de mucho tiempo en tierra, tenía muchas ganas de volver a las ruinas de Dzibilchaltun, una ciudad de comienzos del Período Maya Clásico cuyo nombre significa «Lugar con inscripciones en las piedras». La mayor parte del grupo tenía pensado ir a Chichén Itzá, pero unos cinco o seis decidieron unirse a mí y alquilamos un minibús para todo el día.

Dzibilchaltun era tal y como la recordaba: una hermosa colección de templos mayas emplazados a lo largo de una avenida que llevaba hacia un cenote. Mi interés estaba dirigido, no tanto a los edificios en sí, sino a la orientación de los caminos que conducían a ellos. En uno de esos caminos, de orientación norte-sur, a intervalos regulares había varias piedras altas y planas. Si hubo alguna vez algo escrito en ellas, hacía tiempo que se había borrado por el desgaste de los elementos. Sin embargo, debían de haber sido importantes, ya que cada una de ellas estaba colocada sobre un pequeño pedestal. Todas tenían aspecto de recordatorios y supuse que cada una de ellas había sido erigida al final de un katun, al igual que las piedras decoradas de Tikal.

Dejando las piedras, recorrí el camino de un kilómetro de largo que lleva al monumento más famoso de Dzibilchaltun: la «Casa de las Muñecas». Como era alrededor de mediodía, el Sol castigaba implacable haciendo que cada paso fuera un esfuerzo. Cuando llegué al edificio, tenía la camisa empapada de sudor y casi había consumido mi botella de agua. Fue una escena muy diferente del recuerdo que tenía de mi anterior visita al mismo edificio.

En aquella ocasión lo había visitado al amanecer uno o dos días después del equinoccio de primavera. Estaba lloviendo y el aire era decididamente fresco. Aquello había sido para mí una gran decepción, ya que la principal atracción de este edificio es algo que lo hace único entre las demás construcciones de los mayas: está orientado de tal modo que el Sol al salir en el equinoccio lo ilumina directamente a través de su puerta y ventanas abiertas. Debido a las nubes y a la lluvia no había podido verlo entonces y tampoco podría ahora, ya que la hora y la fecha no eran las adecuadas. Lo que sí hice, sin embargo, fue comprobar su orientación usando mi GPS. Con esto confirmé que estaba exactamente en el eje este-oeste y por lo tanto estaría alineado con el sol naciente en el equinoccio.

Subí al interior del edificio para ver el camino que llevaba a él desde lo alto. Esto me deparó otra sorpresa. Era evidente que el edificio –llamado Casa de las Muñecas por una colección de pequeñas esculturas que parecían muñecas que se habían encontrado enterradas allí– estaba construido dentro de un cuadrado canamayte. Además, siguiendo un poco por el camino que llevaba a la parte principal del complejo de la ciudad, había erigida otra piedra que también estaba colocada sobre un plinto canamayte. Como el yacimiento está a menos de treinta kilómetros de Mérida, pensé que seguramente don José Díaz Bolio lo habría visitado muchas veces en el pasado y que seguramente habría sentido una gran emoción al ver esto por primera vez. Es triste, pero esta vez no iba a poder hacerle una visita pues hacía ya unos ocho años que había muerto. No obstante, resultaba alentador encontrar nueva evidencia de lo importante que era para los antiguos mayas el símbolo que él había redescubierto al examinar la configuración del lomo de la serpiente de cascabel.

Dejamos atrás Dzibilchaltun, volvimos a nuestro barco y continuamos el crucero. La siguiente escala fue la isla de Cozumel, desde donde tomamos un barco que nos llevó al atractivo balneario de Playa del Carmen, y a continuación un autobús a Tulum. El calor seguía siendo insoportable, pero valía la pena aguantarlo por ver estas ruinas sin igual de los mayas, situadas justo sobre la costa. Al igual que Palenque, fue una de las ciudades visitadas por Stephens y Catherwood durante su extenso itinerario de la década de 1840. En su libro, Stephens se queja mucho de los mosquitos que encontraron cuando acamparon para pasar la noche en el Castillo.

Una ventaja de visitarla al calor del día fue que, al parecer, los mosquitos nos dejarían tranquilos. Lo que más me sorprendió, sin embargo, no fueron los edificios, ni siquiera su idílico emplazamiento junto a una playa, sino más bien el hecho de que la ciudad estuviera rodeada por una muralla alta y muy bien construida hecha de bloques de piedra. Al principio pensé que era de factura moderna, pero al releer el libro de Stephens caí en la cuenta de que ya estaba allí cuando ellos la visitaron. Parecía confirmar lo que ellos habían sospechado: que la ciudad estaba ocupada por sus habitantes nativos mucho después de la conquista del resto del Yucatán por los españoles. Teniendo en cuenta que ninguna otra de las ciudades mayas que yo había visitado tenía una muralla perimétrica como ésta, parecía indicar que habían tomado la idea de los españoles. Para su desgracia, ni siquiera una muralla de piedra había podido protegerlos del fuego de los cañones, y mucho menos de la acción devastadora de la viruela. En el momento de la visita de Stephens y Catherwood, Tulum, como casi todas las demás ciudades de los mayas, era una ruina abandonada, sumida en el silencio sólo quebrado por los fantasmas que hablaban a través del tiempo desde las inscripciones de las paredes.

Litografía de Catherwood del castillo de Tulum

Figura 49: Ruinas de Tulum.

El último puerto de nuestro recorrido fue Belice, capital del país que actualmente lleva ese nombre pero que, durante mi infancia, todavía era conocido como Honduras Británica. Eso era suficiente para que yo tuviera expectativas de observar diferencias respecto de la vecina provincia de Quintana Roo, que forma parte de México. Pensaba que por el hecho de que Belice hubiera sido en una época una colonia británica y ahora miembro de la Commonwealth, sus habitantes, fuera cual fuese la lengua tribal que usasen para comunicarse entre ellos, hablarían inglés y no español como lengua internacional. Lo que no había esperado, pero resultó evidente desde el momento en que tocamos tierra, era que se tratase de un país tan caribeño. A diferencia de la parte mexicana de la península de Yucatán, donde la etnia predominante es la maya, la mayor parte de la población de Belice es afrocaribeña en su aspecto: un legado de la esclavitud imperante en el Imperio británico durante el siglo XVIII y comienzos del XIX. No tuve tiempo de estudiar la propia ciudad de Belice, que parecía un deteriorado puesto de avanzada del colonialismo. En lugar de eso, tuve que correr para coger un autobús que nos había de llevar a otro destino, la antigua ciudad maya de Cahal Pech. Llegar allí significó un largo recorrido, primero por los suburbios más bien escuálidos de la propia Belice, y después a través de zonas selváticas próximas a la frontera de Guatemala.

Un ritual del fuego y una invocación de los dioses jaguar

Viajaba con nosotros el anciano maya Carlos Barrios, un caballero, como cabría esperar por su nombre, de sangre y aspecto españoles. Sin embargo, las apariencias pueden ser engañosas. Carlos nació y se crió en las tierras altas de Guatemala, donde está su hogar, en Huehuetenango. Esto queda lejos de la ciudad de Guatemala y gran parte de la población de la zona es de ascendencia maya, perteneciendo la mayoría a la tribu mam. Conservan muchas de las viejas costumbres, y el contacto de sus primeros tiempos con los mayas hizo que Carlos se interesara por la antropología y en un momento dado hiciera su iniciación como un *Ajq'il* maya, es decir, un sacerdote ceremonial y guía espiritual, en el clan del Águila.

Tras una breve introducción de Carlos en el centro de visitantes que hay junto a la entrada, penetramos en el recinto de la antigua ciudad. La mayor parte del yacimiento estaba invadido por la selva: las pirámides estaban enterradas en la tierra y crecían árboles de una manera que recordaba a los grabados de Palenque hechos por Frederick Catherwood en la década de 1840. Por desgracia, tuvimos poco tiempo para investigar el lugar antes de pasar a la ceremonia del fuego propiamente dicha. Lo que quedaba claro, incluso tras un examen somero, era que ésta debía de haber sido una ciudad importante en el Período Clásico. Después de mi regreso a casa realicé nuevas investigaciones que me revelaron que no sólo era de una importancia considerable en esa época, sino que tal vez había sido fundada en el 1000 a. J.C. o incluso antes. Esto la situaría en la época de los olmecas, cuando los habitantes de La Venta se empeñaban en esculpir cabezas en grandes bloques de basalto.

Siguiendo a Carlos, atravesamos una plaza y pasamos a la siguiente. Nos encontramos dentro de una gran superficie cuadrada que en sus tiempos debía de utilizarse para rituales religiosos. Al norte había una pirámide de lados empinados que se parecía más a las de Tikal que a las de Palenque. Los otros lados de la plaza estaban delimitados por paredes y escaleras como las de un anfiteatro. Pude hacerme una idea de que en el pasado la gente se reuniría aquí para presenciar las ceremonias que se celebran en la propia plaza o en lo alto de la pirámide. Parecía, pues, muy apropiado que Carlos pensara realizar aquí la ceremonia del fuego, en medio de este espacio sagrado, aunque todavía estaba sorprendido de que le hubieran concedido permiso.

Mientras el resto de nosotros dedicábamos algunos minutos a examinar los edificios del primer patio, Carlos se puso su traje ceremonial. Se trataba de una camisa blanca de cuello abierto por fuera de los vaqueros, un chal elaborado y muy colorido, una bufanda roja colocada en la cabeza a modo de turbante y, lo más impresionante de todo, un fajín plegado hecho de un material rojo y cuyos extremos colgaban por delante de los pantalones. Estaba atado de una manera muy minuciosa y era exactamente como los fajines que llevaban los reyes Pacal y Chan-Bahlum en las entablaciones de los templos del Grupo de la Cruz en Palenque.

Formamos un círculo en torno a Carlos que empezó por dibujar un diagrama de «arena» en el suelo usando para ello harina de maíz. Consistía en un círculo de aproximadamente 1,20 metros de diámetro que dividió a continuación en cuadrantes con dos líneas perpendiculares entre sí terminadas en flechas. A continuación, en el centro de cada cuadrante, dibujó un pequeño círculo, y un quinto círculo de tamaño similar a los demás rodeando el centro del diagrama. Pasando al lado este del gran círculo, dibujó un extraño jeroglífico que contenía lo que parecía el perfil de una pirámide escalonada de fondo plano. Junto a ésta, dibujó dos puntos, un símbolo que parecía una media luna y una o dos figuras más difíciles de interpretar y que parecían los colmillos de una serpiente. Se dirigió a continuación a su bolsa y sacó de ella cinco bolas de incienso de copal y colocó una en cada uno de los círculos interiores. El dibujo final se parecía a los reproducidos en la figura 48.

Una vez terminado el dibujo inicial, se puso de pie y pronunció un breve discurso que en esencia fue el siguiente:

«Éste es un glifo que se ha usado durante 1 000 años. Cuando esta humanidad sobrevivió a su última destrucción, llegaron de las Pléyades los cuatro *balonev*, o jaguares, y se encargaron de instruir a la humanidad. En ese momento estábamos en el último período de la glaciación. La gente sobrevivía por toda la Madre Tierra viviendo en cavernas. Les pidieron a los jaguares, que eran semidioses, que limpiaran el espacio en torno para que pudiera penetrar la luz. Ellos volvieron a la Madre Tierra e hicieron un sendero para siete altares sagrados en las montañas. Entonces llegó finalmente uno de los más importantes sanadores, al que llamamos *Akabal*, que significa Venus, la nueva luz, y a continuación llamaron al Padre Sol. Cada uno de los jaguares llegó trayendo incienso para hacer la ceremonia y cada uno cogió una de las esquinas. Ése es el significado. El círculo en la Madre Tierra y las flechas se deben a que las cuatro esquinas apuntan en las cuatro direcciones del universo. El círculo central es este lugar, donde ahora estamos celebrando. Los cuatro círculos son las cuatro esquinas y también los cuatro elementos: el fuego, la tierra, el aire y el agua. El círculo central es el elemento éter. Al mismo tiempo, los cuatro círculos representan los ojos del Gran Espíritu que está frente a nosotros. Eso significa que tenemos una conexión mediante una ceremonia entre nosotros y el Gran Espíritu. No necesitamos un intermediario. Tenemos nuestra propia conexión con el Gran Espíritu.

»Y el Padre Sol llegó aquí, a la Tierra, y habló con los jaguares y dijo: "Está bien que estéis creando vida y que seamos responsables de esta nueva humanidad. En cualquier momento en que necesitéis algo, podéis llamarme, pero no me llaméis sólo cuando tengáis problemas. Recordadme también cuando seáis felices y lo tengáis todo: cuando tengáis salud, cuando seáis prósperos y felices. Porque ésa es la finalidad de la vida: ser felices." Ésta es nuestra propia responsabilidad, pero nos olvidamos de dar gracias al Gran Espíritu, al Gran Dios. Es como lo expliqué antes [durante el discurso

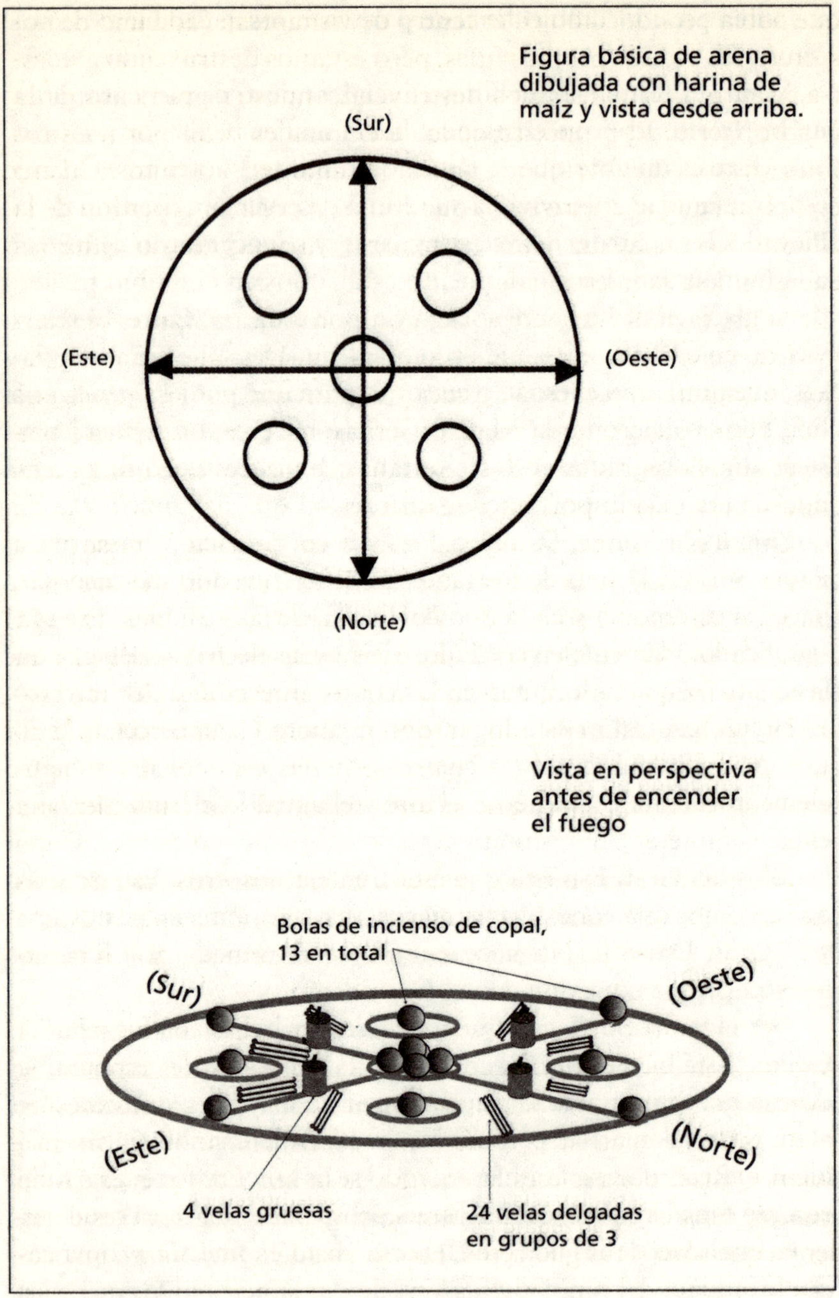

Figura 50: Diagrama del fuego de Carlos Barrios.

que había pronunciado en el centro de visitantes]: cada uno de nosotros vive por sus propios fines, pero estamos destruyendo a nuestra Madre Tierra. Estamos destruyendo nuestra gran casa de la Madre Tierra. El propósito de la ceremonia es pedir por nuestros fines personales: fortuna, salud y estabilidad económica. Pero esencialmente, el centro de lo que vamos a pedir es el perdón de la Madre Tierra; ayuda para crear armonía y equilibrio entre las energías. Ése es nuestro fin.

»Hoy es el día del *Sikim* [sic] que es la fortuna, que es el intermediario entre nosotros y el Gran Espíritu. Él es el águila, el cóndor, el quetzal, el pájaro del poder y es afortunado.[1] Hoy podemos pedir buena suerte, tener recursos suficientes esenciales para nuestro desarrollo personal. En eso es en lo que me gustaría que os centraseis, pero podéis pedir lo que queráis.»

Dicho esto, empezó a colocar más bolas de copal, y puso otras cuatro alrededor de la central que había en el centro del símbolo. Entonces abrió un paquete de velas y, poniéndose de pie, alineada con cada una de las flechas, colocó las velas en grupos de tres en torno a la figura. Colocó cuatro velas más gruesas de color rojo sobre las flechas, manteniendo en todo momento la simetría de la figura. Mientras hacía esto, el chirrido de las cigarras iba aumentando de volumen hasta que se hizo imposible oír cualquier otra cosa.

Terminada esta parte del trabajo, Carlos encendió varias velas que sostenía en la mano. A continuación, empezando por el este del círculo, recitó plegarias de invocación al primero de los jaguares: Bolon Quitzé.

«Te invocamos, Bolon Quitzé. Eres el guardián del fuego de la raza roja. Eres el guardián de la luz. Eres la energía del espíritu. Te invocamos porque mis hermanos vienen aquí y se sacrifican. Por favor, atiende a nuestra finalidad y perdónanos. Yo te invoco, Bolon Quitzé, porque eres la energía de la luz. Eres la energía del creador. Eres el comienzo y te invocamos para que nos des el poder ya que somos tus guerreros. En este día del *Quel Sikim*, invocamos la energía del espíritu de Sikim para que nos ayude con todas nuestras plegarias, personales y comunitarias, plegarias por la Madre Tierra. Puedes hacer posible que el Gran Espíritu vuelva sus ojos y preste atención a la pequeña ceremonia. Pero tú no ves la cantidad, tú ves la fuerza, la energía y el cinturón de poder dentro del espíritu del corazón de todos mis hermanos y hermanas. Espero que recibas esta energía. En esencia, Bolon Quitzé, pedimos que la luz guíe a la humanidad para que podamos ayudar a la Madre Tierra a hacer la transición a los cinco soles y los cinco elementos. Te damos las gracias, Bolon Quitzé.»

Dicho lo cual, se volvió hacia la dirección opuesta, invocando esta vez al segundo de los dioses jaguar: *Bolon Acal*. Evidentemente, este dios era el guía y guardián de la raza negra del mismo modo que Bolon Quitzé estaba vinculado con la raza roja. Fue invocado como el jaguar de la noche, la luz en la oscuridad, pero el que pone obstáculos en el camino, el que reta a la luz. Después, colocándose de cara al sur, Carlos invocó a *Mahucutah Bolon*, guía y guardián de la raza blanca y pronunció plegarias similares que repitió finalmente volviéndose hacia el norte e invocando a *Iquibalam*, el guía y guardián de la raza amarilla.

Una vez completos estos rituales iniciales, pasamos al acontecimiento principal. Carlos distribuyó velas y cigarros a cada uno de los miembros del grupo. Colocamos tanto las velas como los cigarros dentro del círculo exterior, deshaciendo el tabaco para conseguir material para el fuego. Luego, escupiendo lo que parecía ser whisky puro sobre las velas y las hojas de tabaco ahora apiladas, las encendió. El fuego prendió rápidamente y, a pesar de la lluvia, en cuestión de minutos todo el círculo estaba envuelto en llamas.

Pasamos entonces a una fase más personal de la ceremonia en la que Carlos fue recorriendo uno por uno a los que formábamos el círculo. Poniéndose de frente a cada uno llevó a cabo una ceremonia de sanación, colocando cada vez sobre la cabeza y en la mano derecha de la persona una pequeña bolsa. Era de tela roja, de unos siete centímetros de diámetro y unos veinte centímetros de altura.[2] Con cada uno pronunció plegarias mientras le recorría con las manos desde la cabeza a los hombros y los antebrazos. Con los que él vio que estaban enfermos y necesitaban algo más, realizó otras variaciones de este procedimiento. Una vez realizada la sanación de los individuos, empezó una ceremonia de sanación más generalizada para la Tierra. La mayor parte de esta ceremonia no la entendí, aunque sí sé que también consistió en invocar a los jaguares y que cada vez repasó una letanía de todos los nombres de los días y de los números. Llegados a este punto, se hacía necesario abreviar la ceremonia, ya que teníamos que volver a la ciudad de Belice a tiempo para coger el barco. De no ser así el buque habría zarpado sin nosotros y hubiéramos tenido que arreglárnoslas para volver a Houston por nuestra cuenta. De mala gana, pero llenos de las buenas vibraciones de la ceremonia maya que habíamos presenciado, volvimos al autobús e iniciamos el camino de regreso.

Como Carlos viajaba separado de la mayor parte del grupo no tuve ocasión de plantearle todas las preguntas que quería. Sin embargo, lo que me había sorprendido había sido la similitud de tantos aspectos de la ceremonia con los descritos por Landa y otros y que todavía se celebraban en tiempos de la conquista. La división del círculo en cuatro partes con un *quincunx*, o quinta punta, central, es exactamente igual a los rituales Bacab y también a los asociados con invocaciones de los dioses de la lluvia chac. Los nombres de los jaguares son los mismos que se dan en el *Popol-Vuh*, donde se los describe como los padres de la raza humana. Los dioses los crean pero descubren que son demasiado perfectos y saben demasiado, de modo que los empeoran sólo un poquito, debilitando su vista y, por lo tanto, su comprensión de la creación. A continuación se crean esposas para estos cuatro jaguares, y de esas parejas semidivinas nacen todas las tribus de la raza humana.

Lo que me interesó de una manera especial fue el discurso de Carlos al principio de la ceremonia, cuando dijo que los jaguares habían llegado de las Pléyades para ayudar a la Tierra en el comienzo de la edad actual. En el *Popol-Vuh*, esos jaguares son dioses del linaje de las distintas tribus, tales como los cauec y los quiché. No se menciona para nada a las Pléyades ni se dice nada de la asociación de los jaguares con las razas roja, negra, blanca y amarilla. No obstante, ésta es una consecuencia lógica. También se vincula perfectamente con la rueda maya de los colores: rojo-este, blanco-norte, negro-oeste y amarillo-sur. En las crónicas de Landa, los cuatro dioses vinculados con las direcciones son los bacabob. Sin embargo, tal como señaló J. Eric Thompson, casi todo y casi todos tienen el potencial de ser divididos por tipo de acuerdo con las direcciones de la brújula. Entonces, ¿por qué no los jaguares? Su conexión con las Pléyades no se enuncia en el *Popol-Vuh*, pero debería quedar claro que están vinculados con los otros «pares» de la raza humana: los dos pares de héroes gemelos. Esto se hace evidente por el hecho de que Hunahpu y Xbalanque se representan siempre con las manchas del jaguar sobre el cuerpo. Son el pueblo del jaguar y también los dioses del maíz. En otras tradiciones se los considera provenientes de Orión, pero esa constelación está en la misma parte del espacio que las Pléyades, y, si hemos de dar crédito a J. J. Hurtak, las entidades de ambos lugares trabajaron en íntima colaboración para crear elementos de nuestro código genético que nos hacen diferentes de los animales.

No tuve tiempo para hablar de todo esto personalmente con Carlos, pero al volver a casa consulté en internet para ver qué más podía decir sobre la fecha final de 2012. Encontré un artículo suyo titulado «El mundo no se acabará».[3] En el artículo, rebate la idea de que el mundo acabará en diciembre de 2012. Según él, los ancianos mayas están muy enfadados porque la gente ande diciendo estas cosas. Lo que se va a producir, dice, es una transformación.

El artículo sigue a continuación la pista a la relación entre lo que sucedió cuando los españoles llegaron a México en 1519 y la Convergencia Armónica en 1987. Explica que los mayas tenían nada menos que diecisiete calendarios. Aquél al que le prestan más atención hoy en día es el *Tzolk'in* o *Cholq'ij*. Como ya hemos visto, éste tiene doscientos sesenta días y se genera contando los números 1 al 13 por combinación con veinte nombres de días básicos. Lo que yo no sabía y los ancianos mayas revelaban ahora, era que esta cuenta se basa también en un ciclo de las Pléyades. Según los ancianos, un ciclo de nueve períodos de cincuenta y dos años (gavillas aztecas) comenzó el domingo de Pascua 21 de abril de 1519. Ése fue el día en que Hernán Cortés llegó a México. Así cumplió la profecía de que un ancestro importante (¿Quetzalcóatl?) volvería «en forma de mariposa». El artículo dice que esto hacía referencia (aunque el profeta original no lo sabría) a que la forma en que se agitaban las velas de los galeones españoles se parecía al batir de alas de una mariposa.

La llegada de Cortés, aunque para los europeos significó traer la civilización a Centroamérica, para los nativos anunció la era de los «Nueve Bolomtikus» (infiernos), de cincuenta y dos años de duración cada uno. Durante este tiempo habrían de ser despojados de sus tierras, de su libertad y del respeto por sí mismos. Este período acabó el día de la Convergencia Armónica: el 16 de agosto de 1987. Esto fue celebrado, según los ancianos, por muchos pueblos de todo el mundo mientras oraban por una transición pacífica hacia la inminente era del Quinto Sol.

Al leer lo que decía Carlos recordé la Convergencia Armónica, un día en que yo y muchos de mis amigos nos reunimos en Dorset y ofrecimos plegarias por la paz en el mundo. Sin embargo, no me había dado cuenta de que esto estaba relacionado con el fin del período de los «Nueve Infiernos» que había comenzado con la llegada de Cortés a Santa Cruz. Sí recordaba, sin embargo, que el principal impulsor de la Convergencia Armónica, al menos en Occidente, había sido José Argüelles, un antiguo profesor de arte de Boulder, Colorado. Como tenía en mi biblioteca su obra principal, *El factor maya*, decidí echarle otra mirada para ver lo que decía sobre la conexión entre los calendarios mayas y la Convergencia Armónica. Encontré lo siguiente:

> La Matriz maya, el Tzolkin o Módulo Armónico, que contiene el código de la armonía galáctica, informa a todos los sistemas con una resonancia reguladora común llamada el cuerpo de luz –la infraestructura del ADN–, e incluso toda la especie tiene su cuerpo de luz colectivo común, de modo que el planeta, como organismo consciente, se caracteriza también por su cuerpo de luz en evolución.
>
> Al igual que el cuerpo de luz de los organismos individuales y colectivos, el cuerpo de luz planetario es la estructura resonante conscientemente articulada que regula y permite la realización del destino evolutivo. Es importante tener presente que el cuerpo de luz planetario, incorporado al programa de memoria del planeta, sólo puede ser

activado por un esfuerzo consciente y cooperativo. Como veremos, la clave para la articulación consciente del cuerpo de luz del planeta está en la ciencia conocida genéricamente como geomancia: la acupuntura de la Tierra.

Como banco de información radiante del programa planetario, el código galáctico de doscientas sesenta unidades puede concebirse como algo que imprime primordialmente el éter electromagnético de la cubierta planetaria exterior, el cinturón superior de los dos cinturones de radiación que rodean a la Tierra. Digo primordialmente porque el centro galáctico, *Hunab Ku*, como una potente estación de radio, está generando incesantemente el código de luz radiante.

El flujo de información entre un cuerpo planetario como la Tierra y el centro galáctico es mantenido y mediado por la actividad solar conocida como manchas solares binarias. Tanto el Sol como el planeta funcionan con el mismo banco de información galáctica. Cada vez que un cuerpo estelar pequeño, como nuestro Sol, empieza su curso evolutivo, se le imprime el código galáctico de veintiséis unidades. En cuanto un planeta como el nuestro alcanza un punto de activación resonante, el flujo de información galáctica mediado por las manchas solares imprime a la capa electromagnética exterior los elementos básicos del programa de memoria planetaria.[4]

Lo que el autor parece querer decir aquí es que hay un vínculo entre el ciclo Tzolkin de doscientos sesenta días –en muchos aspectos el más importante de los calendarios mayas– y el más amplio ciclo galáctico de aproximadamente 26 000 años que conocemos por la precesión de los equinoccios. El centro de la galaxia, que ahora se cree que es un agujero negro (era conocido como *Hunab Ku*[5] por los mayas), emite información codificada en forma de radiación electromagnética. Él afirma que ésta es recibida por el Sol y transmitida a la Tierra a través de la actividad de las manchas solares. Esto me resultaba muy interesante, ya que uno de los temas principales de *Las profecías mayas* era la teoría de mi coautor, Maurice Cotterell, sobre los ciclos de las manchas solares de largo período y su impacto sobre el surgimiento y caída de las civilizaciones. Esto me llevó a echar otra mirada a ese extraño fenómeno.

Tormentas magnéticas en la faz del dios Sol

En la época en que Cotterell y yo estábamos escribiendo *Las profecías mayas*, el estudio del impacto que tiene el Sol sobre nuestro clima estaba en pañales. Desde entonces, la ciencia moderna se ha puesto considerablemente al tanto. Ha revelado algo que nuestros ancestros conocían de forma intuitiva: que el clima de la Tierra se rige por el «estado de ánimo» de nuestro dios local, el Sol. De hecho, existe un vínculo, además de la luz y el calor, entre el Sol y la Tierra, y este vínculo es el magnetismo. El Sol, como la Tierra y algunos de los demás planetas (aunque no todos), tiene un campo magnético.

Hubo una época en que se pensaba que el campo magnético de la Tierra existía porque su núcleo estaba formado por una gran cantidad de hierro sólido magnetizado. Ahora sabemos que la situación es mucho más compleja. Nuestro polo norte magnético no coincide con el polo geográfico, sino que está desplazado unos novecientos kilómetros. Además, está en movimiento. Actualmente está localizado en el norte de Canadá, pero puesto que se desplaza a una velocidad aproximada de treinta y siete kilómetros por año, pronto estará en Siberia. Eso no es todo. También está claro por el registro geológico que la polaridad del campo de la Tierra –qué polo tiene propiedades «afines al norte» y cuál las tiene «afines al sur»– también pasa por reversiones periódicas. Para que todos lo entiendan, el norte se convierte en sur y el sur en norte. Esto no encaja con la idea de que el núcleo de la Tierra sea un imán permanente. Más bien sugiere que es algo parecido a un electromagneto cuyo campo no es estable sino que es inducido por un flujo de electricidad que atraviesa el material del núcleo.

El campo magnético de la Tierra no está limitado a la superficie del planeta sino que se proyecta lejos en el espacio. Forma un envoltorio magnético en torno a la Tierra llamado magnetosfera: lo que José Argüelles llama su «cubierta». Aunque es invisible y no somos conscientes de su presencia, la magnetosfera es sumamente importante para la vida sobre la Tierra porque nos protege de la radiación perjudicial producida por partículas energéticas que golpean la atmósfera superior. Contenidos dentro de la magnetosfera están los Cinturones de Van Allen. Protones y otras partículas de carga positiva están atrapados en su zona inferior, a unos 4 500 kilómetros por encima de la superficie de la Tierra. Los electrones están atrapados más arriba, en la zona superior, a unos 15 000 kilómetros de altitud. Estas partículas, que de otro modo impactarían directamente en la Tierra, giran en espiral hacia atrás y hacia adelante a lo largo de las líneas de flujo magnético de la magnetosfera. En un momento dado, son atraídas hacia los polos, donde producen el fantástico espectáculo que conocemos como aurora boreal.

Lo que hasta hace poco desconocíamos es que las partículas que causan este fenómeno son en su mayoría de origen solar. Hace cuatrocientos años, Galileo apuntó al Sol con su telescopio y reveló, para disgusto de la Iglesia, que su tersa superficie estaba llena de hoyos con manchas solares. Por entonces no se comprendía la causa de estas manchas, pero el descubrimiento de que el hermoso Sol creado por Dios tenía esos defectos bastó para provocar una apoplejía en el Vaticano. Por éste y por aquel otro crimen científico –decir que la Tierra gira alrededor del Sol y no al revés–, Galileo fue a parar a la cárcel. Sin embargo, esto no impidió a otros estudiar detenidamente las manchas solares. Así llegó a descubrirse que los números y posiciones de las manchas (más cerca o más lejos de los polos del Sol) pasan por un ciclo de 11,1 años aproximadamente. Hubo que esperar hasta 1961 para contar con una teoría que explicase este comportamiento aparentemente irracional. Ese año, George Babcock expuso la idea de que las manchas solares están causadas por la rotación del ecuador del Sol con respecto a sus polos, con los consiguientes efectos sobre su campo magnético.

El razonamiento que subyace a esta teoría es bastante simple. Mientras que el campo magnético de la Tierra es un dipolo, con los polos norte y sur cerca de sus polos geográficos, el Sol tiene un campo más complejo. Además de un campo dipolo polar, tiene un campo cuadripolo en torno a su región ecuatorial.

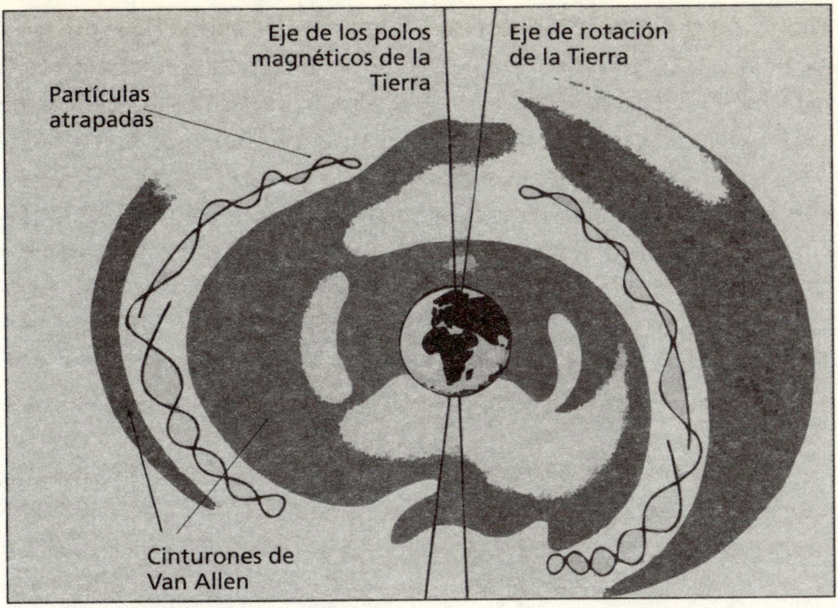

Figura 51: La magnetosfera terrestre.

Observaciones adicionales indican que, a diferencia de la Tierra (que siendo un cuerpo sólido rota de manera uniforme), el Sol presenta una rotación diferencial. Es así que, mientras sus polos rotan una vez cada treinta y siete días, su ecuador se mueve mucho más rápido, realizando una rotación completa en sólo veintiséis días. El efecto de esta rotación diferencial, unida al complejo campo magnético del Sol, hace que las líneas del flujo magnético se enrosquen como los espaguetis en un tenedor. Esto da lugar, en lo profundo del cuerpo del Sol, a regiones de intenso magnetismo local. Cuando ese flujo magnético alcanza un nivel crítico, estallan bucles magnéticos en la superficie del astro. Esto tiene otros efectos, ya que en los puntos donde sobresalen estos bucles, la temperatura superficial del Sol es considerablemente más fría que en otras partes: tal vez 4 000 °C en lugar de 6 000 °C. Estas áreas de enfriamiento relativo (y por lo tanto luminancia reducida) pueden tener una extensión de hasta ochenta mil kilómetros, que es aproximadamente cinco veces el diámetro de la Tierra y dos tercios del

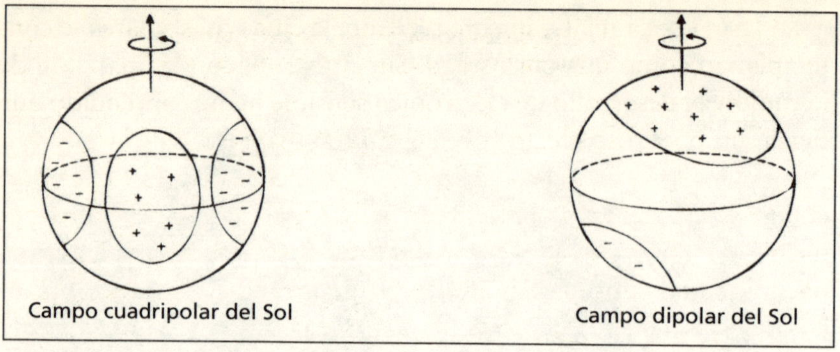

Figura 52: Campo magnético del Sol.

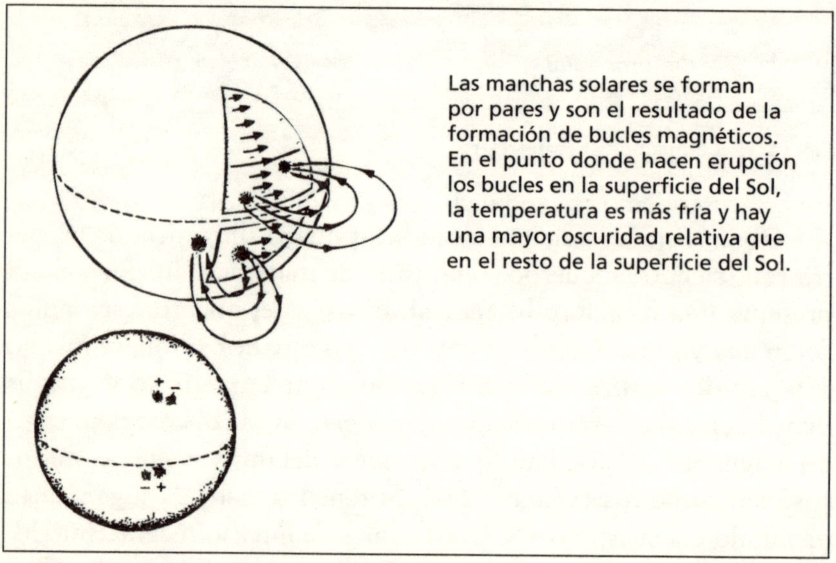

Figura 53: Formación de las manchas solares.

diámetro de Júpiter. Como son más frías y menos luminiscentes que el resto de la superficie del Sol, nosotros las vemos como manchas solares. Al estar conectadas con los bucles magnéticos, las manchas siempre aparecen por pares: con propiedades afines al norte, una y al sur la otra.

Hasta época relativamente reciente, las manchas solares se contemplaban como una curiosidad. Sin embargo, con la aparición de la radio y el desarrollo de electrónica sensible hemos aprendido que tienen un poderoso efecto sobre el campo magnético de la Tierra y, por lo tanto, sobre nuestro clima. Las manchas solares ofrecen las condiciones necesarias para crear llamaradas solares, enormes penachos de materia que se elevan desde la superficie del Sol. Estos penachos, como enormes llamaradas de un incendio gigantesco, están compuestas a su vez de partículas cargadas. Aunque la mayor parte de su materia no puede escapar a la atracción gravitacional del Sol, algunas de estas partículas cargadas sí lo consiguen. En la mayoría de los casos circulan por el espacio sin producir daños. Sin embargo, en el caso de que la mancha solar de la cual surge un penacho esté alineada con la Tierra, las partículas cargadas golpean la magnetosfera de la Tierra unos días después de la aparición del penacho. Entonces rebotan una y otra vez siguiendo las líneas de magnetismo que hay entre los polos de la Tierra, antes de ser atraídas al interior de la atmósfera inferior. Cuando esto ocurre producen la espectacular demostración de fuegos de artificio que se conoce en el norte como aurora boreal y en el sur como aurora austral.

Y éste podría ser el final de la historia de no ser porque actualmente tenemos satélites artificiales en órbita alrededor de la Tierra y aeroplanos volando muy por encima del nivel de la atmósfera inferior. Unos y otros pueden verse adversamente afectados por repentinos aumentos en la incidencia de partículas cargadas, sometiendo tanto a los delicados aparatos electrónicos como a los pasajeros a dosis perjudiciales de radiación. Y éste no es el único efecto que las expulsiones de masa pueden tener sobre la Tierra, pues también causan fluctuaciones en su propio campo magnético. Esas fluctuaciones, aunque temporales, pueden tener un efecto devastador sobre los tendidos eléctricos hechos por el hombre. Esto se vio en 1989, cuando una enorme llamarada de clase X fue seguida unos días más tarde por un acontecimiento protónico de gran magnitud. Cuando estas partículas llegaron a la Tierra, dieron lugar a una tormenta magnética que desplazó el campo de la Tierra 8° en cuestión de horas. Esto, a su vez, produjo grandes corrientes inductivas en las líneas eléctricas, telefónicas y de cable. En Canadá, los transformadores se recargaron y hubo que desconectar grandes sectores de la red de energía eléctrica. Se pensó que un acontecimiento como éste era raro y, por consiguiente, de escasa importancia. Sin embargo, desde entonces, un minucioso estudio del Sol reveló que se avecinan cambios. Los científicos y los ingenieros eléctricos han aprendido a tener más respeto por el Sol y por aquello de lo que es capaz.

Un importante salto adelante en el estudio del comportamiento solar fue posible gracias al lanzamiento, en diciembre de 1995, del satélite del Observatorio Solar y Heliosférico, el SOHO. Este satélite que recorre una órbita especial entre el Sol y la Tierra, toma fotos continuas de la superficie del Sol lo que lo convierte en una herramienta de primera línea para la observación de manchas solares y, por lo tanto, del comportamiento del campo magnético del Sol. Ya hace tiempo que se sabe que el campo magnético polar del Sol revierte su polaridad cada 11,1 años aproximadamente. Es este ciclo el que causa el aumento y el descenso de la actividad de las manchas solares en un ciclo similar. Sin embargo, un estudio cuidadoso del número de manchas solares revela que este ciclo no es el único factor implicado.

El Sol alcanzó uno de sus períodos de máxima actividad a mediados de 2000. Sin embargo, en lugar de ir decayendo paulatinamente su actividad, se formó otro pico casi de la misma intensidad en 2002. Desde entonces, el número de manchas ha declinado, pero no así, al parecer, su potencial para provocar expulsiones de masa de plasma solar. En septiembre de 2005, una mancha denominada «798» lanzó la mayor llamarada de clase X de que se tenga registro. Lo que sorprendió a los científicos no fue sólo la intensidad del estallido, sino el hecho de que aunque apareció en el borde oriental del Sol y, por consiguiente, no estaba dirigida hacia la Tierra, produjo un apagón de transmisiones de alta frecuencia y auroras que fueron visibles incluso en Arizona. Esto no es todo. La mancha que produjo esta llamarada siguió creciendo y, con una actividad jamás vista antes, a lo largo de los doce días siguientes produjo otras ocho llamaradas de clase X.

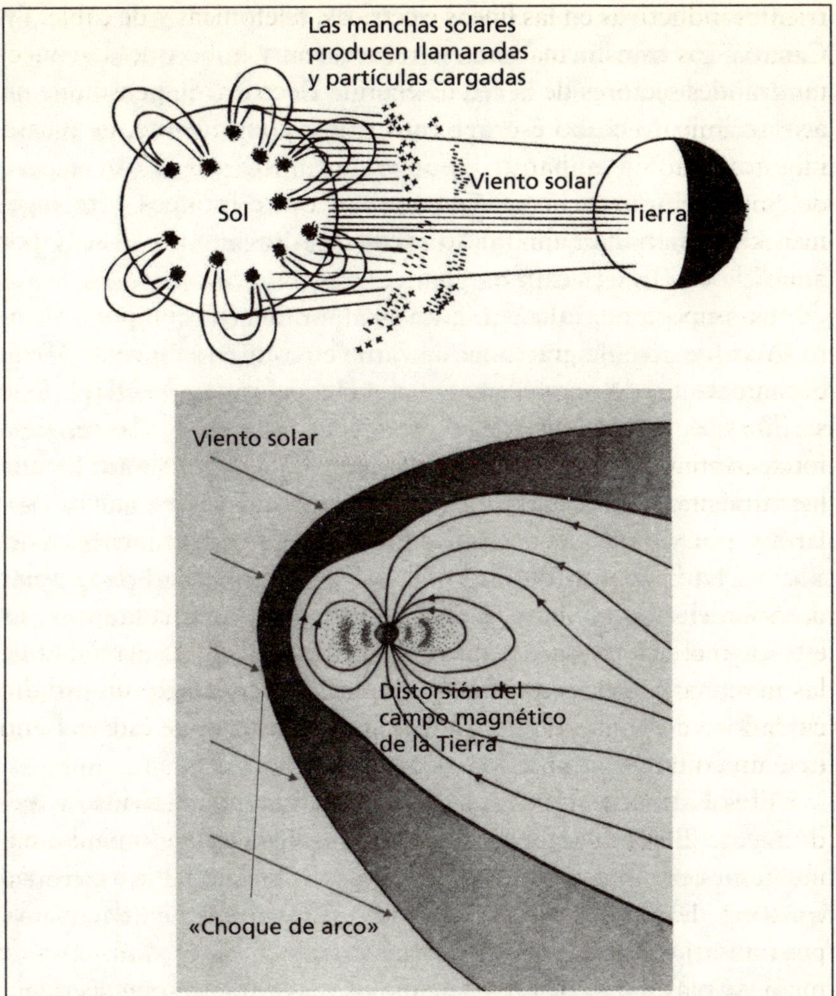

Figura 54: El viento solar y la magnetosfera de la Tierra.

Por desgracia, las tormentas magnéticas en el Sol no sólo causan auroras y apagones eléctricos. Actualmente se reconoce que la actividad solar tiene un efecto profundo sobre el clima. Así pues, lo que cabría esperar es que cuando el ciclo de manchas solares está próximo a un mínimo, como lo está ahora, el clima en la Tierra debería ser apacible. Sin embargo, en 2006 no parece haber sido así. Incluso antes de la aparición de las llamaradas de clase X en septiembre de 2005 ya se estaba viendo con claridad que las variaciones en nuestro clima se están haciendo más extremas. Esto se atribuye en general al «calentamiento global», un título de gran amplitud que por desgracia aprovechan los grupos de presión como arma para atacar a los gobiernos, a la industria y a los consumidores por usar recursos como el carbón y el petróleo y aumentar así los niveles de gases de efecto invernadero como el metano y el dióxido de carbono. Lo que suele olvidarse, sin embargo, es que el efecto invernadero de estos gases es una teoría que todavía está por demostrar.

Aunque actualmente pocos se atreven a discutir que la Tierra se está calentando –posiblemente con efectos devastadores para el equilibrio de la naturaleza–, no está del todo claro que las emisiones de la civilización sean la causa principal. Si examinamos los registros fósiles, está claro que ha habido períodos en los que la Tierra ha estado más fría y otros en los que ha estado mucho más caliente. De hecho, si aceptamos que el petróleo y el carbón que extraemos del subsuelo es el residuo de bosques primitivos, entonces debe de haber habido una época anterior a la aparición de estos bosques. Por entonces, prácticamente todo el carbono presente sobre la Tierra debía de estar en forma de «gases invernadero», ya fuese metano o dióxido de carbono. Esto no parece haber impedido el desarrollo de la vida o evitado ciclos de calentamiento y enfriamiento global. Parecería, por lo tanto, que el uso de combustibles fósiles por parte de los humanos es sólo uno de los factores causantes del cambio climático. Hay otros, posiblemente más importantes, que están fuera de nuestro control.

Si volvemos a lo que Argüelles y los mayas tienen que decir sobre los ciclos solares, daría la impresión de que el extraño comportamiento del ciclo de las manchas solares está conectado no sólo con el calentamiento global sino también con el cambio de las edades. Es evidente que esto está vinculado con otras «señales en el cielo» que, si se interpretan correctamente, son portentos que indican el fin de una edad y el comienzo de otra. La relación que guardan estos portentos con las profecías contenidas en la Biblia fue el tema de mi libro *Señales en el cielo*. Sin embargo, hay otras que guardan relación con la cosmología maya y también éstas deben ser consideradas.

En *Señales en el cielo*, llamé la atención sobre el modo en que tantas profecías de la Biblia señalaban el año 2000 como el fin de una edad y el comienzo de otra. Mis razones para decir esto tenían que ver con la presencia del Sol en la puerta estelar de Orión el día del solsticio de verano, cuando todos los planetas estaban en las proximidades. Éste fue el significado simbólico que atribuí a la descripción dada al comienzo del Libro de las Revelaciones, donde «El Primero y el Último, el Alfa y la Omega» están entre siete velas que representan a los siete planetas de los antiguos.[6] El capítulo cuarto, partiendo de la descripción simbólica de Orión como alfa y omega, comienza con la exclamación: «He aquí que una puerta en el cielo se abre.» Relacioné esto con la simbólica «apertura de la puerta estelar» por encima de la mano de Orión.

Para presenciar este acontecimiento en lugares más estrechamente vinculados con ello, organicé un viaje en grupo a Egipto y luego a Israel. El 21 de junio, el mismo día del solsticio, presenciamos la primera parte de la apertura. Yo dirigí una breve ceremonia al pie de la pirámide de Kefrén, la central del grupo de Gizeh, que simbólicamente está vinculada a Alnilam, la estrella central del Cinturón de Orión. En el momento de la ceremonia, el Sol está situado exactamente en el punto de cruce de la eclíptica con la Vía Láctea, en la puerta estelar por encima de la mano de Orión. Debido al ángulo de pendiente de la pirámide, también daba la impresión de estar en la parte más alta de ésta al encontrarse directamente en el este. En Jerusalén, el 29 de junio, cuando la Luna se unió a los planetas en torno a Orión, contemplamos su elevación al amanecer por encima del monte de los Olivos.

Ésta fue la segunda parte de la «apertura» y, creo, un momento muy importante en la historia de la humanidad, ya que al cabo de algunas semanas de este acontecimiento empezó el levantamiento de los palestinos. Empezó justo allí, encima del monte del Templo, en Jerusalén, cerca de la Puerta Dorada, donde observamos la salida primero de la Luna y después del Sol por encima del monte de los Olivos. Este levantamiento no ha parado de aumentar desde entonces, implicando primero a Israel y provocando a continuación el ataque a las Torres Gemelas en Nueva York, la invasión de Afganistán y por fin la guerra de Irak. Decenas de miles de personas han muerto ya en esta «guerra de civilizaciones» y el conflicto no da muestras de ceder. Si cabe, empeora y se está globalizando, con más ataques contra occidentales en Bali, Madrid y Londres.

Se atribuye todo al radicalismo islámico exacerbado ante la participación de Occidente en Oriente Próximo. Sin embargo, aunque ésta es, sin duda, la forma en que se manifiesta, no creo que sea ésta la causa última de lo que está sucediendo en nuestro mundo. En todas las guerras sufren inocentes, pero esta guerra tiene un elemento que en sí mismo resulta chocante por su crueldad: los terroristas suicidas. Es cierto que en el pasado se arrojaban bombas sobre poblaciones civiles y, en el caso de la Alemania nazi, hubo un serio intento de exterminar a toda una raza, pero por lo general esto no se hizo por motivos religiosos. ¿Cómo se puede explicar que hombres jóvenes, a menudo bien educados y de buena familia, entren en locales atestados y vuelen por los aires junto con sus víctimas? ¿Cómo puede explicarse que terroristas suicidas maten a personas de su propia religión (aunque de una secta diferente) incluso cuando están orando en una mezquita o junto a la tumba de un ser querido? ¿Cómo puede alguien, y mucho menos un devoto musulmán, imaginar que Dios va a aprobar semejante acción, que es injusta para las víctimas y acarrea tanto sufrimiento a las familias que dejan detrás?

Esas acciones están más allá de toda creencia y parecen totalmente inexplicables hasta que uno empieza a darse cuenta de que todo lo que sucede en el mundo tiene una dimensión cósmica. Actualmente creo que las fuerzas del caos se desataron en el mundo con la apertura, en términos astronómicos, de la puerta estelar de Orión en el año 2000. Esto fue sólo el comienzo del proceso que se describe en el gráfico y de las imágenes, a veces aterradoras, del Libro de las Revelaciones. Todavía nos queda mucho por experimentar, porque «he aquí que una puerta en el cielo se abre» es sólo el comienzo del capítulo cuatro. Hay que esperar al capítulo veinte a que descienda un ángel del cielo con la llave de la sima sin fondo a la cual arroja al dragón, «esa antigua serpiente que es el Diablo y Satanás».

El período por el que estamos atravesando parece ser lo que en el Libro de las Revelaciones se describe como la «Tribulación», una palabra derivada de *tribula*, un rastrillo de tres dientes usado para separar el grano de la paja. Al recordar esto aumentó mi interés por leer una advertencia de los ancianos mayas transmitida a la humanidad por Carlos Barrios a través de Mitch Battros. Después de unas palabras relacionadas con la reciente tragedia de Guatemala, que había sido gravemente golpeada por tormentas, hacía pública la siguiente profecía:

> Éste es el momento de actuar, porque estamos advirtiendo, y pensamos que todo va a suceder, y va a comenzar con el agua. Maremotos, o el agua va a tocar todos los continentes y a crear gran destrucción para advertir a la gente, y a continuación vendrán los terremotos. La Madre Tierra está empezando a moverse, y después de esto viene lo más peligroso. Después de esto es el fuego el que viene, el magma. Las grandes erupciones, como la posibilidad del parque Yellowstone, y en otros lugares por todo el mundo. Ésta es sólo una demostración de la Madre Tierra, pero si no prestamos atención, si no paramos la destrucción, si no detenemos la contaminación. Es cierto. Es nuestra responsabilidad, y millones de personas pueden morir...[7]

Nos resultaría fácil desechar como meras fantasías las profecías apocalípticas de los ancianos mayas, y también las del Libro de las Revelaciones, si no tuviéramos la prueba ante nuestras mismísimas narices de que algo está acechando a nuestro mundo. Las Revelaciones usan una simbología casi onírica que resulta difícil de entender, pero si miramos a nuestro alrededor podemos ver que gran parte de sus profecías ya se están cumpliendo. Predice terremotos y pestilencia, guerras y hambrunas. No tenemos que buscar muy lejos para ver que todo esto ya está sucediendo. La mitad de África pasa hambre y muchos países han visto diezmada su población adulta por el azote del SIDA. El inesperado maremoto del océano Índico del 26 de diciembre de 2004 produjo una enorme devastación en países tan apartados entre sí como Sri Lanka y Tailandia. No había pasado todavía un año cuando, en septiembre de 2005, el huracán Katrina arrasó Luisiana. A esto le siguió en octubre un terremoto en Cachemira que dejó a centenares de miles de personas sin alimentos y sin cobijo para el invierno. ¿Cómo podemos decir, pues, que se trata de profecías sin sentido? ¿Qué otras pruebas necesitamos para saber que algo grave, que no podemos controlar, está sucediendo con nuestro mundo?

Y ahora creo que la profecía bíblica de la apertura de la sima sin fondo, a la que sigue después (en la Revelación 21) la aparición de un «Nuevo Cielo y una Nueva Tierra», está relacionada con la profecía maya del comienzo del quinto sol. Como ya hemos dicho, el 21 de diciembre de 2012, cuando la cuenta larga de los mayas cumpla su decimotercer baktun desde el día de la creación que tuvo lugar el 12 de agosto de 3114 a. J.C., el Sol estará situado en la puerta estelar meridional, donde la eclíptica cruza el plano mediano de la Vía Láctea en la constelación de Sagitario y sobre el aguijón de Escorpión. A medianoche, el Sol estará alineado con el centro mismo de nuestra galaxia. Sin embargo, esto no podrá verse ya que se producirá de noche y el Sol estará en el lado opuesto de la Tierra. No obstante, dominando el cielo del sur estará la constelación de Orión que, según los mayas, era el lugar de donde provenían sus dioses padres Hunahpu y Xbalanque y que según revelan mis lecturas esotéricas de la Biblia en *Señales en el cielo*, es la señal del Hijo del Hombre en el cielo.

Yo creo que el momento en que el Sol esté colocado ante la puerta estelar meridional y Orión, con su puerta estelar septentrional, domine en el cielo nocturno, significará el fin de la tribulación profetizada en el Libro de las Revelaciones y el verdadero comienzo de una nueva edad. Como señal adicional –al menos en el área de Ciudad de México– la estrella Arturo, de la constelación del Boyero, que tanto Edgar Cayce como J. J. Hurtak identifican como el lugar de donde parten los enviados maestros a la Tierra, pasará cerca del cenit unas ocho horas después. ¿Qué significará esto para nosotros en la práctica? Es difícil de saber, pero tal vez valga la pena señalar que Ciudad de México ya es un centro importante de

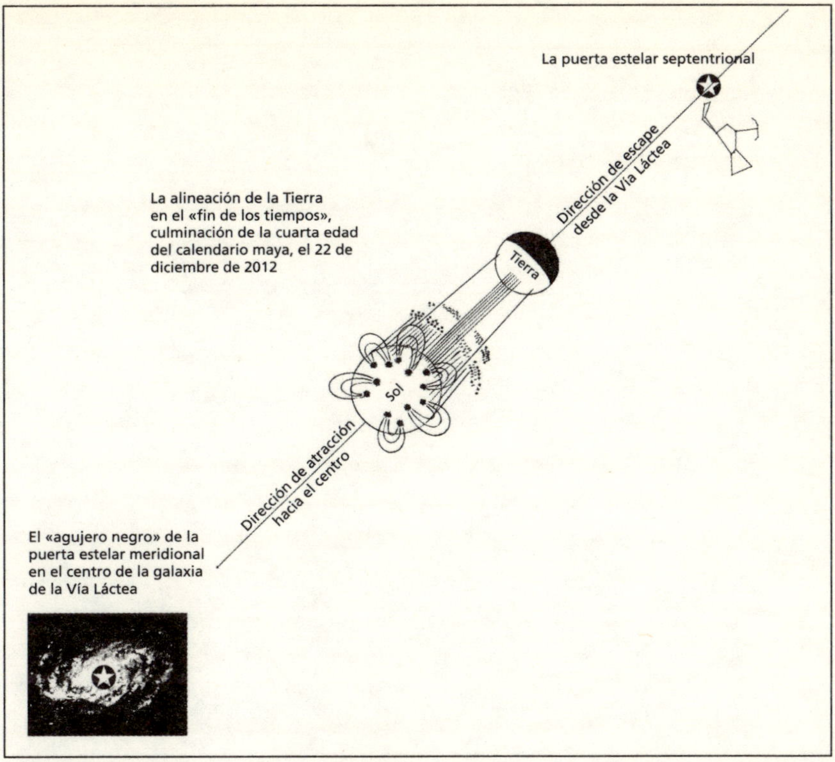

Figura 55: Apertura de la segunda puerta estelar, el 22 de diciembre de 2012.

actividad de ovnis. Se ha registrado una cantidad enorme de avistamientos de objetos plateados o de luces en el cielo que en muchos casos se han grabado en vídeo. Hay relatos presenciales en los alrededores de Guadalupe y, lo más elocuente de todo, de un controlador aéreo del aeropuerto internacional de Ciudad de México.

Ahora bien, debemos tener cuidado de no hacer demasiadas interpretaciones al respecto. Sin embargo, dado que corren tiempos extraños y que tantas profecías antiguas se están cumpliendo, por lo que respecta tanto a la astronomía como a lo que está sucediendo en la Tierra, creo que es necesario tener una mentalidad abierta. El momento es siempre más tarde de lo que pensamos. Estemos preparados, pues, para cambios importantes y aceptemos que se trata del fin de los tiempos tal como ahora los conocemos.

EPÍLOGO

A lo largo de los diez últimos años, desde la publicación de *Las profecías mayas*, cientos de personas se han dirigido a mí para hacerme la misma pregunta: ¿Adónde debemos ir para estar seguros? Desgraciadamente, no cuento con una respuesta sencilla a esa pregunta. Lo cierto es que en el caso de cambios globales, ni yo ni ninguna otra persona puede saber con exactitud dónde se estará a salvo. Como cualquier otro, lo único que puedo hacer es especular sobre lo que parece un escenario probable.

Dicho esto, hay precauciones que podemos adoptar y lugares que, a la luz de todo lo dicho, pueden ser más seguros que otros. Hace más de sesenta años desde que Edgar Cayce dijo que, cuando llegaran los cambios de la Tierra, el clima del norte de Europa cambiaría en un abrir y cerrar de ojos. En el momento en que lo dijo, seguramente habría parecido fruto de una imaginación asombrosa. Sin embargo, sabemos más ahora que en su época de lo importante que es la Corriente del Golfo para la preservación de un clima estable en el norte de Europa. Mientras se mantenga, seguirá siendo posible plantar palmeras en el norte de Escocia y fresas al norte del Círculo Polar Ártico en Noruega. Sin ella, el clima de Inglaterra sería como el de Labrador en Canadá: extremadamente frío en invierno.

Ya hace muchos años que sabemos de la importancia de la Corriente del Golfo. Sin embargo, sólo este año se ha anunciado que, por paradójico que parezca, debido a la aceleración de la fusión de la capa de hielo de Groenlandia, el flujo de agua caliente proveniente del golfo de México se ve amenazado. Las razones de esto son complejas, pero en su centro están el resultado de la dilución de las aguas del norte por el derretimiento del hielo y el aumento del flujo de los ríos que entran en el Círculo Polar Ártico. Para que la Corriente del Golfo funcione, es necesario que agua densa, fría y salada baje al fondo del Atlántico y fluya otra vez hacia el sur, hacia México. Sin esta corriente de retorno, el agua relativamente más caliente de la superficie no puede fluir hacia el norte.

Según parece, los resultados de la disminución de este flujo ya se manifiestan entre nosotros. Si el agua caliente no puede fluir hacia el norte, hacia Europa, queda atrapada. Esto produce temperaturas elevadas tanto en el golfo de México como en el Atlántico medio. El agua caliente significa energía, y ésta tiene que ir a alguna parte. En 2005 provocó tormentas tropicales de intensidad nunca vista que afectaron a las islas del Caribe, a México, a Guatemala y a Estados Unidos. Sin duda habrá más, que harán que estas zonas, así como una Europa paulatinamente más fría, sean lugares peligrosos para vivir.

Este ejemplo demuestra lo difícil que es predecir cuáles pueden ser los lugares seguros. La situación se vuelve todavía más difícil si tomamos en cuenta la posibilidad de catástrofes impredecibles como los terremotos, la erupción de supervolcanes o incluso el choque de la Tierra con un cometa o un asteroide. Ésta sería la perspectiva más catastrófica. La gravedad de un acontecimiento de este tipo determinaría la posibilidad o no de que la especie humana sobreviviese. Si la catástrofe fuese de dimensiones tan graves, es probable que no lo consiguiéramos.

En éste, el peor de los escenarios posibles, especular sobre cómo deberíamos prepararnos y cuál sería el mejor lugar para refugiarnos, carecería totalmente de sentido. Cuando el asteroide se estrelló hace unos sesenta y cinco millones de años en la península de Yucatán, barrió a los dinosaurios de la faz de la Tierra, no sólo a los que estaban cerca del punto de impacto, sino a los de todo el mundo. Se cree que esto se debió a que el impacto fue tan grande que hizo que la Tierra quedara cubierta por una espesa nube de polvo y cenizas. Esto impidió el paso de la luz solar e hizo caer en picado las temperaturas. Los dinosaurios fueron incapaces de adaptarse a estas condiciones nuevas y más duras y murieron de frío o de hambre. Los únicos representantes de su orden que sobrevivieron fueron las aves. A éstas ya les habían salido plumas y es de suponer que estuvieran más preparadas para mantener el calor suficiente para hacer frente a los cambios.

En el ámbito individual tiene muy poco sentido tratar de hacer planes para una contingencia de semejante magnitud. Sin embargo, en la historia del mundo ha habido otros acontecimientos de menor envergadura que, aunque dieron lugar a problemas locales, no han provocado la extinción de la especie humana. Hace unos 75 000 años, un supervolcán entró en erupción en la región de lo que es hoy Sumatra. Este volcán dejó un enorme cráter que a continuación se fue llenando de agua hasta convertirse en el lago Toba. Más importante que esto fue que llenó la atmósfera alta de dióxido de sulfuro que, mezclado con agua, formó pequeñas gotitas de ácido sulfúrico. Como consecuencia de ello se produjo una miniera glacial que duró unos mil años. Se calcula que en el curso de este largo invierno, alrededor del 60 % de la población humana pereció. Sin embargo, lo importante es que sobrevivió un 40 %. Lo que necesitamos saber es cómo aumentar nuestras posibilidades de contarnos entre el 40 % de los supervivientes.

Una catástrofe de magnitud bastante menor tuvo lugar a mediados del siglo VI de nuestra era. Todavía se sigue debatiendo sobre las causas de la misma. Las crónicas de la época indican que fragmentos de un cometa impactaron sobre Britania, dando lugar a la leyenda de la Tierra Baldía. Escribí sobre esto en *The Holy Kingdom*, que es una reevaluación de la historia del rey Arturo y el Santo Grial. Este libro fue muy controvertido en Gran Bretaña, y algunos académicos no están de acuerdo con sus conclusiones. Sin embargo no hay duda de que hubo un período de siete años a mediados del siglo VI en que se sufrió un invierno permanente y los árboles dejaron de brotar. El efecto de esta catástrofe sería el precursor de la Edad Oscura europea.

Como ya hemos dicho, puesto que no hay manera de saber

dónde o cuándo se va a producir el desastre, es imposible cubrir todas las posibilidades. Sin embargo, es evidente que vivir en zonas de actividad sísmica o volcánica es exponerse al desastre. También es sumamente imprudente vivir en lugares como Nueva Orleans o zonas de Londres que están por debajo del nivel del mar. Aun suponiendo que los diques del Mississippi fuera reconstruidos y que se elevara la barrera del Támesis, podemos estar seguros de que en algún momento el mar va a superar esos obstáculos. Es casi tan cierto que un día estas ciudades serán inundadas como que la Atlántida yace en el fondo del mar.

Si bien es probable que no sobreviviésemos a una catástrofe de envergadura semejante al impacto del asteroide que acabó con los dinosaurios, deberíamos prepararnos para hacer frente a contingencias menores. Es más probable que debamos enfrentarnos a un invierno cósmico de siete años de duración que a toda una era glacial. Desde mi punto de vista, la clave para la supervivencia son unas reservas adecuadas de alimentos para el corto plazo. Por fortuna, esto es algo sobre lo que podemos influir aunque no tengamos control sobre el tiempo climático. Si nos lo proponemos –ya sea que vivamos en Europa, en el Caribe o en Alaska–, podemos hacer reservas de provisiones cuando menos para uno o dos años. Todo el que lea esto debería, en mi opinión, hacerse con un saco o dos de cereal, algo de comida enlatada y de fideos secos. Si almacenamos estas provisiones en el ático o en el cuarto de invitados, en caso de que se produjera una gran catástrofe el 22 de diciembre de 2012, estaremos en mejores condiciones para sobrevivir al menos durante la primera fase de cualquier catástrofe. Lo que pueda suceder a continuación, cuando empiecen a escasear las raciones, dependerá de acciones colectivas. No les corresponderá a los individuos sino a las comunidades encontrar la forma de autoabastecerse.

En las Edades Oscuras, los núcleos de esas comunidades fueron los monasterios, donde los niveles de organización permitieron la supervivencia de la agricultura y la continuidad en la difusión de la cultura y la religión. No sabemos qué tipo de instituciones resultarán las mejores para responder a los retos del futuro. Lo que sí sabemos es que después de una catástrofe global, como la erupción de un supervolcán, sobrevendrá el caos. Es posible que éste alcance a la ley y al orden y que tengamos necesidad de algo así como los Caballeros de la Mesa Redonda del rey Arturo para crear zonas de seguridad donde pueda preservarse la civilización.

Hasta aquí hemos contemplado el lado oscuro de los acontecimientos profetizados. Pero también se nos dice que hay mucho de esperanzador. Si conseguimos sobrevivir al período de caos anunciado (sea cual sea su causa), podemos esperar que sobrevenga una Edad Dorada. Espero y creo fervientemente que para entonces hayamos despertado facultades que actualmente tenemos dormidas. Descubriremos quiénes y qué somos realmente y veremos por fin la armonía reinando sobre la humanidad. Al menos eso es lo que promete la Biblia, lo que nos promete a todos, tanto da que vivamos en Kamchatka o en Australia. Sobre el resultado de todo esto, sólo cabe hacer conjeturas. Sin embargo, hay algo que sí sabemos, que sólo faltan unos cuantos años para el 2012. No tendremos que esperar mucho para descubrir si «hombres-jaguares» o cualquier otro tipo de entidades cósmicas acudirán a rescatarnos. De nosotros depende asegurarnos de estar preparados para cualquier eventualidad.

NOTAS

PREFACIO

1. Lo que entendemos aquí por «puerta estelar» se explicará más adelante.

2. La eclíptica es el camino que sigue el Sol a través del zodíaco. Se mueve por este camino a una velocidad aproximada de 1° al día, realizando un circuito completo al año.

3. La Vía Láctea es una galaxia con forma de espiral. Nuestro Sol es uno de los millones que giran en espiral en el centro de la galaxia, donde los astrónomos creen que hay una singularidad o «agujero negro». El Sol está situado cerca del extremo de los brazos en espiral de la galaxia. Así pues, estamos muy lejos del centro de la galaxia, a la cual, desde nuestra perspectiva, no podemos ver como una espiral sino más bien como un torrente o río de estrellas que atraviesa el cielo.

4. Publicado por primera vez en 2000 por Transworld UK. Nueva edición publicada en 2005 por A.R.E. Press, Virginia Beach, EE UU.

PRÓLOGO

1. Publicado por Element Books en 1995.

2. Un katun es un período de aproximadamente veinte años: 20 × 360 días, para ser preciso.

I. VUELTA A MÉXICO

1. El volcán más alto de México es el pico de Orizaba, un estratovolcán aún más grande cercano a Puebla, al este de Ciudad de México.

2. Huichilobos (Huitzilopochtli) era el dios azteca de la guerra. Comparte muchas características con el «héroe gemelo» Hunahpu de los mayas. Tezcatlipoca, o Espejo Humeante, era el equivalente azteca del dios maya K'awil, sobre él hablaremos más adelante. (Hemos usado aquí la transcripción más fácil de los nombres de estos dioses.)

3. Díaz del Castillo, Bernal, *Historia verdadera de la conquista de la Nueva España*, Espasa-Calpe, Madrid, 1955, p. 194.

4. Al parecer, los aztecas siempre se referían a Cortés por el nombre de Malinche.

5. Díaz del Castillo, *Historia verdadera de la conquista de la Nueva España*. Espasa-Calpe, Madrid, 1955, p. 194.

6. Cerca de la moderna ciudad balneario de Tela, en el Caribe.

7. Aconsejamos a los lectores interesados que lean el libro de Michael Coe *Breaking the Maya Code* para una historia detallada del desciframiento de los textos mayas.

8. Texcoco, que dio su nombre al lago que rodea a la capital azteca, era una ciudad vecina y más antigua que Tenochtitlán. En la actualidad es un suburbio de Ciudad de México. La población de Texcoco fue una de las tribus que entraron en federación con los aztecas.

II. LA CIUDAD DE LOS MUERTOS

1. *La Señal y el Sello* presentaba el caso, a mi entender poco convincente, de que el Arca de la Alianza había sido llevada a Etiopía y allí se encuentra actualmente.

2. de Santillana, Giorgio y Hertha von Dechend, *Hamlet's Mill*, Gambit Inc., Boston, 1969, p. 243.

3. Lehner, Mark, *The Complete Pyramids*, Thames & Hudson, Londres, 1997, p. 28.

4. Códice es el nombre que se da a libros nativos algunos de los cuales corresponden a la época anterior a la llegada de los españoles.

5. Por esta razón se está utilizando actualmente en instrumental quirúrgico que ayuda a salvar vidas.

6. El punto cenital es la parte del cielo que está justo encima de la cabeza. No debe confundirse con el polo norte astronómico, que sólo verá coincidente con el cenit alguien que esté de pie exactamente en la cima del polo norte terrestre.

7. Díaz Bolio, José, *El porqué de la serpiente de cascabel en la civilización maya*, Área-Maya, Mérida, 1988, pp. 52-53.

III. LOS CICLOS DEL TIEMPO

1. Como veremos más adelante, algunos mayas modernos creen que está vinculado a los ciclos del grupo estelar de las Pléyades. Puede que haya estado vinculado a los ciclos de Venus y Marte.

2. de Sahagún, fray Bernardino, *Historia general de las cosas de Nueva España, 1*, Alianza Universidad, Madrid, 1988, pp. 142-143.

3. Ibid., pp. 145-146.

IV. EL REDESCUBRIMIENTO DE LOS MAYAS

1. Thompson, J. Eric, *The Rise and Fall of Maya Civilization*, University of Oklahoma Press, Norman, Oklahoma, 1954 (revisión de 1966), p. 43.

2. Ibid.

3. Parecería que, mientras los aztecas creen que hay cinco edades y que nosotros estamos viviendo en la quinta edad, para los mayas sólo son cuatro.

V. LA DESCODIFICACIÓN DEL LEGADO MAYA

1. Thompsonm, J. Eric, *The Rise and Fall of Maya Civilization*, pp. 189-191.

2. Sigo la escuela que sitúa la fecha de inicio en el propio 12 de agosto, aunque algunos autores modernos prefieren el 13 de agosto. Sin embargo, como pueden esgrimirse argumentos a favor y en contra de las tres fechas, 11, 12 y 13, prefiero quedarme con la fecha intermedia. De esa manera podemos estar seguros de no equivocarnos en más de un día en uno u otro sentido.

3. De Landa, fray Diego, *Relación de las cosas de Yucatán*, Historia 16, Información y Revistas, S. A., Madrid, 1992, pp. 148-149.

VI. UNA NUEVA VISIÓN DE LA CREACIÓN MAYA

1. Después de continuar con los estudios desde la publicación de nuestro libro *Las profecías mayas*, ahora lamento haber incluido estas teorías que pienso que realmente han socavado la credibilidad de otras ideas más importantes sobre los ciclos de las manchas solares y el calendario maya.

2. Freidel, David, Linda Schele y Joy Parker, *Maya Cosmos*, William Morrow Quill, Nueva York, 1993, p. 53.

3. Wägner y Macdowall, *Asgard and the Gods*, Swan Sonnenschein & Co., Londres, 1891, pp. 25-26.

4. de Santillana, Giorgio, y Hertha von Dechend: *Hamlet's Mill*, Grambit Inc., Boston, 1969.

5. Thompson, *The Rise and Fall of Maya Civilization*, p. 261.

6. Coem, Michael D., *The Maya Scribe and his World*, The Grolier Club, Nueva York, 1973.

7. Kerr, Justin, *The Vase Book: A Corpus of Rollout Photographs of Maya Vases*, Kerr & Associates, Nueva York, 1980-1989.

8. El *Códice de París* es uno de los cuatro libros antiguos mayas que sobrevivieron a los autos de fe de los conquistadores españoles.

9. Una escena de este tipo aparece descrita en la página 68 del primer volumen de la obra de Justin Kerr *The Maya Vase Book*. Es muy probable que ésta sea la imagen a la que aquí se hace referencia.

10. De Landa, *Relación de las cosas de Yucatán*, pp. 104-105.

11. Thompson, *The Rise and Fall of Maya Civilization*, pp. 260-261.

12. Véase el capítulo 6 del libro de Linda Schele y David Freidel titulado *A forest of Kings*, William Morrow Quill, Nueva York, 1990.

VII. LA ASTRONOMÍA Y LA MUERTE DE VUCUB CAQUIX

1. Goetz, D., y S. G. Morley (trad. inglesa), *The Popol-Vuh, translated into Spanish by Adrian Recinos*, University of Oklahoma Press, 1950.

2. Ibid.

3. Véase Freidel, Schele y Parker, *Maya Cosmos*, p. 75.

4. La sugerencia de que los mayas conocían la constelación de Escorpio no es una idea aventurada por Freidel. Lo mismo se dice en *Hamlet's Mill*, que fue publicado en 1969 y es un clásico sobre los significados

cósmicos que subyacen a los mitos. Los autores se refieren a una diosa nicaragüense llamada «Madre Escorpión» y a la «Vieja Diosa de Cola de Escorpión» de los mayas. Asocian a las diosas con Selket e Ishara tam.tim: diosas escorpión de Egipto y Babilonia respectivamente. A todas estas diosas las vinculan con la constelación de Escorpio.

5. En lengua maya, la forma plural de un nombre se forma añadiendo «-ob» en lugar de «-s» o «-es» como en español.

6. Milbraith, Susan, *Star Gods of the Maya*, University of Texas Press, Austin, 1999, p. 274.

7. La relación que existe entre estas cuevas y la civilización maya clásica con los calendarios es algo que se presta a debate. Sin embargo, cuando visité las cuevas en 1998, me enseñaron jeroglíficos mayas en las paredes que se cuentan entre los más antiguos descubiertos hasta la fecha.

8. Aveni, Anthony, *Stairways to the Stars*, Cassell, Londres, 1997, p. 74.

VIII. VIAJES DESDE EL ESTE

1. Díaz del Castillo, Bernal, *Historia verdadera de la conquista de la Nueva España*, Espasa-Calpe, Madrid, 1955, p. 87.

2. Ibid., p. 88.

3. Tomado de www.econ.ohio-state.edu/jhm/arch/coins/fallsoh.htm

4. Wilson, A., y B. Blackett, *The King Arthur Conspiracy*, Trafford Publishing, Victoria, BC, Canadá, 2005.

5. Fell, Barry, *America BC*, Pocket Books, Simon and Schuster, Nueva York, 1989.

6. Ibid., pp. 253-257.

7. Ibid., p. 261. Extracto copiado por Fell del artículo de S. D. Peet en *The Mound Builders*, 1892.

8. Heyerdahl, Thor, *The Ra Expedition*, George Allen & Unwin Ltd., Londres, 1970.

IX. LOS AZTECAS Y LA ATLÁNTIDA

1. Platón, *Timeo*. Versión castellana de José María Pérez Martel, Clásicos de Grecia y Roma, Alianza Editorial, Madrid, 2004.

2. Ibid.

3. Hesíodo, *Obras y fragmentos. Los trabajos y los días*. Versión castellana de A. Pérez Jiménez y A. Martínez Díez, Biblioteca Clásica Gredos, 13, Madrid, 1978.

4. Ovidio, *Metamorfosis*. Versión castellana de C. Álvarez y R. M. Iglesias, Cátedra, Madrid, 2003.

5. Little, Gregory, y Lora Little, *The A.R.E.'s Search for Atlantis*, Eagle Wing Books Inc., Memphis, Tennessee, 2003, p. 156.

6. Para detalles de sus exploraciones véase su libro: *The A.R.E.'s Search for Atlantis*.

X. EL CULTO DE LA SERPIENTE Y LOS DIOSES PLANETARIOS DE LOS MAYAS

1. *La Serpiente Emplumada: eje de culturas*

2. Varios años más tarde me enteré con pesar de que la muerte finalmente había alcanzado a don José. Murió en octubre de 1998, unos siete meses después de la última vez que lo vi. Me llevé sus libros a Inglaterra y traté, infructuosamente, de encontrar a un editor dispuesto a pagar su traducción al inglés. Por fin, cuando comprobé que eso era imposible, hice lo que él me había pedido y en 2004 los doné a la Biblioteca de Antropología del Museo Británico de Londres.

3. De Landa, *Yucatán antes y después de la Conquista*.

4. En el Período Clásico, el segundo tránsito del Sol por el cenit, que tuvo lugar el 16 de julio en Chichén Itzá, fue el 2 de agosto en Palenque.

XI. AL FINAL DE LA EDAD

1. Se puede encontrar mucha más información sobre el tema de las puertas estelares en mi libro *Señales en el cielo*, publicado por Transworld, Londres, 2000.

2. Bauval, Robert, y Adrian Gilbert, *The Orion Mistery*, Heinemann, Londres, 1994, Véase para información más detallada.

3. El llamado Gigante de Cerne Abbas es prueba de un culto a Orión en Dorset que podría remontarse a la Edad de Hierro. Esta figura tallada en la ladera de una colina tiene unos noventa metros de altura y representa a la constelación de Orión. Hay quienes creen que su naturaleza priápica tiene una estrecha relación con cultos de la fertilidad, pero en mi opinión indica que Orión simboliza el principio del padre.

4. «7/15/42 Lectura de la vida de Eula Allen 2454-3», contenido en el CD-ROM *The Totally New Complete Edgar Cayce Readings*, All Edgar Cayce LLC, 2002.

5. Ibid., lectura 5749/14.

6. El llamado Libro de Enoc es una obra no canónica de judíos gnósticos que se remonta por lo menos a tiempos de Jesús. Se han encontrado fragmentos de la obra entre los Manuscritos del mar Muerto, pero el conjunto se ha conservado, en una traducción, en Etiopía. Una de esas versiones se encuentra ahora en la Bodleian Library de Oxford, Inglaterra, y ha sido traducida. Tiene que ver con las aventuras del patriarca del Antiguo Testamento, Enoc, con los viajes de su alma por los cielos, con sus encuentros con ángeles como Miguel y Gabriel y con las instrucciones que le dio Dios para que comunicara a los Nephalim (o «ángeles caídos» que, a su llegada a la Tierra, habían pervertido el curso de la evolución humana) que serían apresados. Se trata de una obra controvertida, que tiene ciertas similitudes con el Libro de las Revelaciones, a la que se hace referencia en el Nuevo Testamento y que evidentemente el propio Jesús conocía.

7. Hurtak, J. J., *The Keys of Enoch®*, Academy for Future Science, Los Gatos, California, EE UU, 1987, p. 595.

8. Según mis minuciosas indagaciones sobre el tema, la Crucifixión tuvo lugar el 15 de abril del año 29, la Resurrección, dos días después, el 17 de abril, y la Ascensión treinta y nueve días más tarde, el 27 de mayo del mismo año. Ese día, el Sol estaba exactamente en la puerta estelar de Orión, en el punto de intersección de la eclíptica con la Vía Láctea. En mi libro *Señales en el cielo*, explico cómo llegué a estas fechas.

9. Hurtak, *The Keys of Enoch®*, p. 54.

10. Ibid., p. 61.

11. Ibid., p. 181.

12. Ibid., pp. 181-182.

XII. LOS CICLOS DEL SOL

1. Aunque posiblemente no la haya escrito correctamente, he transcrito la palabra Sikim de lo que Carlos dice en el vídeo que grabé. Supongo que significa «águila» y está tomada del mam o de alguna otra lengua maya de Guatemala más que de México. De hecho, estábamos en Cahal Pech el 16 de junio de 2005, y esta fecha, en la cuenta Tzolkin de

doscientos sesenta días de los mayas se llama 2 *Men*, y men significa águila en el maya yucatecano. Por ello inferí que era a esto a lo que él se refería.

2. Más tarde descubrí que este tipo de bolsa forma parte de los atributos de un chamán maya. Seguramente contenía cristales y otros objetos de valor espiritual. Éstos no nos fueron mostrados sino que permanecieron ocultos dentro de la bolsa.

3. En el momento en que estaba escribiendo esta obra, este artículo estaba colgado en internet en www.trans4mind.com/counterpoint/barrios.shtml.

4. Argüelles, José, *The Mayan Factor*, Bear & Co. Santa Fe, 1987, p. 109.

5. Se llama el «Kolob» por J. J. Hurtak.

6. Véase mi libro anterior, *Señales en el cielo*, para una interpretación astronómica más detallada de los primeros capítulos del Libro de las Revelaciones.

7. De la transcripción de una entrevista hecha al anciano maya Carlos Barrios por Mitch Battros. En el momento en que estaba escribiendo esta obra, esta entrevista estaba colgada en Internet en www.mayanmajix.com/art2094.html.

CRÉDITOS DE LAS ILUSTRACIONES

Los derechos de todas las láminas son propiedad de Adrian y Dee Gilbert.

Los derechos de todas las ilustraciones son propiedad de Adrian Gilbert, excepto las que se enumeran a continuación, que han sido tomadas de las siguientes fuentes:

P. 41: Retrato de Bernardino de Sahagún, de *Sahagún: A History of Ancient Mexico*, traducida por Fanny R. Bandelier de la versión española de Carlos María Bustamante.

P. 83: Primera página del códice *Fejérváry-Mayer*.

P. 101: Figura 10, de Stephens y Catherwood, *Incidents of Travel in Central America, Chiapas and Yucatán*, vol. I.

P. 103: Figura 11, de Stephens y Catherwood, *Incidents of Travel in Central America, Chiapas and Yucatán*, vol. II.

PP. 111, 112: Figuras 12, 13, de Morley, *An Introduction to the Study of the Maya Hieroglyphs*.

P. 129: Figura 16, de Stephens y Catherwood, *Incidents of Travel in Central America, Chiapas and Yucatán*, vol. I.

P. 130: Figura 17, de Stephens y Catherwood, *Incidents of Travel in Central America, Chiapas and Yucatán*, vol. I.

P. 145: Figura 20, de Wägner y Macdowall, *Asgard and the Gods*.

P. 147: Figura 21, según Taube, *Aztec and Maya Myths*.

P. 151: Figura 23, según Wauchope, *Modern Maya Houses*.

P. 158: Figura 26, de Stephens y Catherwood, *Incidents of Travel in Central America, Chiapas and Yucatán*, vol. II.

P. 159: Figura 27, de Stephens y Catherwood, *Incidents of Travel in Central America, Chiapas and Yucatán*, vol. II.

P. 160: Figura 28, de Maudsley, *Archaeology, Biologia Centrali Americana.*

P. 178: Figura 33, del *Codex Mendoza.*

P. 189: Figura 38, del *Dresden Codex*, dibujo de Carlos Villacorta.

P. 215: Figura 40, de Fell, *America BC*, según Peet, *The Mound Builders*, 1992.

P. 260: Figura 45, de Bolio, *The Geometry of the Maya.*

P. 271: Figura 46, de Stephens y Catherwood, *Incidents of Travel in Central America, Chiapas and Yucatán*, vol. II.

P. 296: Figura 48, según Taube, *Aztec and Maya Myths.*

P. 314: Figura 49, de Stephens y Catherwood, *Incidents of Travel in Central America, Chiapas and Yucatán*, vol. II.

BIBLIOGRAFÍA

Alexander, Hartley Burr, *Latin-American Mythology*, Nueva York, 1964.

Argüelles, José, *The Mayan Factor*, Bear & Co., Santa Fe, 1987.

Aveni, Anthony, *Skywatchers of Ancient Mexico*, University of Texas Press, Austin, 1980. *Stairways to the Stars*, Cassell Publishers Ltd. Londres, 1997.

Bauval, Robert, y Adrian Gilbert, *The Orion Mystery*, Heinemann, Londres, 1994. *The Book of Chilam Balam of Chumayel*, primera edición de la Universidad de Pennsylvania, 1913, reeditado con prólogo de G. B. Gordon por Aegean Park Press, Laguna Hills, California, 1993.

Calleman, Carl Johan, *The Mayan Calendar: Solving the Greatest Mystery of our Time*, Garev Publishing International, EE UU, 2001.

Cayce, Edgar Evans, *Edgar Cayce on Atlantis*, Warner Books, Nueva York, 1968. The Totally New Complete Edgar Cayce Readings (CD-ROM), All Edgar Cayce LLC, 2002.

Chadwik, John, *The Decipherment of Linear-B*, Penguin Books, Londres, 1961.

Childress, David H., *Lost Cities of North and Central America*, Adventures Unlimited Press, Stelle, Illinois, 1992.

Coe, Michael D., *Breaking the Maya Code*, Penguin Books, Londres, 1994. *Reading the Maya Glyphs*, Thames & Hudson, Londres, 2001. *The Maya*, Thames & Hudson, Londres, 1993.

Coe, Michael D. y Justin Kerr, *The Art of the Maya Scribe*, Harry N. Abrams Inc., Nueva York, 1998.

Darwin, Charles, *The Origin of Species by Means of Natural Selection*, Penguin, Londres, 1982.

De Landa, Diego, *Relación de las cosas de Yucatán*, Ciudad de México, 1959. *Yucatán Before and After the Conquest*, Dover Publications, Nueva York, 1978.

De Santillana, Giorgio, and Hertha von Dechend, *Hamlet's Mill*, Gambit Inc., Boston, 1969.

Del Río, Antonio, *Description of the Ruins of an Ancient City Discovered near Palenque*, Londres, 1822.

Díaz Bolio, José, *The Geometry of the Maya*, Área Maya, Mérida, 1987. *The Mayan Natural Pattern of Culture*, Área Maya, Mérida, 1992. *Why the Rattlesnake in Mayan Civilization*, Área Maya, Mérida, 1988.

Díaz del Castillo, Bernal, versión inglesa de A. P. Maudslay, *The Discovery and Conquest of México*, Kingsport Press, Incl, Kingsport, Tennessee, 1956.

Donnelly, Ignatius (ed. Sykes, Egerton): *Atlantis the Antediluvian World*, Sidgwick & Jackson, Londres, 1970. Fell, Barry, America BC, *Simon & Schuster Pocket Books*, Nueva York, 1989. «The Comalcalco Bricks, Part 1, the Roman Phase», *The Epigraphic Society Occasional Papers*, vol. 19.

Freidel, David, Linda Schele y Joy Parker, *Maya Cosmos*, William Morrow Quill, Nueva York, 1993.

Gallenkamp, Charles, *Maya*, Viking/Penguin, Nueva York, 1985.

Gann, Thomas, *Mystery Cities of the Maya*, Gerald Duckworth & Co., Londres, 1925.

Gates, William (trad.), *Friar Diego de Landa's Yucatán Before and After the Conquest*, publicado originalmente por The Maya Society of Baltimore, 1937, reimpresión de Dover Books, Nueva York, 1978.

Gilbert, Adrian, *Signals in the Sky*, Transworld, Londres, 2000.

Gilbert, Adrian, y Maurice Cotterell, *The Mayan Prophecies*, Element Books, Shaftsbury, 1995.

Gilbert, Adrian, Alan Wilson y Baran Blackett, *The Holy Kingdom*, Bantam, Londres, 1998.

Goetz, D., y S. G. Morley (trad. al inglés), *Popol-Vuh, translated into Spahish by Adrian Recinos*, University of Oklahoma Press, 1950.

Grant, Michael, y John Hazel, *Who's who in Classical Mythology*, J. M. Dent, Londres, 1993.

Hancock, Graham, *Fingerprints of the Gods: A Quest for the Beginning and the End*, Heinemann, Londres, 1995. *The Sign and the Seal: A Quest for the Lost Ark of the Covenant*, Heinemann, Londres, 1992.

Heyerdhal, Thor, *The Ra Expedition*, George Allen & Unwin Ltd., Londres, 1970.

Hurtak, J. J., *The Keys of Enoch®*, The Academy for Future Science, Los Gatos, California, 1987.

Jenkins, John Major, *The Maya Cosmogenesis 2012*, Bear & Co., Santa Fe, 1998.

Kerr, Justin, *The Vase Book: A Corpus of Rollout Photographs of Maya Vases*, Kerr & Associates, Nueva York, 1980-1989.

Krupp, E. C., *Echoes of the Ancient Skies*, Oxford University Press, Oxford, 1983.

La Violette, Paul, *Earth Under Fire*, Starlane Publications, 1989.

Lehner, Mark, *The Complete Pyramids*, Thames & Hudson, Londres, 1997.

Little, Gregory. y Lora Little, *The A.R.E.'s Search for Atlantis*, Eagle Wing Books, Memphis, 2003.

Maudsley, A., *Archaeology, Biologia Centrali Americana*, Londres, 1889-1902.

Milbraith, Susan, *Star Gods of the Maya*, University of Texas Press, Austin, 1999.

Morley, Sylvanus Griswold, *An Introduction to the Study of the Maya Hieroglyphs*, editado originalmente por la Government Printing Office, Washington D.C., en 1915, reimpreso por Dover Publications, Nueva York, 1975.

Muck, Otto, *The Secrets of Atlantis*, Collins, Londres, 1978.

Ovidio (trad. J. Dryden et al., ed. sir S. Garth), *Metamorphoses in Fifteen Books, translated into English verse by the most eminent hands*, J. Tonson, Londres, 1717.

Platón (trad. Thomas Taylor), Benjamin y John White, Londres, 1973.

Recinos, Adrian, y Delia Goetz (trad.), *The Annals of the Cakchiquels and Title of the Lords of Totonicapan*, University of Oklahoma Press, Norman, 1953.

Robicsek, Francis, *The Maya Book of the Dead: The Ceramic Codex*, University of Virginia Art Museum, Charlottesville, Virginia, 1981.

Sahagún, fray Bernardino de (trad. Fanny R. Bandelier), *A History of Ancient Mexico*, Fisk University Press, Nashville, 1932.

Schele, Linda, y David Freidel, *A Forest of Kings*, William Morrow Quill, Nueva York, 1990.

Schele, Linda, y Peter Mathews, *The Code of Kings*, Simon & Schuster Scribner, Nueva York, 1998.

Schele, Linda, y Mary Ellen Miller, *The Blood of Kings*, Kimbell Art Museum, Fort Worth, 1986.

Stephens, John L., y Frederick Catherwood, *Incidents of Travel in Central America, Chiapas and Yucatán,* 2 vols., primera edición de Harper & Brothers, Nueva York, 1841, reimpreso por Dover Publications, Nueva York, 1969. *Incidents of Travel in Yucatán*, 2 vols., primera edición de Harper & Brothers, Nueva York, 1843, reimpreso por Dover Publications, Nueva York, 1963.

Taube, Karl, *Aztec and Maya Myths*, British Museum Press, Londres, 1993.

Tedlock, Barbara, *Time and the Highland Maya*, University of New Mexico Press, Albuquerque, 1982.

Tedlock, Dennis (trad.), *Popol-Vuh*, Touchstone (Simon & Schuster), Nueva York, 1986.

Thompkins, Peter, *Mysteries of the Mexican Pyramids*, Thames & Hudson, Londres, 1987.

Thompson, J. Eric, *The Rise and Fall of Maya Civilization*, University of Oklahoma Press, Norman, 1966.

Thurston, Hugh, *Early Astronomy*, Springer Verlag, Nueva York, 1994.

Van Auken, John, y Lora Little, *The Lost Hall of Records*, Eagle Wing Books, Memphis, 2000.

Villacorta, Carlos, y J. Antonio Villacorta (comps.), *The Dresden Codex*, publicado originalmente en Guatemala, 1930, reimpreso por Aegean Park Press, Walnut Creek, fecha desconocida.
Von Däniken, Erich, *Chariots of the Gods? Unsolved Mysteries of the Past*, G. P. Putnam's Sons, Londres, 1987.
Wägner, Dr. W., y M. W. Macdowall, *Asgard and the Gods*, Swan Sonnenschein & Co, Londres, 1891.
Wauchope, R., *Modern Maya Houses, A Study of Their Archaeological Significance*. Carnegie Institution of Washington, 1938.
Wilson, A., y B. Blackett, *The King Arthur Conspiracy*, Trafford Publishing, Victoria, BC, Canadá, 2005.

ÍNDICE ANALÍTICO